수학 좀 한다면

디딤돌 초등수학 기본+유형 3-2

펴낸날 [초판 1쇄] 2025년 4월 15일 | **펴낸이** 이기열 | **펴낸곳** (주)디딤돌 교육 | **주소** (03972) 서울특별시 마포구 월드컵북로 122 청원선와이즈타워 | **대표전화** 02-3142-9000 | **구입문의**
02-322-8451 | **내용문의** 02-323-9166 | **팩시밀리** 02-338-3231 | **홈페이지** www.didimdol.co.kr | **등록번호** 제10-718호 | 구입한 후에는 철회되지 않으며 잘못 인쇄된 책은 바꾸어
드립니다. 이 책에 실린 모든 삽화 및 편집 형태에 대한 저작권은 (주)디딤돌 교육에 있으므로 무단으로 복사 복제할 수 없습니다. Copyright ⓒ Didimdol Co. [2502790]

내 실력에 딱!
최상위로 가는 '맞춤 학습 플랜'

STEP 1 On-line
나에게 맞는 공부법은?
맞춤 학습 가이드를 만나요.

교재 선택부터 공부법까지! 디딤돌에서 제공하는 시기별 맞춤 학습 가이드를 통해 아이에게 맞는 학습 계획을 세워 주세요. (학습 가이드는 디딤돌 학부모카페 '맘이가'를 통해 상시 공지합니다. cafe.naver.com/didimdolmom)

STEP 2 Book
맞춤 학습 스케줄표
계획에 따라 공부해요.

교재에 첨부된 '맞춤 학습 스케줄표'에 맞춰 공부 목표를 달성합니다.

STEP 3 On-line
이럴 땐 이렇게!
'맞춤 Q&A'로 해결해요.

궁금하거나 모르는 문제가 있다면, '맘이가' 카페를 통해 질문을 남겨 주세요. 디딤돌 수학쌤 및 선배맘님들이 친절히 답변해 드립니다.

STEP 4 Book
다음에는 뭐 풀지?
다음 교재를 추천받아요.

학습 결과에 따라 후속 학습에 사용할 교재를 제시해 드립니다. (교재 마지막 페이지 수록)

 ★ 디딤돌 플래너 만나러 가기

디딤돌 초등수학 기본+유형 3-2

8 주 완성
학습 스케줄표

짧은 기간에 **집중력** 있게 한 학기 과정을 완성할 수 있도록 설계하였습니다.
방학 때 미리 공부하고 싶다면 주 5일 8주 완성 과정을 이용해요.

공부한 날짜를 쓰고 하루 분량 학습을 마친 후, 부모님께 확인 check ☑를 받으세요.

1주 **1** 곱셈 / 2주

☐	☐	☐	☐	☐	☐	☐
월 일	월 일	월 일	월 일	월 일	월 일	월 일
6~11쪽	12~17쪽	18~20쪽	21~23쪽	24~26쪽	27~30쪽	31~33쪽

3주 / 4주 **3** 원

☐	☐	☐	☐	☐	☐	☐
월 일	월 일	월 일	월 일	월 일	월 일	월 일
48~54쪽	55~57쪽	58~61쪽	62~64쪽	65~67쪽	70~75쪽	76~82쪽

5주 **4** 분수 / 6주

☐	☐	☐	☐	☐	☐	☐
월 일	월 일	월 일	월 일	월 일	월 일	월 일
92~94쪽	96~99쪽	100~103쪽	104~109쪽	110~112쪽	113~115쪽	116~118쪽

7주 / 8주 **6** 그림그래프

☐	☐	☐	☐	☐	☐	☐
월 일	월 일	월 일	월 일	월 일	월 일	월 일
136~141쪽	142~144쪽	145~148쪽	149~151쪽	152~154쪽	156~161쪽	162~166쪽

MEMO

효과적인 수학 공부 비법

시켜서 억지로

내가 스스로

억지로 하는 일과 즐겁게 하는 일은 결과가 달라요.
목표를 가지고 스스로 즐기면 능률이 배가 돼요.

가끔 한꺼번에

매일매일 꾸준히

급하게 쌓은 실력은 무너지기 쉬워요.
조금씩이라도 매일매일 단단하게 실력을 쌓아가요.

정답을 몰래

개념을 꼼꼼히

모든 문제는 개념을 바탕으로 출제돼요.
쉽게 풀리지 않을 땐, 개념을 펼쳐 봐요.

채점하면 끝

틀린 문제는 다시

왜 틀렸는지 알아야 다시 틀리지 않겠죠?
틀린 문제와 어림짐작으로 맞힌 문제는
꼭 다시 풀어 봐요.

수학 좀 한다면

초등수학
기본+유형

상위권으로 가는 유형반복 학습서

3
2

이 책의 **구성과 특징**

1 단계

교과서 **핵심 개념**을
자세히 살펴보고

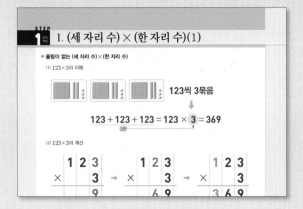

필수 문제를
반복 연습합니다.

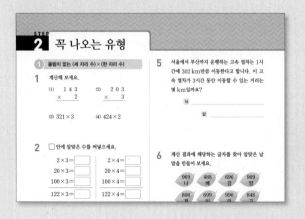

2 단계

문제를 이해하고
실수를 줄이는 연습을 통해

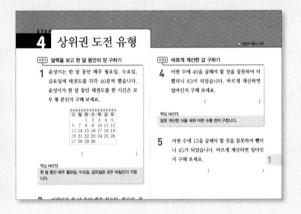

이 책의 **차례**

1 곱셈

이번 단원에서 꼭 짚어야 할 **핵심 개념**을 알아보자.

핵심 1 (세 자리 수) × (한 자리 수)

$$
\begin{array}{r}
2\ 7\ 5 \\
\times \qquad 6 \\
\hline
3\ 0 \quad \leftarrow 5\times6 \\
4\ 2\ 0 \quad \leftarrow 70\times6 \\
1\ 2\ 0\ 0 \quad \leftarrow 200\times6 \\
\hline
\boxed{}
\end{array}
$$

핵심 2 (몇십) × (몇십)

(몇십) × (몇십)은 (몇십) × (몇)의 $\boxed{}$ 배 입니다.

$$40 \times 7 = 280$$

10배   10배

$$40 \times 70 = \boxed{}$$

핵심 3 (몇십몇) × (몇십)

(몇십몇) × (몇십)은 (몇십몇) × (몇)의 $\boxed{}$ 배입니다.

$$13 \times 3 = 39$$

10배   10배

$$13 \times 30 = \boxed{}$$

핵심 4 (몇) × (몇십몇)

$$
\begin{array}{r}
6 \\
\times\ 2\ 7 \\
\hline
4\ 2 \quad \leftarrow 6\times7 \\
1\ 2\ 0 \quad \leftarrow 6\times20 \\
\hline
\boxed{}
\end{array}
\qquad \rightarrow \qquad
\begin{array}{r}
\overset{4}{}\ \ 6 \\
\times\ 2\ 7 \\
\hline
\boxed{}
\end{array}
$$

핵심 5 (몇십몇) × (몇십몇)

$$
\begin{array}{r}
4\ 5 \\
\times\ 2\ 3 \\
\hline
1\ 3\ 5 \quad \leftarrow 45\times3 \\
9\ 0\ 0 \quad \leftarrow 45\times20 \\
\hline
\boxed{}
\end{array}
$$

1. (세 자리 수) × (한 자리 수)(1)

● 올림이 없는 (세 자리 수) × (한 자리 수)

(1) 123 × 3의 이해

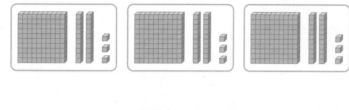

123씩 3묶음

⬇

$$\underline{123 + 123 + 123}_{3번} = 123 \times \boxed{3} = 369$$

(2) 123 × 3의 계산

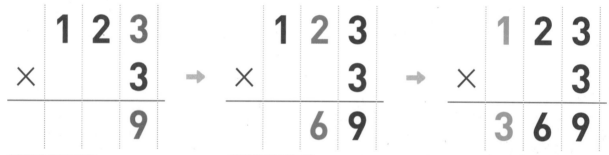

일의 자리 계산
3 × 3 = 9이므로 일의 자리에 9를 씁니다.

십의 자리 계산
2 × 3 = 6이므로 십의 자리에 6을 씁니다.

백의 자리 계산
1 × 3 = 3이므로 백의 자리에 3을 씁니다.

개념 자세히 보기

● 123 × 3을 여러 가지 방법으로 계산할 수 있어요!

① 세로로 계산하기

일의 자리부터 계산

```
   1 2 3
 ×     3
-------
       9  ←   3×3
     6 0  ←  20×3
   3 0 0  ← 100×3
-------
   3 6 9
```

백의 자리부터 계산

```
   1 2 3
 ×     3
-------
   3 0 0  ← 100×3
     6 0  ←  20×3
       9  ←   3×3
-------
   3 6 9
```

② 수를 가르기하여 계산하기

$$\begin{array}{r} 23 \times 3 = 69 \\ 100 \times 3 = 300 \end{array} \Big]{+}$$
$$123 \times 3 = 369 \leftarrow$$

$$\begin{array}{r} 120 \times 3 = 360 \\ 3 \times 3 = 9 \end{array} \Big]{+}$$
$$123 \times 3 = 369 \leftarrow$$

◐ 정답과 풀이 1쪽

1 수 모형을 보고 243×2는 얼마인지 알아보세요.

🔗 배운 것 연결하기   3학년 1학기

(몇십몇)×(몇)

십 모형이 3개, 일 모형이 6개이므로 12×3=30+6=36 입니다.

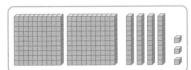 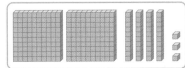

	백 모형	십 모형	일 모형
개수	2×□=□	4×□=□	3×□=□

➡ 백 모형이 □개, 십 모형이 □개, 일 모형이 □개이므로

243×2=□ 입니다.

2 계산해 보세요.

계산 순서가 달라도 계산 결과는 같아요.

①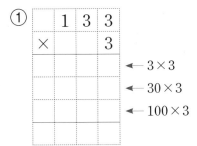
    ← 3×3
    ← 30×3
    ←100×3

②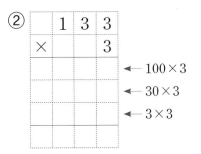
    ←100×3
    ← 30×3
    ← 3×3

3 □ 안에 알맞은 수를 써넣으세요.

	4	2	3
×			2
			□

➡

	4	2	3
×			2
		□	□

➡

	4	2	3
×			2
	□	□	□

4 □ 안에 알맞은 수를 써넣으세요.

121=100+20+1 이므로 121×4는 100×4, 20×4, 1×4의 합으로 구할 수 있어요.

① 100×4=□
  20×4=□
   1×4=□
———————————
121×4=□

② 200×3=□
  30×3=□
   1×3=□
———————————
231×3=□

2. (세 자리 수) × (한 자리 수)(2)

● **일의 자리에서 올림이 있는 (세 자리 수) × (한 자리 수)**

⑴ 216 × 2의 이해

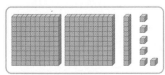 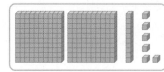

216씩 2묶음
↓
216 + 216 = 216 × 2 = 432
2번

⑵ 216 × 2의 계산

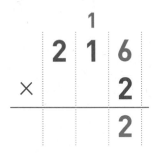 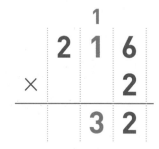

일의 자리 계산	십의 자리 계산	백의 자리 계산
6×2=12이므로 십의 자리 위에 1을 작게 쓰고, 일의 자리에 2를 씁니다.	1×2=2와 일의 자리에서 올림한 1을 더하여 1+2=3을 십의 자리에 씁니다.	2×2=4이므로 백의 자리에 4를 씁니다.

● **십의 자리에서 올림이 있는 (세 자리 수) × (한 자리 수)**

· 152 × 3의 계산

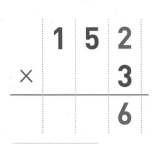 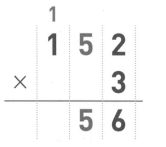 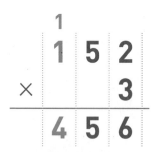

일의 자리 계산	십의 자리 계산	백의 자리 계산
2×3=6이므로 일의 자리에 6을 씁니다.	5×3=15이므로 백의 자리 위에 1을 작게 쓰고, 십의 자리에 5를 씁니다.	1×3=3과 십의 자리에서 올림한 1을 더하여 3+1=4를 백의 자리에 씁니다.

개념 자세히 보기

● **수를 가르기하여 계산할 수 있어요!**

$$28 \times 3 = 84$$
$$300 \times 3 = 900$$ +
$$328 \times 3 = 984$$ ←

$$92 \times 4 = 368$$
$$100 \times 4 = 400$$ +
$$192 \times 4 = 768$$ ←

① 수 모형을 보고 224×3은 얼마인지 알아보세요.

	백 모형	십 모형	일 모형
개수	$2 \times \square = \square$	$2 \times \square = \square$	$4 \times \square = \square$

➡ 백 모형이 $\square$ 개, 십 모형이 $\square$ 개, 일 모형이 $\square$ 개이므로

$224 \times 3 = \square$ 입니다.

🔗 배운 것 연결하기 **3학년 1학기**

올림이 있는 (몇십몇)×(몇)

십 모형이 3개, 일 모형이 18개

$$10 \times 3 = 30$$
$$6 \times 3 = 18$$
$$16 \times 3 = 48$$

② ☐ 안에 알맞은 수를 써넣으세요.

①
```
    □           □           □
  1 1 8       1 1 8       1 1 8
×     3     ×     3     ×     3
─────       ─────       ─────
    □         □ □       □ □ □
```

②
```
              □           □
  2 3 2       2 3 2       2 3 2
×     4     ×     4     ×     4
─────       ─────       ─────
    □         □ □       □ □ □
```

③
```
  7 1 2       7 1 2       7 1 2
×     2     ×     2     ×     2
─────       ─────       ─────
    □         □ □       □ □ □ □
```

올림한 수를 더하는 것을 잊지 마세요!

③ ☐ 안에 알맞은 수를 써넣으세요.

① $400 \times 2 = \square$

$20 \times 2 = \square$

$9 \times 2 = \square$

$429 \times 2 = \square$

② $200 \times 3 = \square$

$70 \times 3 = \square$

$3 \times 3 = \square$

$273 \times 3 = \square$

$429 = 400 + 20 + 9$ 이므로 429×2는 400×2, 20×2, 9×2의 합으로 구할 수 있어요.

3. (세 자리 수) × (한 자리 수)(3)

● 일의 자리, 십의 자리에서 올림이 있는 (세 자리 수) × (한 자리 수)

· 278×3의 계산

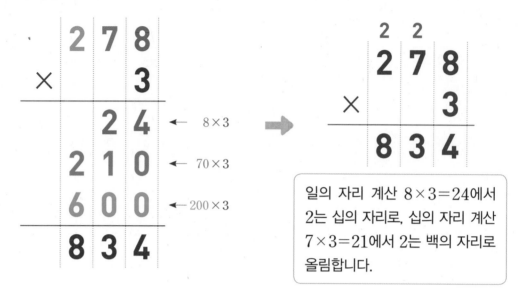

일의 자리 계산 8×3=24에서 2는 십의 자리로, 십의 자리 계산 7×3=21에서 2는 백의 자리로 올림합니다.

● 십의 자리, 백의 자리에서 올림이 있는 (세 자리 수) × (한 자리 수)

· 581×4의 계산

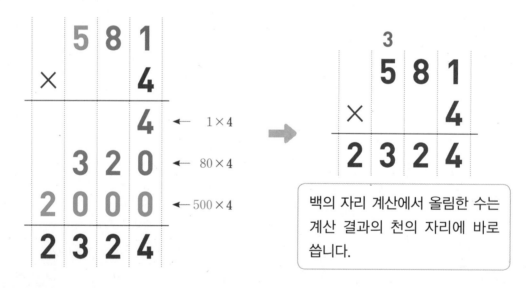

백의 자리 계산에서 올림한 수는 계산 결과의 천의 자리에 바로 씁니다.

개념 다르게 보기

· 196×3을 어림해 보아요!

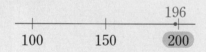

196을 어림하면 200쯤이므로
196×3을 어림하여 구하면 약 200×3=600
입니다.

· 517×2를 어림해 보아요!

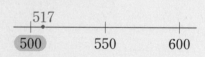

517을 어림하면 500쯤이므로
517×2를 어림하여 구하면 약 500×2=1000
입니다.

● 정답과 풀이 1쪽

① 수 모형을 보고 245×3은 얼마인지 알아보세요.

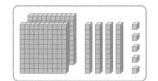 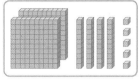 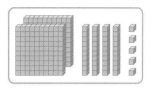

십 모형 10개 = 백 모형 1개

	백 모형	십 모형	일 모형
개수	$2 \times \boxed{} = \boxed{}$	$4 \times \boxed{} = \boxed{}$	$5 \times \boxed{} = \boxed{}$

➡ 백 모형이 $\boxed{}$개, 십 모형이 $\boxed{}$개, 일 모형이 $\boxed{}$개이므로

$245 \times 3 = \boxed{}$입니다.

② ☐ 안에 알맞은 수를 써넣으세요.

백의 자리에서 올림한 수는 계산 결과의 천의 자리에 바로 쓰면 돼요.

①
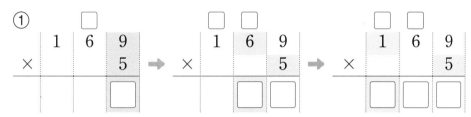

②

③ 어림하여 구한 값을 찾아 이어 보세요.

세 자리 수에 가장 가까운 몇백을 찾아서 어림해 봐요.

387×3 •	• 약 3200
691×2 •	• 약 1200
816×4 •	• 약 1400

4. (몇십) × (몇십), (몇십몇) × (몇십)

● (몇) × 10, (몇십몇) × 10

· 3 × 10의 계산

3 × 1 = 3

↓ 10배   ↓ 10배

3 × 10 = 30

· 12 × 10의 계산

12 × 1 = 12

↓ 10배   ↓ 10배

12 × 10 = 120

● (몇십) × (몇십)

· 40 × 20의 계산

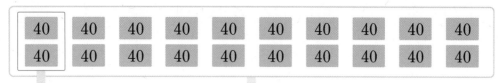

40 × 2 = 80

40 × 20 = 800

40 × 2 = 80

↓ 10배   ↓ 10배

40 × 20 = 800

$$\begin{array}{r} 4\ 0 \\ \times\ 2\ 0 \\ \hline 8\ 0\ 0 \end{array}$$

40 × 20은
40 × 2의 10배

● (몇십몇) × (몇십)

· 13 × 20의 계산

13 × 2 = 26

↓ 10배   ↓ 10배

13 × 20 = 260

$$\begin{array}{r} 1\ 3 \\ \times\ 2\ 0 \\ \hline 2\ 6\ 0 \end{array}$$

13 × 20은
13 × 2의 10배

개념 다르게 보기

• (몇십) × (몇십)의 계산은 (몇) × (몇)의 계산 결과에 0을 2개 붙여요!

4 × 2 = 8 ➡ 40 × 20 = 800

주의 5 × 2 = 10 ➡ 50 × 20 = 100(×)

50 × 20 = 1000(○)

• (몇십몇) × (몇십)의 계산은 (몇십몇) × (몇)의 계산 결과에 0을 1개 붙여요!

13 × 2 = 26 ➡ 13 × 20 = 260

주의 12 × 5 = 60 ➡ 12 × 50 = 60(×)

12 × 50 = 600(○)

● 정답과 풀이 **2**쪽

1 ☐ 안에 알맞은 수를 써넣으세요.

🔗 배운 것 연결하기　**3학년 1학기**

(몇십) × (몇)

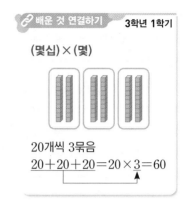

20개씩 3묶음

$\underline{20+20+20}=20\times\underline{3}=60$

① 60 × 9 = ☐

↓10배　　↓10배

60 × 90 = ☐

② 35 × 7 = ☐

↓10배　　↓10배

35 × 70 = ☐

2 14×30을 두 가지 방법으로 계산하려고 합니다. ☐ 안에 알맞은 수를 써넣으세요.

① $14\times30=14\times3\times10$

$= ☐ \times10$

$= ☐$

② $14\times30=14\times10\times3$

$= ☐ \times3$

$= ☐$

3 ☐ 안에 알맞은 수를 써넣으세요.

① $90\times20=9\times2\times ☐ = ☐$

② $49\times50=49\times5\times ☐ = ☐$

(몇십)×(몇십)은
(몇)×(몇)의 100배!

4 계산해 보세요.

①
		5	0
	×	3	0

②
		3	0
	×	8	0

③
		3	4
	×	4	0

④
		2	7
	×	6	0

0의 개수를 확인하여
일의 자리부터 0을 써넣고
자리를 맞추어 써요.

5. (몇) × (몇십몇)

● **(몇) × (몇십몇)**

(1) 9 × 13의 이해

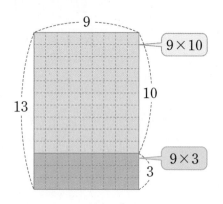

- 노란색 모눈의 수: $9 \times 10 = 90$
- 초록색 모눈의 수: $9 \times 3 = 27$
➡ $9 \times 13 = \boxed{90} + \boxed{27} = 117$

(2) 9 × 13의 계산

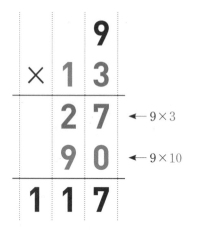

$$\begin{array}{r} 9 \\ \times\ 1\ 3 \\ \hline 2\ 7 \leftarrow 9 \times 3 \\ 9\ 0 \leftarrow 9 \times 10 \\ \hline 1\ 1\ 7 \end{array}$$

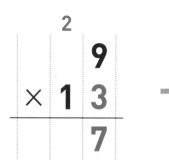

일의 자리 계산

$9 \times 3 = 27$이므로 십의 자리 위에 2를 작게 쓰고, 일의 자리에 7을 씁니다.

십의 자리 계산

$9 \times 1 = 9$와 일의 자리에서 올림한 2를 더하면 11이므로 백의 자리에 1, 십의 자리에 1을 씁니다.

개념 자세히 보기

● **9 × 13을 여러 가지 방법으로 계산할 수 있어요!**

① 수를 가르기하여 계산하기

$$\begin{array}{rl} 9 \times 10 = & 90 \\ 9 \times\ 3 = & 27 \\ \hline 9 \times 13 = & 117 \end{array}$$

$$\begin{array}{rl} 9 \times\ 9 = & 81 \\ 9 \times\ 4 = & 36 \\ \hline 9 \times 13 = & 117 \end{array}$$

$$\begin{array}{rl} 9 \times\ 5 = & 45 \\ 9 \times\ 8 = & 72 \\ \hline 9 \times 13 = & 117 \end{array}$$

② 순서를 바꾸어 계산하기

$$\begin{array}{r} {}^{2}\ \ \\ 1\ 3 \\ \times\ \ \ 9 \\ \hline 1\ 1\ 7 \end{array}$$

➡ $9 \times 13 = 13 \times 9$이므로 $9 \times 13 = 117$입니다.

○ 정답과 풀이 2쪽

1 색칠된 모눈을 보고 6×14는 얼마인지 알아보세요.

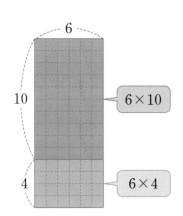

• 보라색 모눈의 수: 6×10= ☐

• 초록색 모눈의 수: 6×4= ☐

➡ 6×14= ☐ + ☐ = ☐

전체 모눈의 수는 보라색과 초록색 모눈 수의 합으로 구해요.

2 계산해 보세요.

①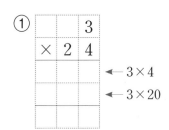
    ←3×4
    ←3×20

②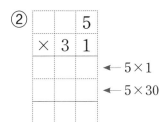
    ←5×1
    ←5×30

3×24는 3×4와 3×20의 합으로 구할 수 있어요.

1

3 4×45와 45×4의 계산 결과를 비교하여 알맞은 말에 ○표 하세요.

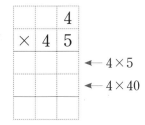
    ←4×5
    ←4×40

    ←5×4
    ←40×4

4×45와 45×4의 계산 결과는 (같습니다 , 다릅니다).

4 6×18을 두 가지 방법으로 계산하려고 합니다. ☐ 안에 알맞은 수를 써 넣으세요.

① 6× 9 = ☐
  6× 9 = ☐   +
  6×18 = ☐ ←

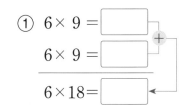

② 6× 8 = ☐
  6×10 = ☐   +
  6×18 = ☐ ←

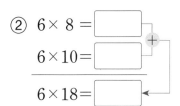

6×18에서 곱하는 수 18을 9+9, 8+10으로 가르기하여 곱해요.

6. (몇십몇) × (몇십몇)

● **(몇십몇) × (몇십몇)**

⑴ 36×12의 이해

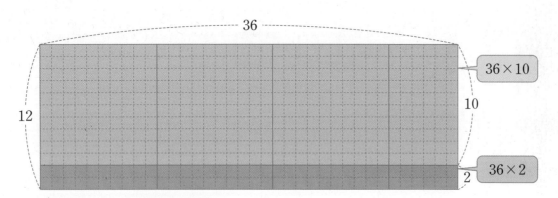

- 분홍색 모눈의 수: $36 \times 10 = 360$
- 보라색 모눈의 수: $36 \times 2 = 72$
- ➡ $36 \times 12 = \boxed{360} + \boxed{72} = 432$

⑵ 36×12의 계산

$$
\begin{array}{r}
\overset{1}{3}\,6 \\
\times\ 1\,2 \\
\hline
7\,2
\end{array}
\quad\rightarrow\quad
\begin{array}{r}
3\,6 \\
\times\ 1\,2 \\
\hline
7\,2 \\
3\,6\,0
\end{array}
\quad\rightarrow\quad
\begin{array}{r}
3\,6 \\
\times\ 1\,2 \\
\hline
7\,2 \quad\leftarrow 36\times2 \\
3\,6\,0 \quad\leftarrow 36\times10 \\
\hline
4\,3\,2
\end{array}
$$

개념 자세히 보기

● **곱하는 수를 (몇)×(몇)으로 나누어 곱할 수 있어요!**

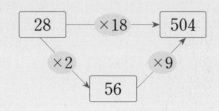

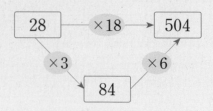

● 정답과 풀이 2쪽

1 32×59를 어림하여 구하려고 합니다. ☐ 안에 알맞은 수를 써넣으세요.

몇십몇을 가장 가까운 몇십으로 어림해 봐요.

```
        32              59
 ├───┼───┼───┼───┼───┼───┤
 20  30  40  50  60  70
```

① 32를 어림하면 ☐ 쯤이고, 59를 어림하면 ☐ 쯤입니다.

② 32×59를 어림하여 구하면 약 ☐ × ☐ = ☐ 입니다.

2 색칠된 모눈을 보고 27×13은 얼마인지 알아보세요.

전체 모눈의 수는 27×13의 값과 같아요.

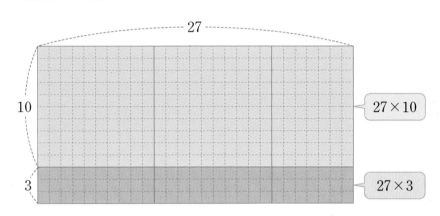

27×10

27×3

• 노란색 모눈의 수: 27×10= ☐

• 초록색 모눈의 수: 27×3= ☐

➡ 27×13= ☐ + ☐ = ☐

3 ☐ 안에 알맞은 수를 써넣으세요.

(몇십몇)×(몇십몇)은 (몇십몇)×(몇)과 (몇십몇)×(몇십)의 합으로 구할 수 있어요.

```
      1 3              1 3
  ×   4 5    ➡     ×   4 5
    ☐ ☐              ☐ ☐ ☐
                   ☐ ☐ ☐
                   ☐ ☐ ☐
```

4 계산해 보세요.

①
```
      2 3
  ×   3 4
  ─────────
          ← 23×4
          ← 23×30
  ─────────
```

②
```
      6 7
  ×   4 2
  ─────────
          ← 67×2
          ← 67×40
  ─────────
```

1 **올림이 없는 (세 자리 수) × (한 자리 수)**

1 계산해 보세요.

(1)   1 4 3
    ×   2

(2)   2 0 3
    ×   3

(3) 321 × 3

(4) 424 × 2

2 ☐ 안에 알맞은 수를 써넣으세요.

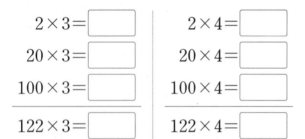

$2 × 3 =$ ☐

$20 × 3 =$ ☐

$100 × 3 =$ ☐

$122 × 3 =$ ☐

$2 × 4 =$ ☐

$20 × 4 =$ ☐

$100 × 4 =$ ☐

$122 × 4 =$ ☐

3 수직선을 보고 ☐ 안에 알맞은 수를 써넣으세요.

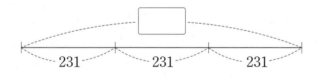

231   231   231

4 계산 결과를 비교하여 ○ 안에 >, =, < 중 알맞은 것을 써넣으세요.

(1) $232 × 2$ ○ $232 × 3$

(2) $221 × 4$ ○ $431 × 2$

5 서울에서 부산까지 운행하는 고속 열차는 1시간에 302 km만큼 이동한다고 합니다. 이 고속 열차가 3시간 동안 이동할 수 있는 거리는 몇 km일까요?

식 _____

답 _____

6 계산 결과에 해당하는 글자를 찾아 알맞은 낱말을 만들어 보세요.

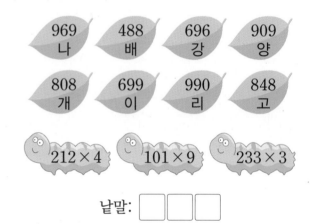

969 나   488 배   696 강   909 양

808 개   699 이   990 리   848 고

212 × 4   101 × 9   233 × 3

낱말: ☐☐☐

😊 내가 만드는 문제

7 수 카드 3장을 한 번씩만 사용하여 곱셈식을 만들려고 합니다. ☐ 안에 자유롭게 수를 써넣어 곱셈을 만들고 계산 결과를 구해 보세요.

4   1   3 ➡ ☐☐☐ × 2

(   )

2 올림이 한 번 있는 (세 자리 수) × (한 자리 수)

8 계산해 보세요.

(1)
```
   2 1 3
 ×     4
```

(2)
```
   1 0 8
 ×     5
```

(3) 161 × 6

(4) 731 × 3

올림이 없도록 곱하는 수를 가르기해.

준비 □ 안에 알맞은 수를 써넣으세요.

(1) 3 × 2 = □
    3 × 3 = □
    ─────────
    3 × 5 = □

(2) 20 × 3 = □
    20 × 4 = □
    ─────────
    20 × 7 = □

9 □ 안에 알맞은 수를 써넣으세요.

112 × 3 = □
112 × 4 = □
─────────
112 × 7 = □

130 × 2 = □
130 × 3 = □
─────────
130 × 5 = □

10 덧셈을 곱셈식으로 나타내고 계산해 보세요.

219 + 219 + 219 + 219

곱셈식 _____

11 잘못 계산한 부분을 찾아 까닭을 쓰고 바르게 계산해 보세요.

```
   4 3 7
 ×     2    ➡
   8 6 4
```

까닭 ....

....

12 어느 날 스웨덴 동전 1크로나가 우리나라 돈으로 132원과 같을 때 이날 4크로나는 우리나라 돈으로 얼마일까요?

식 _____

답 _____

13 색종이가 한 상자에 210장씩 들어 있습니다. 7상자에 들어 있는 색종이는 몇 장일까요?

( )

14 보기 에서 두 수를 골라 주어진 식을 완성해 보세요.

보기				
4	102	2	204	8

□ × □ = 816

3 올림이 여러 번 있는 (세 자리 수)×(한 자리 수)

15 계산해 보세요.

(1)
```
    2 8 6
×       2
```

(2)
```
    4 7 3
×       3
```

(3) 621×5

(4) 542×8

16 곱셈에서 594를 몇백쯤으로 어림하여 구해 보고, 계산해 보세요.

$$594 \times 3$$

• 어림한 값을 씁니다.

어림하기   약 $\boxed{} \times 3 = \boxed{}$

계산하기 $594 \times 3 = \boxed{}$

17 □ 안에 알맞은 수를 써넣으세요.

(1) $224 \times 6 = 224 \times \boxed{} \times 3$

$= \boxed{} \times 3 = \boxed{}$

(2) $323 \times 9 = 323 \times \boxed{} \times 3$

$= \boxed{} \times 3 = \boxed{}$

18 계산 결과가 가장 큰 것을 찾아 기호를 써 보세요.

┌─────────────────────────────────────┐
│ ㉠ 413×6 ㉡ 525×4 ㉢ 267×8 │
└─────────────────────────────────────┘

(   )

곱셈은 같은 수를 여러 번 더하는 거야.

준비 □ 안에 알맞은 수를 써넣으세요.

$$40 + 40 + 40 + 40 = 40 \times \boxed{}$$

$$= 40 \times \boxed{} + 40$$

$$= 40 \times \boxed{} + 40 + 40$$

19 □ 안에 알맞은 수를 써넣으세요.

(1) $231 \times 6 = 231 \times 5 + \boxed{}$

(2) $231 \times 4 = 231 \times 5 - \boxed{}$

20 지구는 하루에 한 바퀴씩 스스로 도는 *자전을 합니다. 지구가 1초에 450 m씩 움직일 때 7초 동안 움직이는 거리는 몇 m인지 구해 보세요.

*자전: 지구가 스스로 고정된 축을 중심으로 회전하는 현상

(   )

😊 내가 만드는 문제

21 채소 가게에서 채소 5개를 사려고 합니다. 사고 싶은 채소를 한 가지 고르고, 고른 채소 5개의 무게는 몇 *g인지 구해 보세요.

*g(그램): 무게의 단위

당근 1개   애호박 1개   고구마 1개
152 g   220 g   324 g

고른 채소 ....

무게 ....

4 **(몇십)×(몇십), (몇십몇)×(몇십)**

22 계산해 보세요.

(1)
$$\begin{array}{r} 5\,0 \\ \times\ 4\,0 \\ \hline \end{array}$$

(2)
$$\begin{array}{r} 1\,4 \\ \times\ 4\,0 \\ \hline \end{array}$$

(3) 60×70

(4) 19×20

23 ☐ 안에 알맞은 수를 써넣으세요.

$20 \times 40 =$ ☐

$20 \times 40 =$ ☐

$20 \times 80 =$ ☐

$20 \times 60 =$ ☐

$20 \times 20 =$ ☐

$20 \times 80 =$ ☐

24 ☐ 안에 알맞은 수를 써넣으세요.

(1) $80 \times 30 =$ ☐

곱셈과 나눗셈의
관계를 이용합니다.

☐ $\div 30 = 80$

(2) $70 \times 40 =$ ☐

☐ $\div 40 = 70$

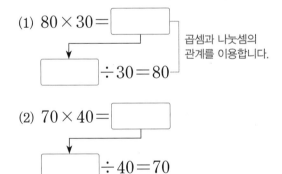

25 ☐ 안에 알맞은 수를 써넣으세요.

$60 \times 49 = 49 \times$ ☐

$=$ ☐

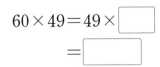

26 규칙에 따라 빈칸에 알맞은 수를 써넣으세요.

25	750	30
56		40
79		50

27 계산 결과가 같은 것끼리 이어 보세요.

15×40 •

45×80 •

35×60 •

• 30×70

• 40×90

• 20×30

1

서술형
28 1분은 60초이고, 1시간은 60분입니다. 1시간은 몇 초인지 풀이 과정을 쓰고 답을 구해 보세요.

풀이 _____

_____

_____

답 _____

29 서우는 340쪽짜리 동화책을 읽고 있습니다. 하루에 16쪽씩 20일 동안 읽었다면 앞으로 몇 쪽을 더 읽어야 동화책을 다 읽을 수 있을까요?

( )

30 계산해 보세요.

(1)
```
      3
×   2 6
```

(2)
```
      5
×   3 7
```

(3) 4×69

(4) 7×84

31 ☐ 안에 알맞은 수를 써넣으세요.

(1) 4×83 = 4×3 + 4×80

= ☐ + ☐

= ☐

(2) 4×38 = 4×30 + 4×8

= ☐ + ☐

= ☐

32 빈칸에 알맞은 수를 써넣으세요.

(1)
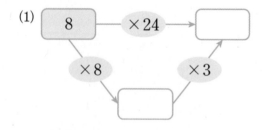

(2)
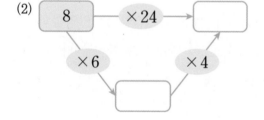

33 원하는 운동을 한 가지 선택해서 일주일 동안 매일 꾸준히 하려고 합니다. 운동을 정하고, 일주일 동안 운동하는 전체 횟수를 구해 보세요.

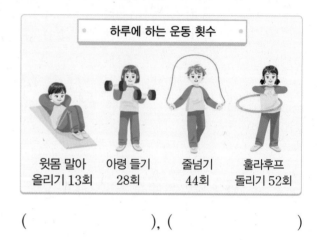

하루에 하는 운동 횟수

윗몸 말아 올리기 13회 / 아령 들기 28회 / 줄넘기 44회 / 훌라후프 돌리기 52회

(   ), (   )

34 한 상자에 5개씩 들어 있는 가위 13상자와 한 상자에 8개씩 들어 있는 지우개 12상자를 사려고 합니다. 사야 하는 가위와 지우개는 모두 몇 개인지 구해 보세요.

(   )

35 같은 모양은 같은 수를 나타냅니다. 모양에 알맞은 수를 구해 보세요.

(1) ★ + ★ + ★ + ★ = 64

★ = (   )

(2) ● + ● + ● + ● + ● = 125

● = (   )

6 올림이 한 번 또는 여러 번 있는 (몇십몇)×(몇십몇)

36 계산해 보세요.

(1)
```
    6 8
  × 1 3
```

(2)
```
    3 6
  × 5 4
```

(3) 59×17

(4) 47×28

37 □ 안에 알맞은 수를 써넣으세요.

$84 \times 30 =$ ☐ $80 \times 39 =$ ☐

$84 \times \ 9 =$ ☐ $4 \times 39 =$ ☐

$84 \times 39 =$ ☐ $84 \times 39 =$ ☐

순서를 다르게 묶어 곱해도 결과는 같아.

준비 □ 안에 알맞은 수를 써넣으세요.

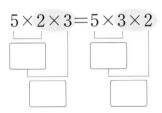
$$5 \times 2 \times 3 = 5 \times 3 \times 2$$

38 □ 안에 알맞은 수를 써넣으세요.

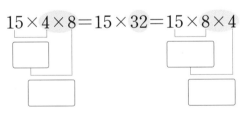
$$15 \times 4 \times 8 = 15 \times 32 = 15 \times 8 \times 4$$

39 □ 안에 알맞은 수를 써넣고, 계산 결과를 비교하여 ○ 안에 >, =, < 중 알맞은 것을 써넣으세요.

```
    3 3   ─×2→    6 6
  × 2 8  ←×2─   × 1 4
  ┌───┐    ○    ┌───┐
  └───┘         └───┘
```

40 오늘 항공 박물관의 방문객은 500명입니다. 어림하여 오늘 방문객이 모두 체험할 수 없는 활동을 찾아 ○표 하세요.

체험 활동	1회 입장 인원(명)	하루 운영 횟수(회)
비행기 탑승	42	13
승무원	18	25
우주 실험실	31	17

방문객이 모두 체험할 수 없는 활동은
(비행기 탑승 , 승무원 , 우주 실험실)입니다.

41 과일 가게에 귤이 한 봉지에 16개씩 40봉지 있었습니다. 그중에서 12봉지를 팔았다면 남은 귤은 몇 개일까요?

(   )

42 보기 와 같이 곱하여 ○ 안의 수가 나오는 두 수를 찾아 색칠해 보세요.

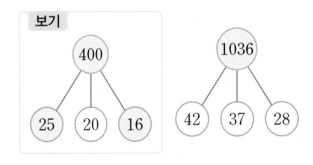

실수하기 쉬운 유형

⚡ 곱하는 수를 가르기하여 올림이 있는 곱셈을 간단하게 계산해 보자!

1 ☐ 안에 알맞은 수를 써넣으세요.

$$122 \times 2 = \boxed{}$$

$$122 \times 3 = \boxed{}$$

$$122 \times 5 = \boxed{}$$

2 ☐ 안에 알맞은 수를 써넣으세요.

$$102 \times 3 = \boxed{}$$

$$102 \times 4 = \boxed{}$$

$$102 \times \boxed{} = \boxed{}$$

3 ☐ 안에 알맞은 수를 써넣으세요.

$$223 \times ⑤ = \boxed{223 \times ③} + \boxed{223 \times ②}$$

$$= \boxed{} + \boxed{}$$

$$= \boxed{}$$

⚡ 올림한 수를 윗자리의 곱에 더하는 것을 잊지 말자!

4 잘못 계산한 부분을 찾아 바르게 계산해 보세요.

$$\begin{array}{r} 5\ 3\ 9 \\ \times\ \ \ \ 3 \\ \hline 1\ 5\ 9\ 7 \end{array} \rightarrow \boxed{}$$

5 잘못 계산한 부분을 찾아 바르게 계산해 보세요.

$$\begin{array}{r} 4\ 2\ 7 \\ \times\ \ \ \ 6 \\ \hline 2\ 4\ 2\ 2 \end{array} \rightarrow \boxed{}$$

6 잘못 계산한 부분을 찾아 바르게 계산해 보세요.

$$\begin{array}{r} 2\ 0\ 6 \\ \times\ \ \ \ 9 \\ \hline 2\ 3\ 4 \end{array} \rightarrow \boxed{}$$

⚡ **곱셈은 같은 수를 여러 번 더하는 것임을 기억하자!**

7 ☐ 안에 알맞은 수를 써넣으세요.

$$243 \times 4 = 243 + 243 + 243 + 243$$
$$\downarrow$$
$$= 243 \times \boxed{} + 243$$

8 ☐ 안에 알맞은 수를 써넣으세요.

$$38 \times 12 = 38 \times 11 + \boxed{}$$
$$= 38 \times 10 + \boxed{}$$

9 ☐ 안에 알맞은 수를 써넣으세요.

$$7 \times 53 = 7 \times 50 + \boxed{}$$
$$= 7 \times \boxed{} + 35$$

⚡ **나눗셈식을 곱셈식으로 나타내 보자!**

10 ☐ 안에 알맞은 수를 구해 보세요.

$$\boxed{} \div 5 = 659$$

(   )

11 ☐ 안에 알맞은 수를 구해 보세요.

$$\boxed{} \div 70 = 37$$

(   )

12 어떤 수를 64로 나누었더니 몫이 82가 되었습니다. 어떤 수를 구해 보세요.

(   )

⚡ ' = '의 양쪽 식에서 곱해지는 수와 곱하는 수가 어떻게 변했는지 알아보자!

13 ☐안에 알맞은 수를 써넣으세요.

$$13 \times 60 = 39 \times \boxed{}$$

14 ☐안에 알맞은 수를 써넣으세요.

$$24 \times 32 = 48 \times \boxed{}$$
$$= 12 \times \boxed{}$$

15 ☐안에 알맞은 수를 써넣으세요.

$$8 \times 75 = 24 \times \boxed{}$$
$$= 40 \times \boxed{}$$

⚡ 날짜를 활용한 문제는 월별 날수, 주별 날수를 곱해서 전체 시간을 구해 보자!

16 세영이는 10월 한 달 동안 매일 45분씩 독서를 했습니다. 세영이가 10월 한 달 동안 독서를 한 시간은 모두 몇 분일까요?

( )

17 유리는 3주일 동안 매일 38쪽씩 역사책을 읽었습니다. 유리가 3주일 동안 읽은 역사책은 모두 몇 쪽일까요?

( )

18 딸기에는 비타민 C가 많이 있어서 하루에 딸기 6개를 먹으면 비타민 C의 하루 권장량을 모두 섭취할 수 있습니다. 3월과 4월 두 달 동안 비타민 C의 하루 권장량을 모두 딸기로 섭취한다면 딸기를 몇 개 먹어야 할까요?

( )

도전1 달력을 보고 한 달 동안의 양 구하기

1 윤성이는 한 달 동안 매주 월요일, 수요일, 금요일에 태권도를 각각 40분씩 했습니다. 윤성이가 한 달 동안 태권도를 한 시간은 모두 몇 분인지 구해 보세요.

일	월	화	수	목	금	토
		1	2	3	4	5
6	7	8	9	10	11	12
13	14	15	16	17	18	19
20	21	22	23	24	25	26
27	28	29	30			

( )

핵심 NOTE
한 달 동안 매주 월요일, 수요일, 금요일은 모두 며칠인지 구합니다.

2 아영이가 한 달 동안 매주 월요일, 화요일, 목요일에 한자를 각각 18개씩 외웠을 때 외운 한자는 모두 몇 개인지 구해 보세요.

일	월	화	수	목	금	토
	1	2	3	4	5	6
7	8	9	10	11	12	13
14	15	16	17	18	19	20
21	22	23	24	25	26	27
28	29	30				

( )

3 성아가 한 달 동안 매주 수요일, 토요일, 일요일에 과학책을 각각 45쪽씩 읽었을 때 읽은 과학책은 모두 몇 쪽인지 구해 보세요.

일	월	화	수	목	금	토
					1	2	3
4	5	6	7	8	9	10
11	12	13	14	15	16	17
18	19	20	21	22	23	24
25	26	27	28	29	30	31

( )

도전2 바르게 계산한 값 구하기

4 어떤 수에 40을 곱해야 할 것을 잘못하여 더했더니 83이 되었습니다. 바르게 계산하면 얼마인지 구해 보세요.

( )

핵심 NOTE
잘못 계산한 식을 세워 어떤 수를 먼저 구합니다.

5 어떤 수에 13을 곱해야 할 것을 잘못하여 **뺐**더니 45가 되었습니다. 바르게 계산하면 얼마인지 구해 보세요.

( )

6 어떤 수에 27을 곱해야 할 것을 잘못하여 더했더니 62가 되었습니다. 바르게 계산한 값과 잘못 계산한 값의 차를 구해 보세요.

( )

7 1부터 9까지의 수 중에서 ☐ 안에 들어갈 수 있는 수를 모두 구해 보세요.

$$24 \times \boxed{}0 > 1800$$

(   )

핵심 NOTE
☐ 안에 적당한 수를 넣어 곱이 1800보다 큰지 알아봅니다.

8 ☐ 안에 들어갈 수 있는 자연수 중에서 가장 큰 수를 구해 보세요.

$$125 \times \boxed{} < 36 \times 19$$

(   )

9 1부터 9까지의 수 중에서 ☐ 안에 들어갈 수 있는 수를 모두 구해 보세요.

$$3000 < 77 \times \boxed{}0 < 5000$$

(   )

10 ☐ 안에 알맞은 수를 써넣으세요.

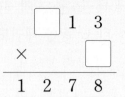

핵심 NOTE
올림이 있는 계산임을 생각하여 먼저 알 수 있는 자리의 수부터 구합니다.

11 ☐ 안에 알맞은 수를 써넣으세요.

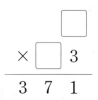

12 ☐ 안에 알맞은 수를 써넣으세요.

$$
\begin{array}{r}
\boxed{}\,4 \\
\times \ 2\,\boxed{} \\
\hline
5\ 1\ 2 \\
1\ 2\ \boxed{}\ 0 \\
\hline
1\ \boxed{}\ 9\ 2 \\
\end{array}
$$

도전5 **이어 붙인 색 테이프의 전체 길이 구하기**

13 길이가 28 cm인 색 테이프 20장을 5 cm씩 겹치게 이어 붙였습니다. 이어 붙인 색 테이프의 전체 길이는 몇 cm일까요?

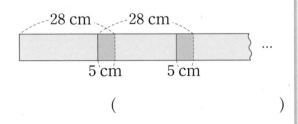

( )

핵심 NOTE
겹쳐진 부분이 몇 군데인지 알고, 겹쳐진 부분의 길이의 합을 구합니다.

14 길이가 36 cm인 색 테이프 17장을 6 cm씩 겹치게 이어 붙였습니다. 이어 붙인 색 테이프의 전체 길이는 몇 cm일까요?

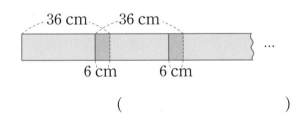

( )

15 길이가 45 cm인 색 테이프 25장을 일정하게 겹쳐서 이어 붙였습니다. 이어 붙인 색 테이프의 전체 길이가 933 cm라면 몇 cm씩 겹치게 이어 붙였을까요?

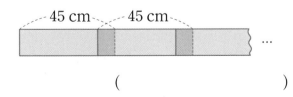

( )

도전6 **통나무를 자르는 데 걸리는 시간 구하기**

16 통나무를 한 번 자르는 데 20분이 걸립니다. 통나무를 11도막으로 자르는 데 걸리는 시간은 몇 시간 몇 분일까요?

( )

핵심 NOTE
① 통나무가 ●도막이 되려면 통나무를 몇 번 잘라야 하는지 알아봅니다.
② 통나무를 ●도막으로 자르는 데 걸리는 시간을 계산합니다.

17 통나무를 한 번 자르는 데 16분이 걸립니다. 통나무를 20도막으로 자르는 데 걸리는 시간은 몇 시간 몇 분일까요?

( )

18 통나무를 세 번 자르는 데 36분이 걸립니다. 통나무를 25도막으로 자르는 데 걸리는 시간은 몇 시간 몇 분일까요? (단, 통나무를 한 번 자르는 데 걸리는 시간은 같습니다.)

( )

도전7 **기호의 약속에 따라 계산하기**

19 기호 ♥를 보기 와 같이 약속할 때 157♥3
의 값을 구해 보세요.

> **보기**
>
> 가♥나＝가×나×나

(   )

핵심 NOTE
♥의 약속에 따라 157♥3을 세 수의 곱셈으로 나타냅니다.

20 기호 ♣를 보기 와 같이 약속할 때 28♣41의
값을 구해 보세요.

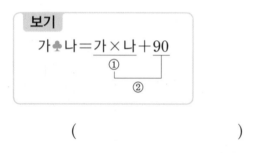

(   )

21 기호 ★을 보기 와 같이 약속할 때 63★30의
값을 구해 보세요.

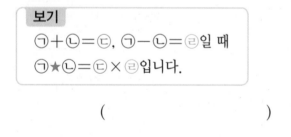

(   )

도전8 **수 카드로 곱셈식 만들기**

22 수 카드 4장을 한 번씩만 사용하여 곱이 가장
큰 (두 자리 수)×(두 자리 수)를 만들고 계
산해 보세요.

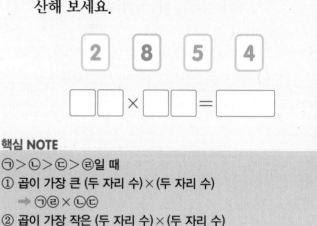

□□ × □□ ＝ □□□□

핵심 NOTE
㉠＞㉡＞㉢＞㉣일 때
① 곱이 가장 큰 (두 자리 수)×(두 자리 수)
    ➡ ㉠㉣ × ㉡㉢
② 곱이 가장 작은 (두 자리 수)×(두 자리 수)
    ➡ ㉣㉡ × ㉢㉠

23 4장의 수 카드를 한 번씩만 사용하여 곱이 가
장 작은 (두 자리 수)×(두 자리 수)를 만들고
계산해 보세요.

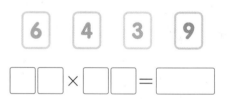

□□ × □□ ＝ □□□□

24 수 카드 5장 중 4장을 골라 한 번씩만 사용하
여 (두 자리 수)×(두 자리 수)를 만들려고 합
니다. 곱이 가장 큰 경우와 가장 작은 경우의
곱셈식을 각각 만들고 계산해 보세요.

5   1   8   3   7

가장 큰 경우: □□ × □□ ＝ □□□□

가장 작은 경우: □□ × □□ ＝ □□□□

1 ☐ 안에 알맞은 수를 써넣으세요.

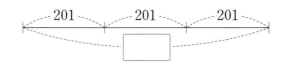

2 ☐ 안에 알맞은 수를 써넣으세요.

$$113 \times 9$$
$$= 113 \times \boxed{} \times 3$$
$$= \boxed{} \times 3$$
$$= \boxed{}$$

3 ☐ 안에 알맞은 수를 써넣으세요.

(1) $217 \times 7 = 217 \times 6 + \boxed{}$

(2) $217 \times 5 = 217 \times 6 - \boxed{}$

4 ☐ 안에 알맞은 수를 써넣으세요.

$$47 \times 20 = \boxed{} = 20 \times \boxed{}$$

5 ☐ 안에 알맞은 수를 써넣으세요.

$$65 \times 40 = \boxed{}$$
$$65 \times 3 = \boxed{}$$
$$\overline{65 \times 43 = \boxed{}}$$

6 계산 결과를 찾아 이어 보세요.

9×54 •		• 456
7×68 •		• 476
6×76 •		• 486

7 잘못 계산한 부분을 찾아 바르게 계산해 보세요.

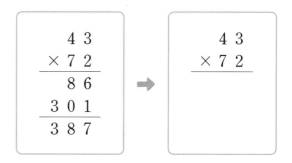

8 진우는 줄넘기를 매일 310번씩 했습니다. 진우가 일주일 동안 줄넘기를 모두 몇 번 했을까요?

식 ....

답 ....

9 두 곱의 차를 구해 보세요.

4×71 8×25

(   )

10 곱이 큰 것부터 차례로 기호를 써 보세요.

㉠ 60×30 ㉡ 94×20
㉢ 37×50 ㉣ 50×40

(   )

11 □ 안에 알맞은 수를 써넣으세요.

$18 \times 45 = \boxed{} \times 10$

12 다음 수의 3배인 수를 구해 보세요.

100이 3개, 10이 2개, 1이 8개인 수

(   )

13 하루는 24시간입니다. 6월 한 달은 모두 몇 시간일까요?

(   )

14 민지와 은호가 각각 설명하는 두 수의 합을 구해 보세요.

215의 5배인 수야.   6과 36의 곱이야.
민지   은호

(   )

15 삼각형과 사각형의 각 변의 길이는 125 cm로 모두 같습니다. 삼각형과 사각형의 모든 변의 길이의 합은 몇 cm일까요?

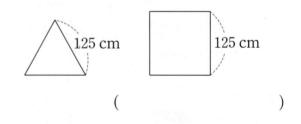

125 cm   125 cm

(   )

16 ☐ 안에 알맞은 수를 써넣으세요.

$$
\begin{array}{r}
2\ \boxed{} \\
\times\ 6\ 0 \\
\hline
1\ 6\ 8\ 0
\end{array}
$$

17 수 카드 4장을 한 번씩만 사용하여 계산 결과가 가장 작은 (세 자리 수)×(한 자리 수)를 만들고 계산해 보세요.

[5] [9] [6] [4]

☐☐☐ × ☐ = ☐☐☐☐

18 1부터 9까지의 수 중에서 ☐ 안에 들어갈 수 있는 수를 모두 구해 보세요.

$$63 \times 26 > 459 \times \boxed{}$$

(　　　　　　　　)

19 길이가 35 cm인 색 테이프 14장을 4 cm씩 겹쳐서 이어 붙였습니다. 이어 붙인 색 테이프의 전체 길이는 몇 cm인지 풀이 과정을 쓰고 답을 구해 보세요.

풀이 ....

....

....

....

....

답 ....

20 연우는 문구점에서 450원짜리 지우개 4개와 720원짜리 연필 5자루를 샀습니다. 연우가 내야 하는 돈은 얼마인지 풀이 과정을 쓰고 답을 구해 보세요.

풀이 ....

....

....

....

답 ....

점수

확인

1 덧셈을 보고 ☐ 안에 알맞은 수를 써넣으세요.

$$202 + 202 + 202 + 202$$

$$202 \times \boxed{} = \boxed{}$$

2 계산해 보세요.

(1)
$$\begin{array}{r} 3\ 2\ 5 \\ \times \quad\ \ 3 \\ \hline \end{array}$$

(2)
$$\begin{array}{r} 4\ 6\ 3 \\ \times \quad\ \ 9 \\ \hline \end{array}$$

3 ☐ 안에 알맞은 수를 써넣으세요.

$$222 \times 2 = \boxed{}$$

$$222 \times 4 = \boxed{}$$

$$222 \times \boxed{} = \boxed{}$$

4 ☐ 안에 알맞은 수를 써넣으세요.

$$38 \times 20 = \boxed{}$$

$$38 \times 40 = \boxed{}$$

5 빈칸에 알맞은 수를 써넣으세요.

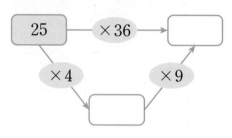

6 잘못 계산한 부분을 찾아 바르게 계산해 보세요.

$$\begin{array}{r} 7\ 3 \\ \times\ 2\ 3 \\ \hline 2\ 1\ 9 \\ 1\ 4\ 6 \\ \hline 3\ 6\ 5 \end{array} \Rightarrow$$

7 계산 결과를 비교하여 ○ 안에 >, =, < 중 알맞은 것을 써넣으세요.

(1) 8×97 ◯ 40×20

(2) 7×68 ◯ 21×21

8 ☐ 안에 알맞은 수를 써넣으세요.

(1) $5 \times 49 = \boxed{} = 49 \times \boxed{}$

(2) $8 \times 66 = \boxed{} = 66 \times \boxed{}$

9 곱이 다른 하나를 찾아 기호를 써 보세요.

| ㉠ 274×3 ㉡ 416×2 ㉢ 208×4 |

(   )

10 한 봉지에 27개씩 들어 있는 고구마가 20봉지 있습니다. 고구마는 모두 몇 개일까요?

식 _____

답 _____

11 두 곱셈의 계산 결과 사이에 있는 자연수는 모두 몇 개인지 구해 보세요.

| 14×32 | | 113×4 |

(   )

12 ☐ 안에 알맞은 수를 써넣으세요.

(1) $\boxed{} \times 80 = 4800$

(2) $17 \times \boxed{} = 680$

13 계산 결과가 큰 것부터 차례로 기호를 써 보세요.

| ㉠ $809 + 809 + 809$ |
| ㉡ 73×40 |
| ㉢ 32의 90배 |

(   )

14 ☐ 안에 알맞은 수를 써넣으세요.

(1) $6 \times 84 = 42 \times \boxed{}$

(2) $9 \times 92 = 36 \times \boxed{}$

15 ☐ 안에 알맞은 수를 써넣으세요.

$$312 \times 8 = 312 \times 7 + \boxed{}$$
$$= 312 \times 5 + \boxed{}$$

16 윤지가 한 달 동안 매주 월요일, 수요일, 금요일에 영어 단어를 각각 25개씩 외웠을 때 외운 영어 단어는 모두 몇 개인지 구해 보세요.

일	월	화	수	목	금	토
			1	2	3	4
5	6	7	8	9	10	11
12	13	14	15	16	17	18
19	20	21	22	23	24	25
26	27	28	29	30	31	

(　　　　　　　　　)

17 1부터 9까지의 수 중에서 □ 안에 들어갈 수 있는 수를 모두 구해 보세요.

$$52 \times 34 > 418 \times \square$$

(　　　　　　　　　)

18 □ 안에 알맞은 수를 써넣으세요.

```
        4 □
    ×   □ 3
    ─────────
      1 3 8
    3 □ 2 0
    ─────────
    3 3 5 8
```

19 수 카드 4장 중 2장을 골라 한 번씩만 사용하여 만들 수 있는 두 자리 수 중에서 가장 큰 수와 가장 작은 수의 곱을 구하려고 합니다. 풀이 과정을 쓰고 답을 구해 보세요.

6　3　8　2

풀이

답

20 준성이는 문구점에서 한 장에 40원인 도화지 24장과 한 개에 150원인 구슬 5개를 사고 2000원을 냈습니다. 준성이가 받아야 할 거스름돈은 얼마인지 풀이 과정을 쓰고 답을 구해 보세요.

풀이

답

2 나눗셈

이번 단원에서 꼭 짚어야 할 **핵심 개념**을 알아보자.

핵심 1 **(몇십)÷(몇)**

나누는 수가 같을 때 나누어지는 수가 10배 가 되면 몫도 ☐배가 됩니다.

$$8 \div 4 = 2$$

10배 ↓   10배 ↓

$$80 \div 4 = \boxed{}$$

핵심 2 **(몇십몇)÷(몇)**

몇십몇의 십의 자리, 일의 자리 수를 각각 나누는 수로 나눕니다.

$$8 \div 2 = 4$$

$$68 \div 2 = \boxed{}\,\boxed{}$$

$$60 \div 2 = 30$$

핵심 3 **나눗셈의 몫과 나머지**

$$37 \div 4 = 9 \cdots 1$$

➡ 37을 4로 나누면 몫이 9이고 나머지가 ☐입니다.

핵심 4 **계산이 맞는지 확인해 보기**

나누는 수와 몫의 곱에 나머지를 더하면 나누어지는 수가 되어야 합니다.

$$25 \div 3 = 8 \cdots 1$$

➡ $3 \times 8 = 24$, $24 + 1 = \boxed{}$

핵심 5 **(세 자리 수)÷(한 자리 수)**

```
      6 □
   ┌──────
 5 ) 3 4 8
     3 0
     ───
       4 8
       4 5
       ───
         □
```

나누어지는 수의 백의 자리부터 순서대로 계산하고, 백의 자리 수가 나누는 수보다 작으면 몫은 (두 자리 수 , 세 자리 수) 가 됩니다.

1. (몇십)÷(몇)

● **내림이 없는 (몇십)÷(몇)**

• 80÷4의 이해

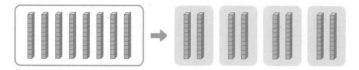

$$8 \div 4 = 2$$

10배 ↓   10배 ↓

$$80 \div 4 = 20$$

• 나눗셈식을 세로로 쓰기

몫

$$80 \div 4 = 20 \quad \Rightarrow \quad \begin{array}{r} 2\ 0 \\ 4\overline{)8\ 0} \end{array}$$

나누는 수

나누어지는 수

● **내림이 있는 (몇십)÷(몇)**

• 70÷5의 계산

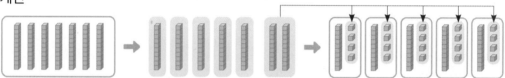

십의 자리 계산

$$\begin{array}{r} \\ 5\overline{)7\ 0} \end{array} \quad \Rightarrow \quad \begin{array}{r} 1 \\ 5\overline{)7\ 0} \\ 5\ 0 \quad \leftarrow 5\times10 \\ \hline 2\ 0 \quad \leftarrow 70-50 \end{array}$$

일의 자리 계산

$$\begin{array}{r} 1\ 4 \\ 5\overline{)7\ 0} \\ 5\ 0 \\ \hline 2\ 0 \\ 2\ 0 \quad \leftarrow 5\times4 \\ \hline 0 \quad \leftarrow 20-20 \end{array}$$

나눗셈식   70 ÷ 5 = 14

확인   5 × 14 = 70

개념 자세히 보기

• 십의 자리 계산에서 0을 생략할 수 있어요!

$$\begin{array}{r} 1\ 4 \\ 5\overline{)7\ 0} \\ 5 \\ \hline 2\ 0 \\ 2\ 0 \\ \hline 0 \end{array}$$

• 곱셈과 나눗셈의 관계를 이용하여 나눗셈을 바르게 했는지 확인할 수 있어요!

÷5 (70) ×5   →   70÷5=14

14   14×5=70, 5×14=70

1 수 모형을 보고 ☐ 안에 알맞은 수를 써넣으세요.

①  ➡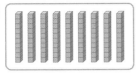

$$90 \div 3 = \boxed{}$$

② 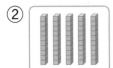 ➡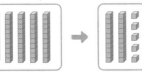

$$50 \div 2 = \boxed{}$$

🔗 배운 것 연결하기   **3학년 1학기**

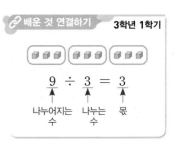

$$\underset{\text{나누어지는 수}}{9} \div \underset{\text{나누는 수}}{3} = \underset{\text{몫}}{3}$$

2 ☐ 안에 알맞은 수를 써넣으세요.

① $5\overline{)5}$ ➡ $5\overline{)50}$

② $2\overline{)8}$ ➡ $2\overline{)80}$

나누는 수가 같을 때 나누어지는 수가 10배가 되면 몫도 10배가 돼요.

3 ☐ 안에 알맞은 수를 써넣으세요.

①
```
    1 ☐
6 ) 9  0
  ☐   0  ← 6×☐
  ┌─┬─┐
  └─┴─┘
  ☐ ☐    ← 6×☐
  ─────
      0
```

②
```
    1 ☐
5 ) 6  0
  ☐   0  ← 5×☐
  ┌─┬─┐
  └─┴─┘
  ☐ ☐    ← 5×☐
  ─────
      0
```

십의 자리, 일의 자리 순서로 나누어요.

4 빈칸에 알맞은 수를 써넣으세요.

① $÷7$

70 → ☐

② $÷2$

30 → ☐

2. (몇십몇)÷(몇)(1)

● **내림이 없는 (몇십몇)÷(몇)**

· 36÷3의 계산

십의 자리 계산

$$
\begin{array}{r}
1 \\
3\,\overline{)\,3\ 6} \\
3\ 0 \quad\leftarrow 3\times10 \\
\hline
6 \quad\leftarrow 36-30
\end{array}
$$

→

일의 자리 계산

$$
\begin{array}{r}
1\ 2 \\
3\,\overline{)\,3\ 6} \\
3\ 0 \\
\hline
6 \\
6 \quad\leftarrow 3\times2 \\
\hline
0 \quad\leftarrow 6-6
\end{array}
$$

나눗셈식 36 ÷ 3 = 12

확인 3 × 12 = 36

● **내림이 있는 (몇십몇)÷(몇)**

· 45÷3의 계산

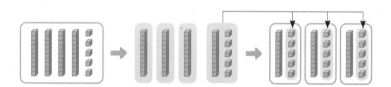

십의 자리 계산

$$
\begin{array}{r}
1 \\
3\,\overline{)\,4\ 5} \\
3\ 0 \quad\leftarrow 3\times10 \\
\hline
1\ 5 \quad\leftarrow 45-30
\end{array}
$$

→

일의 자리 계산

$$
\begin{array}{r}
1\ 5 \\
3\,\overline{)\,4\ 5} \\
3\ 0 \\
\hline
1\ 5 \\
1\ 5 \quad\leftarrow 3\times5 \\
\hline
0 \quad\leftarrow 15-15
\end{array}
$$

나눗셈식 45 ÷ 3 = 15

확인 3 × 15 = 45

정답과 풀이 11쪽

① 57을 수직선에 ↓로 나타내고, ☐ 안에 알맞은 수를 써넣으세요.

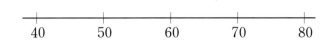

| 40 | 50 | 60 | 70 | 80 |

57을 어림하면 ☐ 쯤이므로 57÷3을 어림하여 구하면

약 ☐ ÷3= ☐ 입니다.

52에 가까운 수는 50이고 57에 가까운 수는 60 이에요.

② 수 모형을 보고 ☐ 안에 알맞은 수를 써넣으세요.

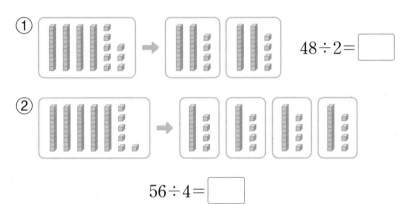

① 48÷2= ☐

② 56÷4= ☐

십 모형 1개, 일 모형 6개는 일 모형 16개와 같아요.

2

③ ☐ 안에 알맞은 수를 써넣으세요.

①
```
    ☐ ☐
4) 8 4
   ☐ 0  ← 4×☐
   ☐
   ☐    ← 4×☐
─────
    0
```

②
```
    ☐ ☐
3) 7 2
   ☐ 0  ← 3×☐
   ☐ ☐
   ☐ ☐  ← 3×☐
─────
    0
```

십의 자리에서 계산하고 남은 수와 나누어지는 수의 일의 자리 수를 함께 써요.

④ ☐ 안에 알맞은 수를 써넣으세요.

① 28 → ÷2 → ☐

② 96 → ÷6 → ☐

3. (몇십몇)÷(몇)(2)

● 내림이 없고 나머지가 있는 (몇십몇)÷(몇)

· 59÷8의 계산

$8 \overline{)59}$ → $8 \times 6 = 48$
$8 \times 7 = 56$
$8 \times 8 = 64$
→
$$8 \overline{)\begin{matrix} 7 & \text{몫} \\ 59 \\ 56 \\ \hline 3 & \text{나머지} \end{matrix}}$$

나눗셈식 $59 \div 8 = \underset{\text{몫}}{7} \cdots \underset{\text{나머지}}{3}$

확인 $8 \times 7 = 56,\ 56 + 3 = 59$

나누는 수와 몫의 곱에 나머지를 더하면 나누어지는 수가 되어야 합니다.

● 내림이 있고 나머지가 있는 (몇십몇)÷(몇)

· 98÷4의 계산

$4 \overline{)98}$ →
십의 자리 계산
$$4 \overline{)\begin{matrix} 2 \\ 98 \\ 80 & \leftarrow 4 \times 20 \\ \hline 18 & \leftarrow 98-80 \end{matrix}}$$
→
일의 자리 계산
$$4 \overline{)\begin{matrix} 24 \\ 98 \\ 80 \\ \hline 18 \\ 16 & \leftarrow 4 \times 4 \\ \hline 2 & \leftarrow 18-16 \end{matrix}}$$

나눗셈식 $98 \div 4 = \underset{\text{몫}}{24} \cdots \underset{\text{나머지}}{2}$

확인 $4 \times 24 = 96,\ 96 + 2 = 98$

개념 자세히 보기

● 나누어떨어지는 경우를 알아보아요!

나머지가 0일 때 **나누어떨어진다**고 합니다.
$36 \div 3 = 12$ ➡ 몫: 12, 나머지: 0

● 나머지는 항상 나누는 수보다 작아요!

$$6 \overline{)\begin{matrix} 4 \\ 33 \\ 24 \\ \hline 9 \end{matrix}}$$ $\xrightarrow{\text{몫을 1 크게}}$ $$6 \overline{)\begin{matrix} 5 \\ 33 \\ 30 \\ \hline 3 \end{matrix}}$$ $\xleftarrow{\text{몫을 1 작게}}$ $$6 \overline{)\begin{matrix} 6 \\ 33 \\ 36 \end{matrix}}$$

$\rightarrow 6 < 9$

→ 정답과 풀이 11쪽

1 나눗셈식을 보고 ☐ 안에 알맞은 말을 써넣으세요.

$$33 \div 6 = 5 \cdots 3$$

33을 6으로 나누면 ☐ 은/는 5이고 3이 남습니다. 이때 3을 33÷6의

☐ (이)라고 합니다.

2 그림을 보고 ☐ 안에 몫과 나머지를 써넣고 나누는 수가 3일 때 나머지가 될 수 있는 수를 모두 구해 보세요.

몫　　나머지

 $13 \div 3 =$ ☐ $\cdots$ ☐

 $14 \div 3 =$ ☐ $\cdots$ ☐

 $15 \div 3 =$ ☐ $\cdots$ ☐

(　　　　　　　　)

나머지가 없는 경우에는 0을 생략하여 나타낼 수 있어요.
$$6 \div 3 = 2 \cdots 0$$
↓
$$6 \div 3 = 2$$

3 ☐ 안에 알맞은 수를 써넣으세요.

①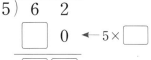

②

• 나눗셈을 한 번 해요.
$$4)\overline{15}$$
└ 4보다 작은 수
• 나눗셈을 두 번 해요.
$$4)\overline{95}$$
└ 4와 같거나 4보다 큰 수

4 나눗셈식을 보고 계산이 맞는지 확인해 보세요.

① $$41 \div 3 = 13 \cdots 2$$

확인 $3 \times$ ☐ $=$ ☐ ,

☐ $+$ ☐ $=$ ☐

② $$71 \div 4 = 17 \cdots 3$$

확인 $4 \times$ ☐ $=$ ☐ ,

☐ $+$ ☐ $=$ ☐

나누는 수와 몫의 곱에 나머지를 더하면 나누어지는 수가 돼요.

4. (세 자리 수)÷(한 자리 수)(1)

● 몫이 세 자리 수이고 나머지가 없는 (세 자리 수)÷(한 자리 수)

·480÷3의 계산

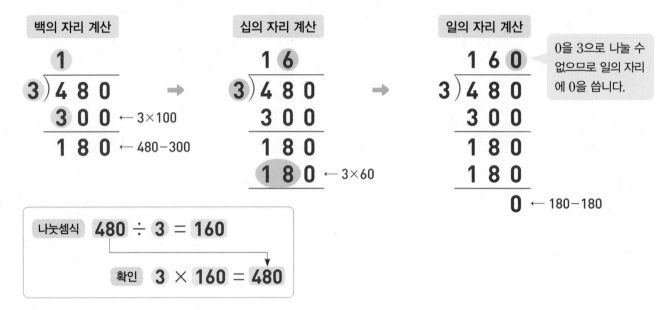

| 백의 자리 계산 | 십의 자리 계산 | 일의 자리 계산 |

0을 3으로 나눌 수 없으므로 일의 자리에 0을 씁니다.

나눗셈식 **480 ÷ 3 = 160**

확인 **3 × 160 = 480**

● 몫이 세 자리 수이고 나머지가 있는 (세 자리 수)÷(한 자리 수)

·407÷4의 계산

| 백의 자리 계산 | 십의 자리 계산 | 일의 자리 계산 |

0을 4로 나눌 수 없으므로 십의 자리에 0을 씁니다.

나눗셈식 **407 ÷ 4 = 101 … 3**

확인 **4 × 101 = 404, 404 + 3 = 407**

개념 자세히 보기

• 548÷5를 여러 가지 방법으로 가르기하여 계산할 수 있어요!

$$500 ÷ 5 = 100$$
$$48 ÷ 5 = 9…3$$
$$548 ÷ 5 = 109…3$$

$$540 ÷ 5 = 108$$
$$8 ÷ 5 = 1…3$$
$$548 ÷ 5 = 109…3$$

◑ 정답과 풀이 12쪽

1 ☐ 안에 알맞은 수를 써넣으세요.

자리 수가 늘어나면
나누는 횟수도 늘어나요.

①
```
      ☐ ☐ ☐
   3 ) 7 3 5
     ☐ 0 0    ← 3×☐
     ☐ ☐ ☐
     ☐ ☐ 0    ← 3×☐
         ☐ ☐
         ☐ ☐  ← 3×☐
           ☐
```

②
```
      ☐ ☐ ☐
   2 ) 3 8 7
     ☐ 0 0    ← 2×☐
     ☐ ☐ ☐
     ☐ ☐ 0    ← 2×☐
           ☐
           ☐  ← 2×☐
           ☐
```

2 나눗셈을 하고 계산이 맞는지 확인해 보세요.

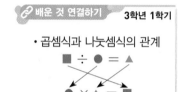

🔗 배운 것 연결하기   3학년 1학기

· 곱셈식과 나눗셈식의 관계
■ ÷ ● = ▲
● × ▲ = ■

①
```
   3 ) 5 4 0
```

몫 .... 나머지 ....

확인 ....

②
```
   6 ) 7 6 1
```

몫 .... 나머지 ....

확인 ....

3 650÷5에 대해 바르게 설명한 것을 찾아 기호를 써 보세요.

나머지가 0일 때
나누어떨어진다고 해요.

> ㉠ 몫이 150보다 큽니다.
> ㉡ 나누는 수는 650입니다.
> ㉢ 나누어떨어지는 나눗셈입니다.

(   )

5. (세 자리 수)÷(한 자리 수)(2)

● 몫이 두 자리 수이고 나머지가 없는 (세 자리 수)÷(한 자리 수)

• 272÷4의 계산

$$4 \overline{)272}$$

2를 4로 나눌 수 없습니다.

➡

십의 자리 계산

$$
\begin{array}{r}
6 \\
4 \overline{)272} \\
240 \\ \hline
32
\end{array}
$$

←4×60
←272-240

➡

일의 자리 계산

$$
\begin{array}{r}
68 \\
4 \overline{)272} \\
240 \\ \hline
32 \\
32 \\ \hline
0
\end{array}
$$

←4×8
←32-32

나눗셈식 **272 ÷ 4 = 68**

확인 **4 × 68 = 272**

● 몫이 두 자리 수이고 나머지가 있는 (세 자리 수)÷(한 자리 수)

• 348÷5의 계산

$$5 \overline{)348}$$

3을 5로 나눌 수 없습니다.

➡

십의 자리 계산

$$
\begin{array}{r}
6 \\
5 \overline{)348} \\
300 \\ \hline
48
\end{array}
$$

←5×60
←348-300

➡

일의 자리 계산

$$
\begin{array}{r}
69 \\
5 \overline{)348} \\
300 \\ \hline
48 \\
45 \\ \hline
3
\end{array}
$$

←5×9
←48-45

나눗셈식 **348 ÷ 5 = 69 … 3**

확인 **5 × 69 = 345, 345 + 3 = 348**

개념 자세히 보기

● ■●▲÷★의 몫이 몇 자리 수인지 알아보아요!

① ■>★이면 몫은 세 자리 수

$$
\begin{array}{r}
160 \\
2 \overline{)320} \\
2 \\ \hline
12 \\
12 \\ \hline
0
\end{array}
$$

② ■=★이면 몫은 세 자리 수

$$
\begin{array}{r}
102 \\
3 \overline{)308} \\
3 \\ \hline
8 \\
6 \\ \hline
2
\end{array}
$$

③ ■<★이면 몫은 두 자리 수

$$
\begin{array}{r}
67 \\
4 \overline{)269} \\
24 \\ \hline
29 \\
28 \\ \hline
1
\end{array}
$$

◑ 정답과 풀이 12쪽

1 ☐ 안에 알맞은 수를 써넣으세요.

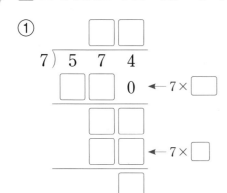

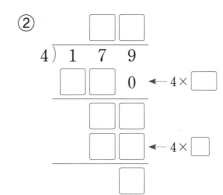

몫의 각 자리 수를 구하고 남은 수는 내림하여 계산해요.

2 $294 \div 3$에서 294를 몇백쯤으로 어림하여 몫을 구하고, 실제 몫을 구해 보세요.

몫 어림하기

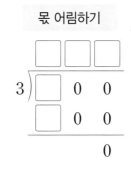

실제 몫 구하기

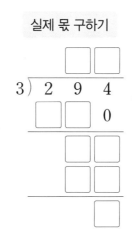

3 나눗셈을 하여 ☐ 안에는 몫을, ◯ 안에는 나머지를 써넣으세요.

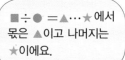

÷		
249	5	⋯ ◯
172	3	⋯ ◯

■÷● =▲…★ 에서 몫은 ▲이고 나머지는 ★이에요.

4 몫이 두 자리 수인 나눗셈에 ◯표 하세요.

$600 \div 5$	$476 \div 7$	$604 \div 4$
(　　)	(　　)	(　　)

・$480 \div 3$
4>3 ➡ 몫이 세 자리 수
・$272 \div 4$
2<4 ➡ 몫이 두 자리 수

1 **(몇십)÷(몇)**

1 ☐ 안에 알맞은 수를 써넣으세요.

(1) $8 \div 2 = $ ☐ ➡ $80 \div 2 = $ ☐

(2) $9 \div 3 = $ ☐ ➡ $90 \div 3 = $ ☐

2 계산해 보세요.

(1) $4 \overline{)8\ 0}$

(2) $5 \overline{)7\ 0}$

곱셈과 나눗셈의 관계를 이용해.

🖐 준비 ☐ 안에 알맞은 수를 써넣으세요.

$30 \div 5 = $ ☐

➡ $5 \times$ ☐ $= 30$

3 ☐ 안에 알맞은 수를 써넣으세요.

$70 \div 2 = $ ☐

➡ $2 \times$ ☐ $= 70$

4 ☐ 안에 알맞은 수를 써넣으세요.

(1) $30 \div 2 = $ ☐

↓2배　　↓2배

$60 \div 2 = $ ☐

(2) $30 \div 2 = $ ☐

↓3배　　↓3배

$90 \div 2 = $ ☐

5 몫이 다른 하나를 찾아 기호를 써 보세요.

| ㉠ $60 \div 4$ | ㉡ $80 \div 5$ | ㉢ $90 \div 6$ |

(　　　　　　)

6 진호가 모은 네잎클로버의 잎의 수를 세어 보니 모두 40장입니다. 진호가 모은 네잎클로버는 모두 몇 개인지 구해 보세요.

식 _____

답 _____

😊 내가 만드는 문제

7 몫이 다음과 같이 되는 (몇십)÷(몇)을 만들어 보세요.

(1) ☐☐ ÷ ☐ $= 20$

(2) ☐☐ ÷ ☐ $= 15$

8 고구마를 준서는 34개 캤고, 연우는 36개 캤습니다. 두 사람이 캔 고구마를 모아 5상자에 똑같이 나누어 담으려고 합니다. 한 상자에 고구마를 몇 개씩 담아야 할까요?

(　　　　　　)

2 내림이 없는 (몇십몇)÷(몇)

9 계산해 보세요.

(1)
$$3 \overline{) 6\ 3}$$

(2)
$$4 \overline{) 4\ 8}$$

10 ☐ 안에 알맞은 수를 써넣으세요.

(1)
$2 \div 2 =$ ☐
$60 \div 2 =$ ☐
───────────
$62 \div 2 =$ ☐

(2)
$6 \div 3 =$ ☐
$30 \div 3 =$ ☐
───────────
$36 \div 3 =$ ☐

11 ☐ 안에 알맞은 수를 써넣으세요.

(1) $66 \div 2 =$ ☐
$66 \div 3 =$ ☐
$66 \div 6 =$ ☐

(2) $24 \div 2 =$ ☐
$44 \div 2 =$ ☐
$64 \div 2 =$ ☐

12 빈칸에 알맞은 수를 써넣으세요.

13 서술형 몫이 30보다 큰 것을 찾아 기호를 쓰려고 합니다. 풀이 과정을 쓰고 답을 구해 보세요.

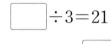

㉠ $46 \div 2$ ㉡ $93 \div 3$ ㉢ $77 \div 7$

풀이 _____

_____

_____

답 _____

14 ☐ 안에 알맞은 수를 써넣으세요.

☐ $\div 3 = 21$

➡ $3 \times 21 =$ ☐

15 점이 일정한 간격으로 놓여 있습니다. 점을 이은 선분의 전체 길이가 84 cm일 때 선분 한 개의 길이는 몇 cm일까요? (단, 점의 크기는 생각하지 않습니다.)

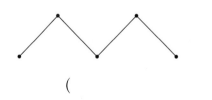

(   )

16 몫이 23이 되는 나눗셈 문제를 만든 사람은 누구인지 이름을 써 보세요.

서하: 동화책 69권을 책꽂이 3칸에 똑같이 나누어 꽂으려면 한 칸에 몇 권씩 꽂아야 할까?

은호: 초콜릿 48개를 한 명에게 2개씩 주면 몇 명에게 나누어 줄 수 있을까?

(   )

3 내림이 있는 (몇십몇)÷(몇)

17 계산해 보세요.

(1)
$$3 \overline{)\,7\ 8}$$

(2)
$$4 \overline{)\,5\ 6}$$

18 몫을 찾아 이어 보세요.

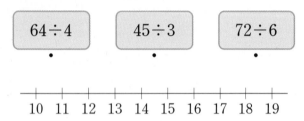

| 64÷4 | 45÷3 | 72÷6 |

10 11 12 13 14 15 16 17 18 19

나누는 수를 가르기하여 계산할 수 있어.

준비 ☐ 안에 알맞은 수를 써넣으세요.

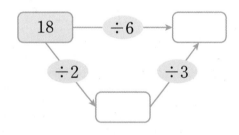

18 → ÷6 → ☐

÷2   ÷3

19 ☐ 안에 알맞은 수를 써넣으세요.

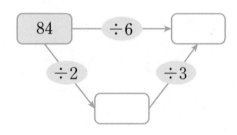

84 → ÷6 → ☐

÷2   ÷3

20 '='의 양쪽이 같게 되도록 ☐ 안에 알맞은 수를 써넣으세요.

(1) $68 \div 4 = 34 \div$ ☐

(2) $45 \div 3 = 90 \div$ ☐

21 ☐ 안에 알맞은 수를 써넣으세요.

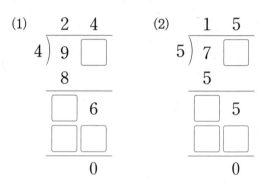

(1)
$$4 \overline{)\,9\ \square}$$
        2 4
        8
      ☐ 6
      ☐☐
        0

(2)
$$5 \overline{)\,7\ \square}$$
        1 5
        5
      ☐ 5
      ☐☐
        0

22 유나가 주사위를 세 번 던져서 나온 결과입니다. 나온 눈의 수를 한 번씩만 사용하여 몫이 가장 큰 (두 자리 수)÷(한 자리 수)를 만들고, 몫을 구해 보세요.

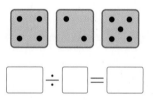

☐ ÷ ☐ = ☐

23 민호는 재활용 종이로 만든 공책 96권을 한 묶음에 2권씩 포장하였습니다. 포장한 공책을 한 명에게 3묶음씩 주면 몇 명에게 나누어 줄 수 있을까요?

(   )

4 내림이 없고 나머지가 있는 (몇십몇)÷(몇)

24 계산해 보세요.

(1)
$$4 \overline{)\, 8\ 7}$$

(2)
$$5 \overline{)\, 5\ 9}$$

25 어떤 수를 7로 나누었을 때 나머지가 될 수 없는 수를 모두 찾아 ×표 하세요.

| 5 | 7 | 1 | 2 | 8 |

26 나눗셈 45÷□가 나누어떨어지도록 □ 안에 알맞은 수를 보기 에서 찾아 써 보세요.

보기
| 2 | 4 | 5 | 7 |

( )

27 모양을 수로 생각하여 다음을 계산해 보세요.

★=57 ♥=76 ●=5 ▲=8

(1) ♥ ÷ ▲

몫 ( ), 나머지 ( )

(2) ★ ÷ ●

몫 ( ), 나머지 ( )

28 보기 와 같이 52÷9를 나눗셈식과 뺄셈식으로 나타내 보세요.

보기
나눗셈식 $27 \div 8 = 3 \cdots 3$
뺄셈식 $27 - 8 - 8 - 8 = 3$

나눗셈식 _____

뺄셈식 _____

29 지우의 일기를 읽고 지우가 처음에 가지고 있던 호두과자는 몇 개였는지 구해 보세요.

○월 ○일 ○요일

놀이터에서 현지, 소율, 은채, 하윤이를 만났다. 친구들에게 호두과자를 똑같이 나누어 주었더니 한 명에게 5개씩 줄 수 있었다. 나는 남은 호두과자 3개밖에 못 먹었지만 친구들이 맛있게 먹는 걸 보니 기분이 좋았다.

( )

서술형
30 44에서 ■씩 7번 뺐더니 2가 남았습니다. ■에 알맞은 수는 얼마인지 풀이 과정을 쓰고 답을 구해 보세요.

풀이 _____

_____

_____

답 _____

5 내림이 있고 나머지가 있는 (몇십몇)÷(몇)

31 계산해 보세요.

(1)
$$3\overline{)7\ 7}$$

(2)
$$7\overline{)8\ 9}$$

32 나눗셈을 하여 □ 안에는 몫을, ○ 안에는 나머지를 써넣으세요.

(1) $30 \div 3 = \boxed{}$

$17 \div 3 = \boxed{} \cdots \bigcirc$

$47 \div 3 = \boxed{} \cdots \bigcirc$

(2) $60 \div 2 = \boxed{}$

$15 \div 2 = \boxed{} \cdots \bigcirc$

$75 \div 2 = \boxed{} \cdots \bigcirc$

33 계산을 하고, ○ 안에 나머지가 큰 것부터 차례로 1, 2, 3을 써넣으세요.

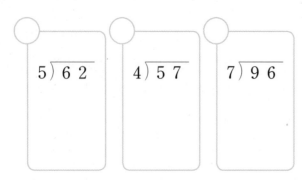

$$5\overline{)6\ 2} \qquad 4\overline{)5\ 7} \qquad 7\overline{)9\ 6}$$

34 꽃집에서 장미 87송이를 한 다발에 6송이씩 묶어서 팔려고 합니다. 장미를 몇 다발까지 팔 수 있을까요?

( )

서술형
35 두 나눗셈의 몫의 합은 얼마인지 풀이 과정을 쓰고 답을 구해 보세요.

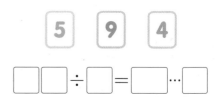

| $65 \div 4$ | $78 \div 5$ |

풀이

답 _____

☺ 내가 만드는 문제

36 수 카드를 한 번씩만 사용하여 나머지가 있는 (두 자리 수)÷(한 자리 수)를 만들고 계산해 보세요.

$$\boxed{5} \quad \boxed{9} \quad \boxed{4}$$

$$\boxed{}\boxed{} \div \boxed{} = \boxed{} \cdots \boxed{}$$

 정사각형은 네 변의 길이가 모두 같은 사각형이야.

준비 정사각형의 네 변의 길이의 합은 몇 cm인지 구해 보세요.

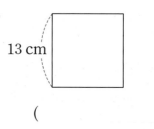

13 cm

( )

37 65 cm의 철사로 가장 큰 정사각형을 만들었습니다. 정사각형의 한 변의 길이는 몇 cm이고, 남은 철사의 길이는 몇 cm일까요? (단, 정사각형의 한 변의 길이는 자연수입니다.)

( ), ( )

6 (세 자리 수)÷(한 자리 수)

38 계산해 보세요.

(1)
$$7 \overline{\smash{)}784}$$

(2)
$$9 \overline{\smash{)}784}$$

39 계산하지 않고 몫의 크기를 비교하여 ○ 안에 >, =, < 중 알맞은 것을 써넣으세요.

⑴ $126 \div 2 \bigcirc 126 \div 6$

⑵ $150 \div 5 \bigcirc 175 \div 5$

40 빈칸에 알맞은 수를 써넣으세요.

	124	208		260	
÷4	31		38		×4

☺ 내가 만드는 문제

41 수직선에서 한 수를 골라 화살표(↑)로 나타내고, 그 수를 4로 나눈 몫과 나머지를 구해 보세요.

```
├──┼──┼──┼──┼──┼──┼──┤
  120      130      140
```

몫 (   ), 나머지 (   )

42 보기 와 같이 수를 가르기하여 나눗셈을 해 보세요.

보기

$$120 \div 5 \Rightarrow \begin{array}{r} 100 \div 5 = 20 \\ 20 \div 5 = 4 \\ \hline 120 \div 5 = 24 \end{array}$$

$$318 \div 6 \Rightarrow$$

43 화살표의 규칙대로 계산할 때 다음을 계산한 값을 구해 보세요.

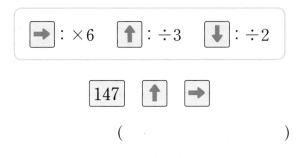

| → : ×6 | ↑ : ÷3 | ↓ : ÷2 |

$$\boxed{147} \quad \boxed{↑} \quad \boxed{→}$$

(   )

44 나눗셈 $164 \div ♥$ 가 나누어떨어지도록 ♥에 알맞은 수를 모두 찾아 ○표 하세요.

| 2   3   4   5   6 |

45 판다는 육식동물인 곰에 속하지만 먹이의 대부분을 대나무로 섭취합니다. 어느 동물원에 있는 판다의 다리 수를 세었더니 모두 140개였습니다. 판다는 모두 몇 마리인지 구해 보세요.

(   )

46 '='의 양쪽이 같게 되도록 ☐ 안에 알맞은 수를 써넣으세요.

(1) $120 \div 2 = \boxed{} \div 4$

(2) $264 \div 4 = \boxed{} \div 8$

47 양말 114켤레를 남김없이 서랍장의 각 칸에 똑같이 나누어 넣으려고 합니다. ㉮와 ㉯ 중 어느 서랍장에 넣어야 할까요?

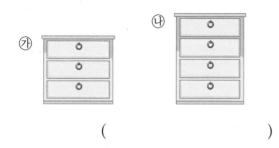

( )

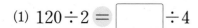

나누어지는 수가 같을 때에는 나누는 수를 비교해.

준비 몫이 가장 큰 나눗셈에 ◯표 하세요.

| $36 \div 4$ | $36 \div 6$ | $36 \div 9$ |

48 나눗셈 $256 \div \boxed{}$의 ☐ 안에 다음 수를 넣었을 때 몫이 가장 크게 되는 수를 찾아 기호를 써 보세요.

| ㉠ 2 ㉡ 4 ㉢ 5 ㉣ 7 |

( )

49 색 테이프를 똑같이 5도막으로 나눈 것입니다. ☐ 안에 알맞은 수를 써넣으세요.

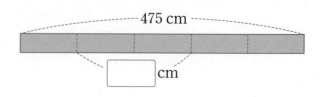

$\boxed{}$ cm

서술형
50 ☐ 안에 알맞은 수는 얼마인지 풀이 과정을 쓰고 답을 구해 보세요.

$$\boxed{} \div 7 = 25 \cdots 6$$

풀이 _____

_____

_____

답 _____

51 ☐ 안에 들어갈 수 있는 가장 큰 자연수를 구해 보세요.

$$130 > \boxed{} \times 4$$

( )

😊 내가 만드는 문제

52 나누어떨어지는 나눗셈을 만들고, 나눗셈과 곱셈의 계산 결과가 같아지도록 곱셈을 만들어 보세요.

$780 \div \boxed{}$ $\boxed{} \times \boxed{}$

나머지는 나누는 수보다 항상 작다는 것에 주의하자!

1 어떤 수를 6으로 나누었을 때 나머지가 될 수 있는 수를 모두 찾아 ○표 하세요.

| 4 | 6 | 7 | 2 |

2 나머지가 5가 될 수 있는 것을 모두 찾아 기호를 써 보세요.

⊙ □ ÷ 6　　ⓒ □ ÷ 4
ⓒ □ ÷ 8　　ⓔ □ ÷ 3

(　　　　　　　)

3 어떤 수를 9로 나눌 때 나올 수 있는 나머지 중에서 가장 큰 자연수를 구해 보세요.

(　　　　　　　)

나누어떨어지는 나눗셈은 나머지가 없다는 것을 기억하자!

4 나누어떨어지는 나눗셈을 찾아 기호를 써 보세요.

⊙ 68 ÷ 4　　ⓒ 78 ÷ 4

(　　　　　　　)

5 나누어떨어지는 나눗셈을 찾아 기호를 써 보세요.

⊙ 46 ÷ 6　　ⓒ 141 ÷ 9　　ⓒ 98 ÷ 7

(　　　　　　　)

6 7로 나누어떨어지는 수를 모두 찾아 써 보세요.

| 172 | 84 | 198 | 336 |

(　　　　　　　)

7 구슬의 무게가 모두 같을 때 구슬 한 개의 무게는 몇 g인지 구해 보세요.

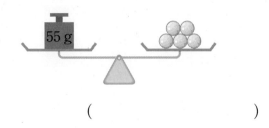

( )

8 구슬의 무게가 모두 같을 때 구슬 한 개의 무게는 몇 g인지 구해 보세요.

( )

9 전체 무게가 79 g이고 ⚪의 무게가 4 g일 때 🔵 한 개의 무게는 몇 g인지 구해 보세요.
(단, 🔵의 무게는 모두 같습니다.)

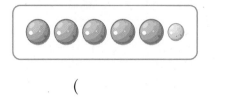

( )

10 잘못 계산한 부분을 찾아 바르게 계산해 보세요.

```
      5
  8 ) 5 2
      4 0
      1 2
```
➡

11 잘못 계산한 부분을 찾아 바르게 계산해 보세요.

```
      2 2
  2 ) 5 4
      4
      4
      4
      0
```
➡

12 잘못 계산한 부분을 찾아 까닭을 쓰고 바르게 계산해 보세요.

```
      1 6
  5 ) 8 8
      5
      3 8
      3 0
        8
```
➡

까닭

몫과 나머지를 바르게 구했는지 확인하는 식을 이용하여 나누어지는 수를 구해 보자!

13 ⬜ 안에 알맞은 수를 구해 보세요.

$$\square \div 6 = 24$$

( )

14 ⬜ 안에 알맞은 수를 구해 보세요.

$$\square \div 4 = 23 \cdots 2$$

( )

15 어떤 수를 9로 나누었더니 몫이 22이고 나머지가 6이었습니다. 어떤 수를 구해 보세요.

( )

똑같이 담고 남은 것은 팔 수 없다는 것에 주의하자!

16 귤 77개를 한 봉지에 6개씩 담아서 팔려고 합니다. 팔 수 있는 귤은 몇 봉지일까요?

( )

17 호박 95개를 한 상자에 8개씩 담아서 팔려고 합니다. 팔 수 있는 호박은 몇 상자일까요?

( )

18 민아는 전체 쪽수가 192쪽인 동화책을 모두 읽으려고 합니다. 하루에 9쪽씩 읽는다면 동화책을 다 읽는 데 며칠이 걸릴까요?

( )

2

도전1 **모양에 알맞은 수 구하기**

1 같은 모양은 같은 수를 나타냅니다. ♥에 알맞은 수를 구해 보세요.

$$
\blacksquare \div 3 = 16
$$
$$
\blacksquare \div 4 = ♥
$$

(   )

핵심 NOTE
□ ÷ ● = ▲ 에서 □ = ● × ▲ 임을 이용합니다.

2 같은 모양은 같은 수를 나타냅니다. ■에 알맞은 수를 구해 보세요.

$$
● \div 5 = 14
$$
$$
● \div 2 = \blacksquare
$$

(   )

3 같은 모양은 같은 수를 나타냅니다. ★에 알맞은 수를 구해 보세요.

$$
\blacksquare \div 5 = 24 \cdots 3
$$
$$
\blacksquare \div 4 = ● \cdots ★
$$

(   )

도전2 **□ 안에 알맞은 수 구하기**

4 □ 안에 알맞은 수를 써넣으세요.

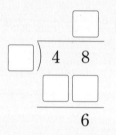

핵심 NOTE
나머지를 보고 알 수 있는 수부터 먼저 구합니다.

5 □ 안에 알맞은 수를 써넣으세요.

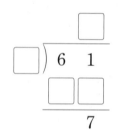

6 □ 안에 알맞은 수를 써넣으세요.

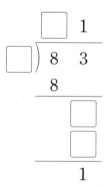

도전3 **나누어지는 수 구하기**

7 다음 나눗셈은 나누어떨어집니다. 0부터 9까지의 수 중에서 □ 안에 들어갈 수 있는 수를 모두 구해 보세요.

$$7\square \div 3$$

( )

핵심 NOTE
십의 자리 수를 나누고 남은 수가 나누어떨어지도록 □ 안에 알맞은 수를 구합니다.

8 다음 나눗셈은 나누어떨어집니다. 0부터 9까지의 수 중에서 □ 안에 들어갈 수 있는 수는 모두 몇 개일까요?

$$6\square \div 5$$

( )

9 다음 나눗셈에서 나머지는 1입니다. 0부터 9까지의 수 중에서 □ 안에 들어갈 수 있는 수를 모두 구해 보세요.

$$7\square \div 4$$

( )

도전4 **나무의 수 구하기**

10 길이가 75 m인 도로의 한쪽에 5 m 간격으로 나무를 심으려고 합니다. 도로의 처음과 끝에도 나무를 심는다면 필요한 나무는 몇 그루일까요? (단, 나무의 두께는 생각하지 않습니다.)

( )

핵심 NOTE
(도로 한쪽에 심는 나무 수) = (도로의 길이) ÷ (나무 사이 간격) + 1

11 호수 둘레에 6 m 간격으로 나무를 심으려고 합니다. 호수의 둘레가 108 m일 때 필요한 나무는 몇 그루일까요? (단, 나무의 두께는 생각하지 않습니다.)

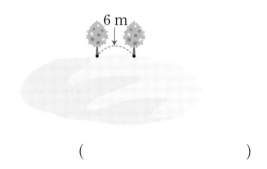

( )

12 길이가 256 m인 도로의 양쪽에 8 m 간격으로 나무를 심으려고 합니다. 도로의 처음과 끝에도 나무를 심는다면 필요한 나무는 모두 몇 그루일까요? (단, 나무의 두께는 생각하지 않습니다.)

( )

2

도전5 수 카드로 나눗셈식 만들기

13 수 카드 3장을 한 번씩만 사용하여 몫이 가장 큰 (두 자리 수)÷(한 자리 수)를 만들었습니다. 만든 나눗셈의 몫과 나머지를 구해 보세요.

3 9 4

몫 (　　　　), 나머지 (　　　　)

핵심 NOTE

몫이 가장 큰 나눗셈식: (가장 큰 수)÷(가장 작은 수)
몫이 가장 작은 나눗셈식: (가장 작은 수)÷(가장 큰 수)

14 수 카드 3장을 한 번씩만 사용하여 몫이 가장 작은 (두 자리 수)÷(한 자리 수)를 만들었습니다. 만든 나눗셈의 몫과 나머지를 구해 보세요.

2 7 5

몫 (　　　　), 나머지 (　　　　)

15 수 카드 4장을 한 번씩만 사용하여 몫이 가장 큰 (세 자리 수)÷(한 자리 수)를 만들었습니다. 만든 나눗셈의 몫과 나머지를 구해 보세요.

5 8 9 4

몫 (　　　　), 나머지 (　　　　)

도전6 어떤 수가 될 수 있는 가장 큰 수 구하기

16 ■에 알맞은 자연수 중에서 가장 큰 수를 구해 보세요.

■÷9=15…♥

(　　　　)

핵심 NOTE

나머지가 가장 클 때 나누어지는 수도 가장 큽니다.

17 어떤 수를 6으로 나누었더니 몫이 13이고 나머지가 있었습니다. 어떤 수가 될 수 있는 가장 큰 자연수를 구해 보세요.

(　　　　)

18 어떤 수를 7로 나누었더니 몫이 24이고 나머지가 있었습니다. 어떤 수가 될 수 있는 가장 큰 자연수와 가장 작은 자연수를 구해 보세요.

가장 큰 자연수 (　　　　)
가장 작은 자연수 (　　　　)

도전7 **적어도 얼마나 더 필요한지 구하기**

19 연필 92자루를 친구 8명에게 남김없이 똑같이 나누어 주려고 했더니 몇 자루가 부족했습니다. 연필은 적어도 몇 자루 더 필요한지 구해 보세요.

( )

핵심 NOTE
연필이 몇 자루 더 있으면 8명에게 연필을 1자루씩 더 나누어 줄 수 있는지 생각해 봅니다.

20 현아가 쿠키 150개를 구워서 9상자에 남김없이 똑같이 나누어 담으려고 했더니 몇 개가 부족했습니다. 쿠키를 적어도 몇 개 더 구워야 하는지 구해 보세요.

( )

21 빨간 튤립 35송이와 노란 튤립 41송이를 꽃병 6개에 남김없이 똑같이 나누어 꽂으려고 했더니 몇 송이가 부족했습니다. 튤립은 적어도 몇 송이 더 필요한지 구해 보세요.

( )

도전8 **조건에 알맞은 수 구하기**

22 조건을 만족시키는 수를 모두 구해 보세요.

• 50보다 크고 65보다 작은 수입니다.
• 7로 나누었을 때 나머지가 3입니다.

( )

핵심 NOTE
7단 곱셈구구의 곱보다 3만큼 더 큰 수를 생각해 봅니다.

23 조건을 만족시키는 수를 모두 구해 보세요.

• 60보다 크고 75보다 작은 수입니다.
• 9로 나누었을 때 나머지가 7입니다.

( )

2

24 조건을 만족시키는 수를 모두 구해 보세요.

• 45보다 크고 60보다 작은 수입니다.
• 8로 나누었을 때 나머지가 6입니다.

( )

1 ☐ 안에 알맞은 수를 써넣으세요.

$$9 \div 3 = \boxed{} \Rightarrow 90 \div 3 = \boxed{}$$

2 ☐ 안에 알맞은 수를 써넣으세요.

$$88 \div 2 = \boxed{}$$
$$88 \div 4 = \boxed{}$$
$$88 \div 8 = \boxed{}$$

3 계산해 보고, 계산 결과가 맞는지 확인해 보세요.

$$36 \div 5 = \boxed{} \cdots \boxed{}$$

확인 $\boxed{} \times \boxed{} = 35,$

$$35 + \boxed{} = \boxed{}$$

4 ☐ 안에 알맞은 수를 써넣으세요.

$$18 \div 3 = \boxed{}$$
$$60 \div 3 = \boxed{}$$
$$\overline{78 \div 3 = \boxed{}}$$

5 ☐ 안에 알맞은 수를 써넣으세요.

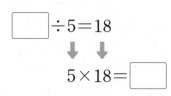

$$\boxed{} \div 5 = 18$$

$$5 \times 18 = \boxed{}$$

6 ☐ 안에 알맞은 수를 써넣으세요.

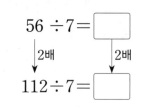

$$56 \div 7 = \boxed{}$$

2배 ↓ 2배 ↓

$$112 \div 7 = \boxed{}$$

7 나눗셈의 몫을 찾아 이어 보세요.

$32 \div 2$ •	• 13
$57 \div 3$ •	• 16
$52 \div 4$ •	• 19

8 몫의 크기를 비교하여 ◯ 안에 >, =, < 중 알맞은 것을 써넣으세요.

$$96 \div 8 \bigcirc 189 \div 9$$

9 □ 안에 알맞은 수를 써넣으세요.

$$64 \div 2 = 4 \times \boxed{}$$

10 몫이 15보다 작은 것을 찾아 기호를 써 보세요.

| ㉠ 95÷6   ㉡ 87÷4   ㉢ 68÷5 |

(   )

11 나머지가 가장 큰 나눗셈은 어느 것일까요?

(   )

① 42÷4   ② 74÷5   ③ 77÷6
④ 80÷7   ⑤ 97÷8

12 1부터 9까지의 수 중에서 다음 나눗셈의 나머지가 될 수 있는 수를 모두 구해 보세요.

| ◆÷5 |

(   )

13 나눗셈이 나누어떨어지도록 ●에 알맞은 수를 보기 에서 모두 찾아 써 보세요.

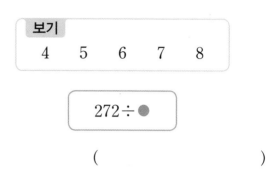

보기
4   5   6   7   8

272÷●

(   )

14 다음 정사각형의 네 변의 길이의 합이 76 cm 일 때 한 변의 길이는 몇 cm일까요?

(   )

15 색 테이프 7 cm로 고리를 한 개 만들 수 있습니다. 색 테이프 99 cm로는 고리를 몇 개까지 만들 수 있을까요?

(   )

16 동화책 653권을 모두 책꽂이에 꽂으려고 합니다. 동화책을 한 칸에 9권씩 꽂을 수 있다면 책꽂이는 적어도 몇 칸 필요할까요?

(   )

17 □ 안에 알맞은 수를 써넣으세요.

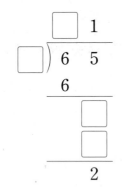

18 수 카드 3장을 한 번씩만 사용하여 몫이 가장 큰 (두 자리 수)÷(한 자리 수)를 만들고 몫과 나머지를 구해 보세요.

4   5   7

□□ ÷ □ = □ ⋯ □

19 한 상자에 초콜릿이 10개씩 들어 있습니다. 초콜릿 6상자를 한 사람에게 4개씩 나누어 주려고 합니다. 초콜릿을 몇 명에게 나누어 줄 수 있는지 풀이 과정을 쓰고 답을 구해 보세요.

풀이 ....

....

....

....

답 ....

20 어떤 수를 6으로 나누었더니 몫이 22이고 나머지가 3이었습니다. 어떤 수를 5로 나누면 몫은 얼마인지 풀이 과정을 쓰고 답을 구해 보세요.

풀이 ....

....

....

....

답 ....

점수

확인

1 ☐ 안에 알맞은 수를 써넣으세요.

(1) $6 \div 2 =$ ☐ ➡ $60 \div 2 =$ ☐

(2) $8 \div 4 =$ ☐ ➡ $80 \div 4 =$ ☐

2 ☐ 안에 알맞은 수를 써넣으세요.

(1)
$3 \div 3 =$ ☐
$60 \div 3 =$ ☐
―――――――
$63 \div 3 =$ ☐

(2)
$12 \div 4 =$ ☐
$40 \div 4 =$ ☐
―――――――
$52 \div 4 =$ ☐

3 계산해 보세요.

(1)
$4 \overline{)6\ 8}$

(2)
$5 \overline{)1\ 8\ 0}$

4 계산해 보고, 계산 결과가 맞는지 확인해 보세요.

$67 \div 5 =$ ☐ ⋯ ☐

확인 $5 \times$ ☐ $=$ ☐ ,

☐ $+$ ☐ $=$ ☐

5 ☐ 안에 알맞은 수를 써넣으세요.

$36 \div 3 =$ ☐
↓2배   ↓2배
$72 \div 3 =$ ☐

6 나머지가 5가 될 수 없는 것을 찾아 기호를 써 보세요.

| ㉠ ☐$\div 7$ ㉡ ☐$\div 6$ ㉢ ☐$\div 4$ |

(   )

7 나눗셈의 몫을 찾아 이어 보세요.

$78 \div 6$ •   • 14

$48 \div 4$ •   • 13

$70 \div 5$ •   • 12

8 몫이 15보다 큰 것을 찾아 기호를 써 보세요.

| ㉠ $88 \div 6$ ㉡ $81 \div 5$ ㉢ $115 \div 8$ |

(   )

9 나머지의 크기를 비교하여 ◯ 안에 >, =, < 중 알맞은 것을 써넣으세요.

(1) $78 \div 5$ ◯ $92 \div 6$

(2) $74 \div 4$ ◯ $125 \div 7$

10 길이가 144 cm인 철사로 가장 큰 정사각형을 만들었습니다. 정사각형의 한 변의 길이는 몇 cm일까요?

(   )

11 ☐ 안에 알맞은 수를 써넣으세요.

(1) ☐ $\div 8 = 17$

➡ $8 \times 17 =$ ☐

(2) ☐ $\div 6 = 28$

➡ $6 \times 28 =$ ☐

12 오늘부터 45일 후는 미라의 생일입니다. 미라의 생일은 오늘부터 몇 주 며칠 후일까요?

☐ 주 ☐ 일 후

13 ☐ 안에 알맞은 수를 구해 보세요.

☐ $\div 7 = 12 \cdots 5$

(   )

14 같은 모양은 같은 수를 나타냅니다. ■에 알맞은 수를 구해 보세요.

●$\div 6 = 15$
●$\div 2 =$ ■

(   )

15 한 봉지에 18개씩 들어 있는 귤이 4봉지 있습니다. 이 귤을 6개의 상자에 똑같이 나누어 담으려면 한 상자에 몇 개씩 담으면 되는지 구해 보세요.

(   )

16 ☐ 안에 알맞은 수를 써넣으세요.

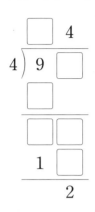

17 다음 나눗셈은 나누어떨어집니다. 0부터 9까지의 수 중에서 ☐ 안에 들어갈 수 있는 수를 구해 보세요.

$$9\boxed{}\div8$$

(   )

18 수 카드 4장을 한 번씩만 사용하여 몫이 가장 큰 (세 자리 수)÷(한 자리 수)를 만들었습니다. 만든 나눗셈식의 몫과 나머지를 구해 보세요.

| 4 | 8 | 7 | 3 |

몫 (   ), 나머지 (   )

19 어떤 수를 8로 나누어야 할 것을 잘못하여 5로 나누었더니 몫이 47, 나머지가 3이었습니다. 바르게 계산했을 때의 몫과 나머지는 얼마인지 풀이 과정을 쓰고 답을 구해 보세요.

풀이 _____

_____

_____

_____

답 몫: , 나머지:

20 길이가 162 m인 도로의 양쪽에 6 m 간격으로 나무를 심으려고 합니다. 도로의 처음과 끝에도 나무를 심는다면 필요한 나무는 모두 몇 그루인지 풀이 과정을 쓰고 답을 구해 보세요.
(단, 나무의 두께는 생각하지 않습니다.)

풀이 _____

_____

_____

_____

답 _____

● 규칙을 찾아 ㉠에 알맞은 수를 구해 보세요.

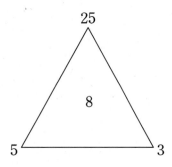

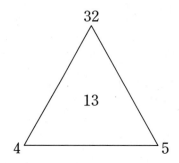

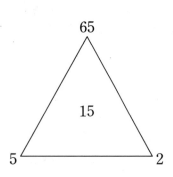

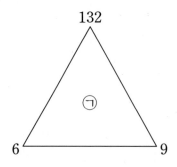

3 원

이번 단원에서
꼭 짚어야 할
핵심 개념을 알아보자.

핵심 1　원의 중심

원을 그릴 때 누름 못을 꽂았던 점 ㅇ을
원의 ☐ (이)라고 합니다.

원의 중심

핵심 2　원의 반지름, 지름

- 원의 ☐ : 원의 중심 ㅇ과 원 위의 한
점을 이은 선분
- 원의 ☐ : 원 위의 두 점을 이은 선분
중 원의 중심 ㅇ을 지나는 선분

반지름

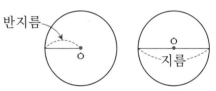

지름

핵심 3　원의 성질

- 한 원에서 반지름의 길이는 모두 같고, 지
름의 길이는 모두 (같습니다 , 다릅니다).
- 원의 지름은 원 위의 두 점을 이은 선분
중 가장 (짧습니다 , 깁니다).

핵심 5　여러 가지 모양 그리기

- 원의 중심이 (같고 , 다르고) 반지름을
다르게 그리기

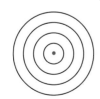

- 원의 중심이 (같고 , 다르고) 반지름을
다르게 그리기

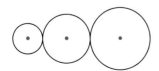

핵심 4　반지름과 지름의 관계

한 원에서 지름은 반지름의 ☐ 배입니다.

1 cm
2 cm

5. 같고에 ○표 / 다르고에 ○표

답 1. 중심 2. 반지름 / 지름 3. 같습니다에 ○표 / 깁니다에 ○표 4. 2

1. 원의 중심, 반지름, 지름 알아보기

● 누름 못과 띠 종이를 이용하여 원 그리기

1

누름 못으로 띠 종이를 고정
합니다.

2

연필을 띠 종이의 다른 구멍
에 넣습니다.

3

누름 못을 고정한 채, 연필을
돌려 원을 그립니다.

연필을 넣는 위치가 누름 못에서
멀어질수록 원의 크기도 커집니다.

● 원의 중심, 반지름, 지름 알아보기

• **원의 중심**: 원을 그릴 때 누름 못을 꽂았던 점처럼 원의 한가운데 위치한 점 ㅇ ─── ● 한 원에서 원의 중심은
한 개입니다.

• 원의 **반지름**: 원의 중심 ㅇ과 원 위의 한 점을 이은 선분

• 원의 **지름**: 원 위의 두 점을 이은 선분 중 원의 중심 ㅇ을 지나는 선분

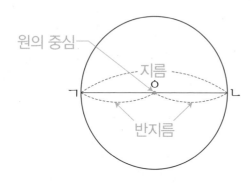

• 선분 ㄱㅇ과 선분 ㄴㅇ은 원의 반지름이고, 선분 ㄱㄴ은 원의 지름입니다.

• 반지름의 길이를 반지름, 지름의 길이를 지름이라고 부르기도 합니다.

개념 자세히 보기

● **원의 반지름이 길어질수록 원의 크기도 커져요!**

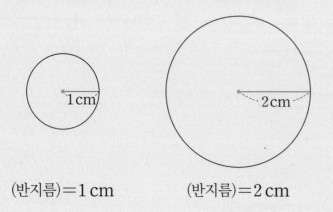

(반지름)=1 cm   (반지름)=2 cm

● **원의 지름은 항상 원의 중심을 지나요!**

원 위의 두 점을 이은 선분 중 원의 중심을 지나는
선분만이 원의 지름입니다.

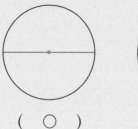
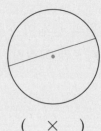

(○)   (×)

① 그림을 보고 ☐ 안에 알맞은 말을 써넣으세요.

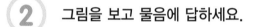

🔗 **배운 것 연결하기** **2학년 1학기**

그림과 같이 동그란 모양의 도형을 원이라고 합니다.

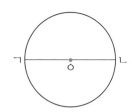

① 원의 한가운데 위치한 점 ㅇ을 원의 ☐(이)라고 합니다.

② 선분 ㄱㅇ, 선분 ㄴㅇ과 같이 원의 중심 ㅇ과 원 위의 한 점을 이은 선 분을 원의 ☐(이)라고 합니다.

③ 선분 ㄱㄴ과 같이 원 위의 두 점을 이은 선 분 중 원의 중심 ㅇ을 지나 는 선분을 원의 ☐(이)라고 합니다.

② 그림을 보고 물음에 답하세요.

① 원의 중심을 찾아 써 보세요.

( )

② 한 원에는 원의 중심이 몇 개 있을까요?

( )

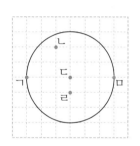

원의 중심은 원의 한가운데 있는 점이에요.

3

③ 누름 못과 띠 종이를 이용하여 가장 큰 원을 그리려면 어느 구멍에 연필 을 넣고 원을 그려야 하는지 기호를 써 보세요.

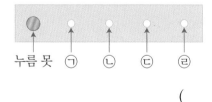

누름 못 ㄱ ㄴ ㄷ ㄹ

( )

누름 못이 꽂힌 곳에서 연필을 넣는 구멍까지의 거리가 멀수록 원이 커져요.

④ 원의 반지름과 지름을 각각 1개씩 그어 보세요.

①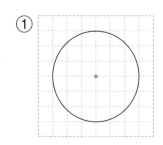

②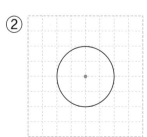

원의 지름은 항상 원의 중심을 지나요.

STEP 1 교과 개념 2. 원의 성질 알아보기

● **원의 성질**

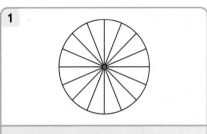

1 한 원에서 반지름과 지름은 셀 수 없이 많습니다.

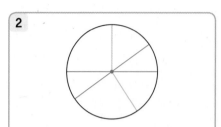

2 한 원에서 반지름의 길이는 모두 같고, 지름의 길이는 모두 같습니다.

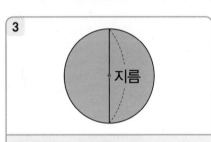

3 원의 지름은 원을 똑같이 둘로 나눕니다.

4 원의 지름은 원 위의 두 점을 이은 선분 중 가장 깁니다.

● **원의 지름과 반지름의 관계**

- 한 원에서 지름은 반지름의 2배입니다.
  ➡ (원의 **지름**)＝(원의 **반지름**)×2
- 한 원에서 반지름은 지름의 반입니다.
  ➡ (원의 **반지름**)＝(원의 **지름**)÷2

개념 다르게 보기

● **원을 똑같이 둘로 나누는 선분을 알아보아요!**

원 모양의 색종이를 반으로 접어서 생긴 선분이 지름이고, 지름은 원을 똑같이 둘로 나눕니다.
또한, 접었을 때 생긴 선분들이 만나는 점은 원의 중심입니다.

↪ 정답과 풀이 21쪽

1 점 ㅇ은 원의 중심입니다. 그림을 보고 물음에 답하세요.

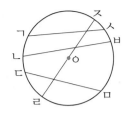

① 길이가 가장 긴 선분은 어느 것일까요?

(   )

② 원의 지름은 어느 선분일까요?

(   )

원의 지름은 원 안에 그을 수 있는 선분 중 가장 길어요.

2 원의 성질이 맞으면 ○표, 틀리면 ×표 하세요.

① 원의 지름은 원을 똑같이 둘로 나눕니다. (   )

② 한 원에서 반지름의 길이는 모두 같습니다. (   )

③ 한 원에서 반지름과 지름은 각각 2개씩 있습니다. (   )

3 ☐ 안에 알맞은 수를 써넣으세요.

①

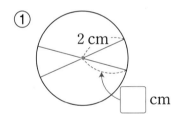

2 cm

☐ cm

②

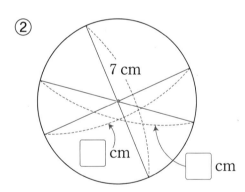

7 cm

☐ cm

☐ cm

한 원에서 반지름(지름)의 길이는 모두 같고, 셀 수 없이 많아요.

4 ☐ 안에 알맞은 수를 써넣으세요.

①

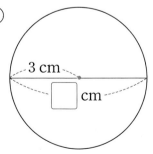

3 cm

☐ cm

②

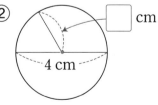

☐ cm

4 cm

한 원에서 지름은 반지름의 2배예요.

3. 컴퍼스를 이용하여 원 그리기, 여러 가지 모양 그리기

● 컴퍼스를 이용하여 반지름이 **1 cm**인 원 그리기

① 원의 중심이 되는
점 ㅇ을 정합니다.

② 컴퍼스를 원의 반지름
만큼 벌립니다.

③ 컴퍼스의 침을 점 ㅇ에
꽂고 컴퍼스를 돌려
원을 그립니다.

● 원을 이용하여 여러 가지 모양 그리기

• 규칙에 따라 원 그리기

원의 중심이 같은 경우	원의 중심이 모두 다른 경우	
반지름이 일정하게 늘어납니다.	반지름이 모두 같습니다.	반지름이 일정하게 늘어납니다.
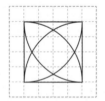	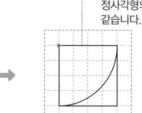	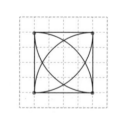

• 주어진 모양과 똑같이 그리기

• 원의 반지름은
정사각형의 한 변과
같습니다.

① 정사각형을
그립니다.

② 정사각형의 꼭짓점이
원의 중심이 되도록
원의 일부분을 그립니다.

③ 같은 방법으로
원의 일부분 4개
를 모두 그립니다.

개념 자세히 보기

• **컴퍼스를 이용하는 방법을 알아보아요!**

• 컴퍼스의 침 끝과 연필의
끝을 같게 맞춥니다.

• **크기가 같은 원을 그려 보아요!**

① 컴퍼스의 침을 원의 중심에 꽂
고 컴퍼스를 주어진 원의 반지름
만큼 벌립니다.

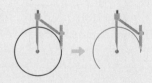

② 컴퍼스를 그대로 옮겨서 원의 중심을 정해 원을 그립니다.

⊙ 정답과 풀이 21쪽

1 반지름이 2 cm인 원을 그릴 수 있도록 컴퍼스를 바르게 벌린 것을 찾아 기호를 써 보세요.

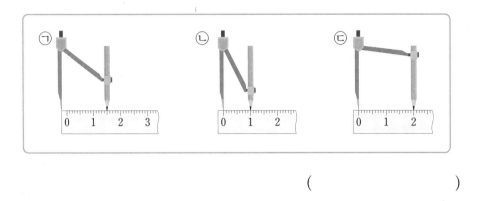

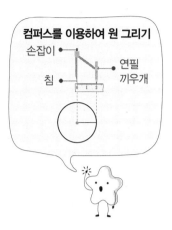
컴퍼스를 이용하여 원 그리기
손잡이
침
연필
끼우개

(   )

2 주어진 원과 크기가 같은 원을 그려 보세요.

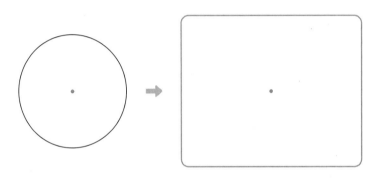

컴퍼스를 주어진 원의 반지름만큼 벌린 다음 그대로 옮겨서 원의 중심에 컴퍼스의 침을 꽂고 원을 그려요.

3

3 원의 중심을 모두 같게 하여 그린 모양을 찾아 기호를 써 보세요.

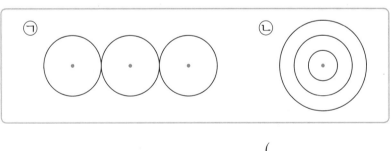

(   )

4 원을 이용하여 다음과 같은 모양을 그리는 방법을 알아보려고 합니다. ☐ 안에 알맞은 수나 말을 써넣으세요.

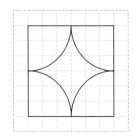

정사각형의 꼭짓점을 원의 중심으로 하는 원을 이용하여 그린 것이에요.

정사각형을 그리고 정사각형의 ☐을/를 원의 중심으로 하는 ☐개의 원을 이용하여 그립니다.

1 **원의 중심, 반지름, 지름**

○ 모양인 도형의 이름은?

준비· 오른쪽 그림은 동전을 이용하여 어떤 도형을 그리는 것일까요?

( )

1 누름 못과 띠 종이를 이용하여 원을 그렸습니다. □ 안에 알맞은 말을 써넣으세요.

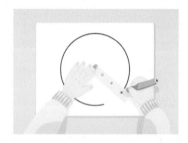

누름 못을 꽂았던 점과 원 위의 한 점을 이은 선분을 원의 □□□(이)라고 합니다.

2 원의 중심을 찾아 표시해 보세요.

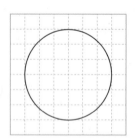

3 점 ㅇ은 원의 중심입니다. 반지름을 3개 그어 보세요.

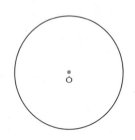

4 점 ㅇ은 원의 중심입니다. 원의 지름을 1개 그어 보세요.

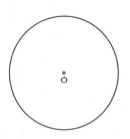

5 시계에서 원의 중심과 반지름을 찾아 표시해 보세요.

6 누름 못과 띠 종이를 이용하여 원을 그리려고 합니다. 알맞은 기호를 찾아 써 보세요.

(1) 가장 큰 원을 그릴 수 있는 구멍은 □ 입니다.

(2) 가장 작은 원을 그릴 수 있는 구멍은 □ 입니다.

7 원에 대해 잘못 설명한 사람의 이름을 써 보세요.

> 서윤: 한 원에서 원의 중심은 1개 있어.
> 태인: 원의 반지름은 원 위의 두 점을 이은 선분이야.
> 재호: 원의 지름은 원의 중심을 지나.

( )

8 지우가 원의 지름을 잘못 그렸습니다. 잘못 그린 까닭을 써 보세요.

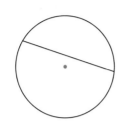

까닭 _____

_____

9 원의 반지름을 모두 찾아 써 보세요.

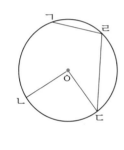

( )

10 원의 지름은 몇 cm일까요?

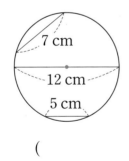

( )

11 원의 일부분입니다. 원의 반지름은 몇 cm일까요?

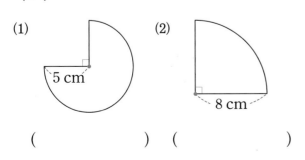

(1) 5 cm   (2) 8 cm

( ) ( )

12 자전거 바퀴의 반지름과 지름은 각각 몇 cm 일까요? (단, 바깥쪽 원의 반지름과 지름을 구합니다.)

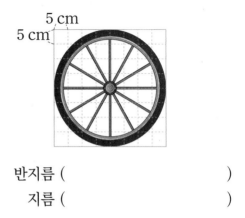

반지름 ( )
지름 ( )

서술형
13 두 원의 반지름의 합은 몇 cm인지 풀이 과정을 쓰고 답을 구해 보세요.

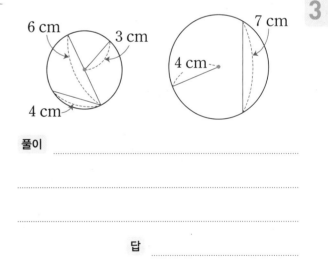

풀이 _____

_____

_____

답 _____

😊 내가 만드는 문제

14 ☐ 안에 1부터 9까지의 수를 자유롭게 써넣고 더 큰 원의 기호를 써 보세요.

┌─────────────────────────────┐
│ ㉠ 원의 중심과 원 위의 한 점을 이은 선분 │
│   이 ☐ cm인 원 │
│ ㉡ 반지름이 ☐ cm인 원 │
└─────────────────────────────┘

( )

15 그림을 보고 물음에 답하세요.

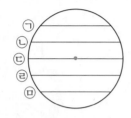

(1) 길이가 가장 긴 선분을 찾아 기호를 써 보세요.

( )

(2) 원의 지름을 나타내는 선분을 찾아 기호를 써 보세요.

( )

16 점 ㅇ은 원의 중심입니다. 원의 지름을 4개 그어 보고, 한 원에 지름을 몇 개 그을 수 있는지 써 보세요.

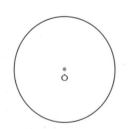

17 선분 ㄱㄹ과 길이가 같은 선분을 찾아 써 보세요.

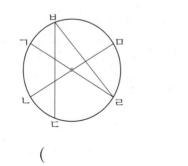

( )

18 원의 반지름과 지름을 각각 구해 보세요.

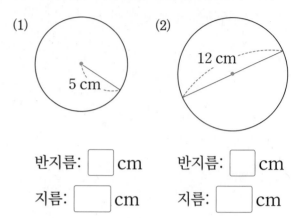

(1) 반지름: ☐ cm   (2) 반지름: ☐ cm

지름: ☐ cm   지름: ☐ cm

☺ 내가 만드는 문제

19 반지름을 자유롭게 정하여 지름을 구해 보세요.

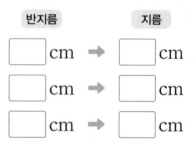

20 ☐ 안에 알맞은 수를 써넣으세요.

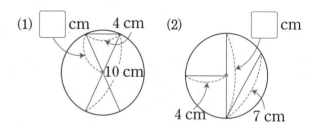

21 원의 반지름과 지름에 대한 설명으로 옳은 것을 모두 찾아 기호를 써 보세요.

> ㉠ 한 원에서 지름의 길이는 서로 다릅니다.
> ㉡ 한 원에서 반지름은 셀 수 없이 많습니다.
> ㉢ 한 원에서 반지름은 지름의 2배입니다.
> ㉣ 원의 지름은 원을 똑같이 둘로 나눕니다.

( )

서술형
22 크기가 더 큰 원을 찾아 기호를 쓰려고 합니다. 풀이 과정을 쓰고 답을 구해 보세요.

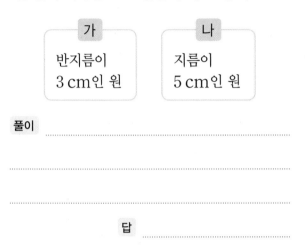

가	나
반지름이 3 cm인 원	지름이 5 cm인 원

풀이 ⋯⋯⋯⋯⋯⋯⋯⋯⋯⋯⋯⋯⋯⋯⋯⋯⋯⋯⋯

⋯⋯⋯⋯⋯⋯⋯⋯⋯⋯⋯⋯⋯⋯⋯⋯⋯⋯⋯⋯⋯⋯

⋯⋯⋯⋯⋯⋯⋯⋯⋯⋯⋯⋯⋯⋯⋯⋯⋯⋯⋯⋯⋯⋯

답 ⋯⋯⋯⋯⋯⋯⋯⋯⋯⋯⋯⋯⋯⋯⋯⋯

23 그림과 같이 2 cm마다 구멍이 있는 띠 종이를 이용하여 지름이 8 cm인 원을 그리려고 합니다. 연필심을 넣어야 할 구멍을 찾아 기호를 써 보세요.

( )

24 상자에 원 모양의 접시를 넣으려고 합니다. 상자에 넣을 수 있는 접시를 찾아 기호를 써 보세요. (단, 길이는 상자 안쪽의 길이입니다.)

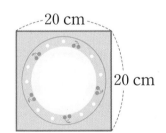

- ㉠ 반지름이 12 cm인 접시
- ㉡ 지름이 18 cm인 접시
- ㉢ 반지름이 20 cm인 접시

( )

25 점 ㄱ과 점 ㄴ은 각각 원의 중심이고, 선분 ㄴㄷ의 길이는 5 cm입니다. 큰 원의 지름은 몇 cm일까요?

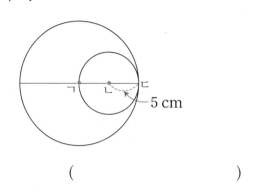

( )

26 점 ㅇ은 원의 중심이고, 큰 원의 지름은 14 cm입니다. 작은 원의 반지름은 몇 cm일까요?

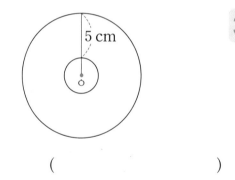

( )

27 정사각형 안에 원을 꼭 맞게 그려 넣었습니다. 정사각형의 네 변의 길이의 합은 몇 cm일까요?

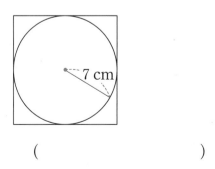

( )

3 **컴퍼스를 이용하여 원 그리기**

28 컴퍼스를 이용하여 반지름이 1 cm인 원을 그리려고 합니다. 그리는 순서대로 (   ) 안에 1, 2, 3을 써 보세요.

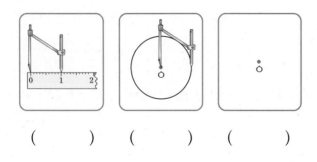

(   )   (   )   (   )

29 반지름이 2 cm인 원을 그릴 수 있도록 컴퍼스를 바르게 벌린 것을 찾아 ○표 하세요.

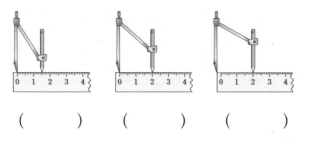

(   )   (   )   (   )

30 점 o을 원의 중심으로 하고 반지름이 1 cm, 2 cm인 원을 각각 그려 보세요.

31 컴퍼스를 이용하여 크기가 같은 원을 그려 자전거를 완성해 보세요.

원은 뾰족한 부분이 없는 모양이야.

준비 모양 블록을 본뜬 일부분입니다. 보이지 않는 부분에 선을 그어 모양을 완성해 보세요.

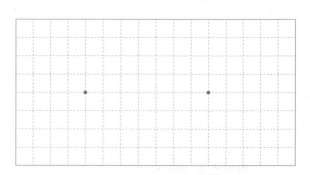

32 컴퍼스를 이용하여 주어진 점을 원의 중심으로 하고 반지름이 서로 다른 원 2개를 그려 보세요.

33 그림과 같이 컴퍼스를 벌려 그린 원의 지름은 몇 cm일까요?

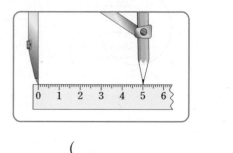

(   )

34 원 모양 컵 받침의 일부분이 찢어졌습니다. 컴퍼스를 이용하여 찢어지기 전의 컵 받침 모양을 완성해 보세요.

😊 내가 만드는 문제
35 두 점을 골라 이어 선분을 긋고, 그 선분을 반지름으로 하는 원을 그려 보세요.

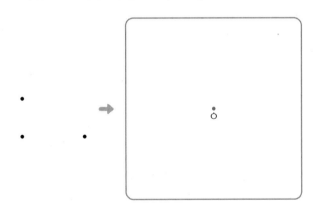

36 컴퍼스를 이용하여 주어진 원과 크기가 같은 원을 그려 보세요.

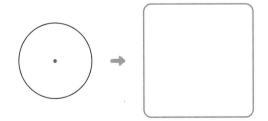

4 원을 이용하여 여러 가지 모양 그리기

[37~38] 원을 이용하여 그린 모양을 보고 물음에 답하세요.

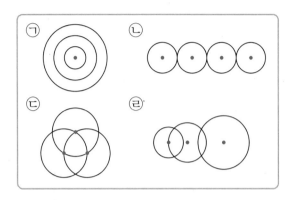

37 원의 중심은 같고 반지름은 다르게 하여 그린 모양을 찾아 기호를 써 보세요.

(   )

38 원의 중심과 반지름을 모두 다르게 하여 그린 모양을 찾아 기호를 써 보세요.

(   )

첫째, 둘째 모양의 차이점을 찾아봐. 🎓

준비 규칙에 따라 빈칸에 알맞게 색칠해 보세요.

39 규칙을 찾아 알맞은 것에 ○표 하세요.

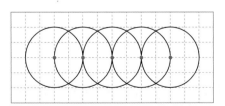

원의 중심은 오른쪽으로 모눈 (2 , 3 , 4)칸씩 옮겨 가고, 원의 반지름은 (같은 , 다른) 규칙입니다.

40 그림과 같은 모양을 그리기 위하여 컴퍼스의 침을 꽂아야 할 곳을 모두 찾아 • 로 표시해 보세요.

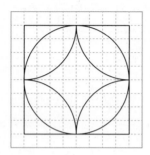

41 주어진 모양과 똑같이 그려 보세요.

(1)
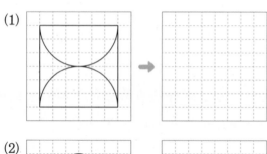

(2)
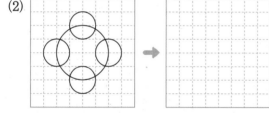

42 그림과 같이 원이 맞닿도록 지름을 모눈 2칸 만큼 더 늘려 원을 1개 더 그려 보세요.

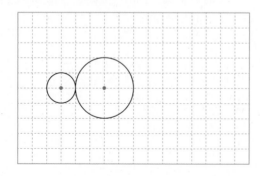

43 어떤 규칙이 있는지 설명하고, 규칙에 따라 원을 1개 더 그려 보세요.

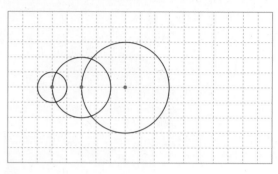

규칙 _____

44 설명하는 모양을 그려 보세요.

- 모든 원의 중심은 같습니다.
- 원의 반지름은 2 cm, 3 cm, 4 cm입니다.

1 cm
1 cm

😊 내가 만드는 문제

45 원을 이용하여 나만의 모양을 그리고, 그린 방법을 설명해 보세요.

방법 _____

⚡ 원 위의 두 점을 이은 선분 중 가장 긴 선분은 지름임을 기억하자!

1 점 ㅇ은 원의 중심입니다. 길이가 가장 긴 선분을 찾아 써 보세요.

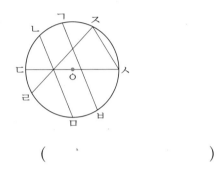

( )

2 점 ㅇ은 원의 중심입니다. 길이가 가장 긴 선분을 찾아 써 보세요.

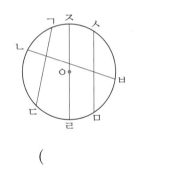

( )

3 점 ㅇ은 원의 중심입니다. 길이가 가장 긴 선분의 길이는 몇 cm일까요?

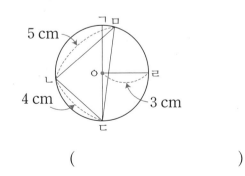

( )

⚡ 누름 못과 연필심을 넣을 구멍 사이의 거리가 멀수록 큰 원이 그려짐에 주의하자!

4 누름 못과 띠 종이를 이용하여 원을 그리려고 합니다. 더 큰 원을 그리려면 연필심을 어느 구멍에 넣어야 하는지 기호를 써 보세요.

( )

5 누름 못과 띠 종이를 이용하여 원을 그리려고 합니다. 가장 작은 원을 그리려면 연필심을 어느 구멍에 넣어야 하는지 기호를 써 보세요.

( )

6 같은 간격으로 구멍이 뚫린 띠 종이에 그림과 같이 누름 못을 꽂았습니다. 가장 큰 원을 그리려면 연필심을 어느 구멍에 넣어야 하는지 기호를 써 보세요.

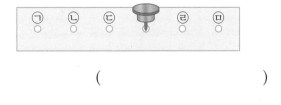

( )

7 가장 큰 원을 찾아 기호를 써 보세요.

> ㉠ 반지름이 4 cm인 원
> ㉡ 지름이 5 cm인 원
> ㉢ 지름이 9 cm인 원
> ㉣ 반지름이 5 cm인 원

(   )

8 가장 작은 원을 찾아 기호를 써 보세요.

> ㉠ 지름이 7 cm인 원
> ㉡ 반지름이 6 cm인 원
> ㉢ 반지름이 8 cm인 원
> ㉣ 지름이 9 cm인 원

(   )

9 크기가 큰 원부터 차례로 기호를 써 보세요.

> ㉠ 반지름이 7 cm인 원
> ㉡ 지름이 10 cm인 원
> ㉢ 컴퍼스를 6 cm만큼 벌려서 그린 원

(   )

10 규칙에 따라 원을 1개 더 그려 보세요.

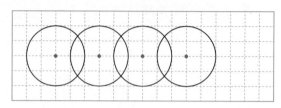

11 어떤 규칙이 있는지 설명하고, 규칙에 따라 원을 1개 더 그려 보세요.

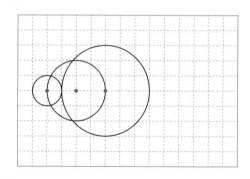

규칙 _____

_____

12 규칙에 따라 원을 2개 더 그려 보세요.

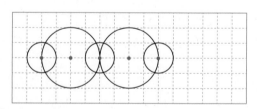

⚡ 서로 다른 원이지만 원의 중심이 같을 수 있음에 주의하자!

13 오른쪽 그림과 같은 모양을 그릴 때 원의 중심이 되는 점은 모두 몇 개일까요?

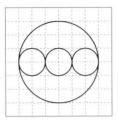

( )

14 오른쪽 그림과 같은 모양을 그릴 때 원의 중심이 되는 점은 모두 몇 개일까요?

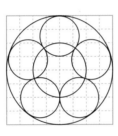

( )

15 원의 중심이 3개인 모양을 찾아 기호를 써 보세요.

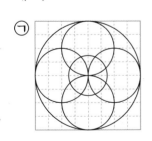 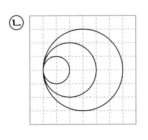

( )

⚡ 직사각형의 가로와 세로는 원의 반지름의 몇 배와 같은지 확인해 보자!

16 직사각형 안에 크기가 같은 원 2개를 맞닿게 그렸습니다. 직사각형의 가로는 몇 cm일까요?

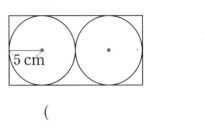

( )

17 직사각형 안에 크기가 같은 원 3개를 맞닿게 그렸습니다. 직사각형의 네 변의 길이의 합은 몇 cm일까요?

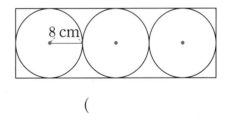

( )

18 크기가 같은 원 3개를 맞닿게 그렸습니다. 원의 중심을 이어 만든 삼각형 ㄱㄴㄷ의 세 변의 길이의 합은 몇 cm일까요?

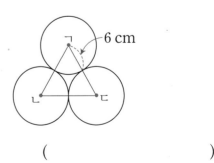

( )

도전1 원이 겹쳐 있을 때 작은 원의 반지름 구하기

1 큰 원의 지름이 20 cm일 때 작은 원의 반지름은 몇 cm일까요?

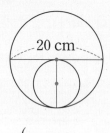

( )

핵심 NOTE
큰 원의 반지름과 작은 원의 지름이 같음을 이용합니다.

2 큰 원의 지름이 36 cm일 때 작은 원의 반지름은 몇 cm일까요?

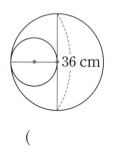

( )

3 가장 큰 원의 지름이 56 cm일 때 가장 작은 원의 반지름은 몇 cm일까요?

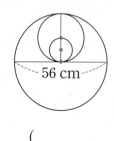

( )

도전2 원의 중심을 이은 선분의 길이 구하기

4 점 ㄴ과 점 ㄹ은 각각 원의 중심입니다. 선분 ㄱㅁ의 길이는 몇 cm일까요?

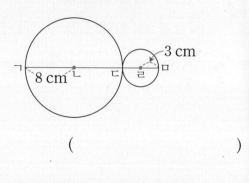

( )

핵심 NOTE
한 원에서 원의 반지름은 모두 같다는 성질을 이용합니다.

5 점 ㄱ과 점 ㄴ은 각각 원의 중심입니다. 선분 ㄱㄴ의 길이는 몇 cm일까요?

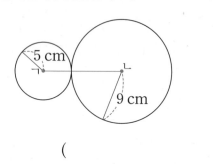

( )

6 점 ㄱ, 점 ㄷ, 점 ㅁ은 각각 원의 중심입니다. 선분 ㄱㅁ의 길이는 몇 cm일까요?

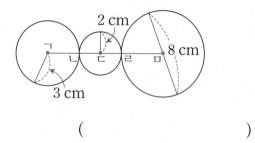

( )

도전3 규칙을 이용하여 원의 지름 구하기

7 원의 중심은 같고, 원의 반지름은 가장 작은 원의 반지름의 2배, 3배로 늘려 가며 원을 그렸습니다. 가장 큰 원의 지름은 몇 cm일까요?

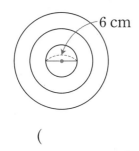

(   )

핵심 NOTE
규칙을 찾아 가장 큰 원의 반지름을 구합니다.

8 원의 중심은 같고, 원의 반지름은 2 cm씩 커지는 규칙으로 원을 5개 그렸습니다. 가장 큰 원의 지름은 몇 cm일까요?

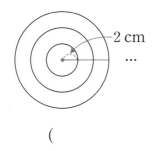

(   )

9 원의 중심은 같고, 원의 반지름은 3 cm, 2 cm씩 번갈아 가며 커지는 규칙으로 원을 8개 그렸습니다. 가장 큰 원의 지름은 몇 cm일까요?

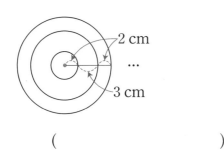

(   )

도전4 겹쳐 있는 원에서 선분의 길이 구하기

10 크기가 같은 원 3개를 서로 원의 중심을 지나도록 겹쳐서 그린 것입니다. 선분 ㄱㄴ의 길이는 몇 cm일까요?

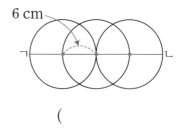

(   )

핵심 NOTE
선분 ㄱㄴ의 길이는 원의 반지름 또는 원의 지름의 몇 배인지 알아봅니다.

11 크기가 같은 원 5개를 서로 원의 중심을 지나도록 겹쳐서 그린 것입니다. 선분 ㄱㄴ의 길이는 몇 cm일까요?

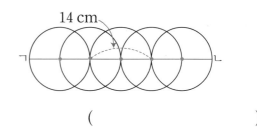

(   )

12 크기가 같은 원 7개를 서로 원의 중심을 지나도록 겹쳐서 그린 것입니다. 한 원의 지름은 몇 cm일까요?

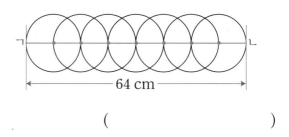

(   )

도전5 **직사각형 안에 그릴 수 있는 원의 수 구하기**

13 그림과 같이 직사각형 안에 크기가 같은 원을 맞닿게 그리려고 합니다. 원을 몇 개까지 그릴 수 있을까요?

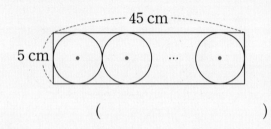

( )

핵심 NOTE
원의 지름은 직사각형의 세로의 길이와 같음을 이용합니다.

14 그림과 같이 직사각형 안에 크기가 같은 원을 맞닿게 그리려고 합니다. 원을 몇 개까지 그릴 수 있을까요?

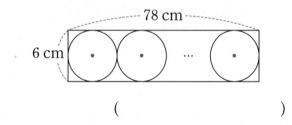

( )

15 그림과 같이 직사각형 안에 크기가 같은 원을 서로 원의 중심을 지나도록 그리려고 합니다. 원을 몇 개까지 그릴 수 있을까요?

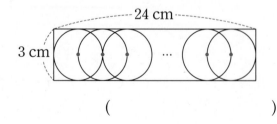

( )

도전6 **원의 중심을 이어 그린 도형의 변의 길이의 합 구하기**

16 점 ㄱ, 점 ㄴ은 각각 원의 중심입니다. 삼각형 ㄱㄴㄷ의 세 변의 길이의 합은 몇 cm일까요?

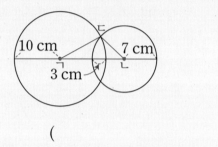

( )

핵심 NOTE
선분 ㄱㄴ의 길이는 두 원의 반지름의 합에서 겹쳐진 부분의 길이를 빼서 구합니다.

17 점 ㄱ, 점 ㄴ은 각각 원의 중심입니다. 삼각형 ㄱㄴㄷ의 세 변의 길이의 합은 몇 cm일까요?

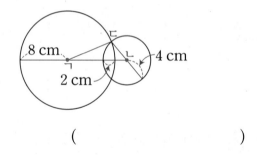

( )

18 점 ㄱ, 점 ㄴ은 각각 원의 중심입니다. 삼각형 ㄱㄴㄷ의 세 변의 길이의 합은 몇 cm일까요?

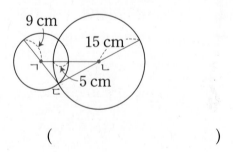

( )

1 원의 중심을 찾아 써 보세요.

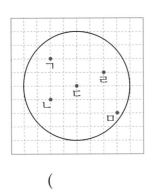

( )

2 원의 반지름을 나타내는 선분을 모두 찾아 써 보세요.

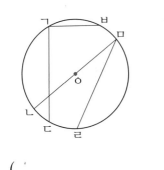

( )

3 원에 지름을 2개 긋고 길이를 재어 보세요.

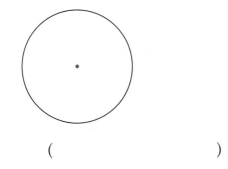

( )

4 □ 안에 알맞은 수를 써넣으세요.

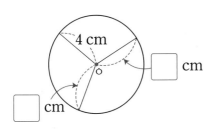

5 주어진 원과 크기가 같은 원을 그려 보세요.

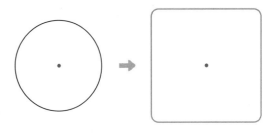

6 원의 반지름은 몇 cm일까요?

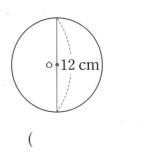

( )

7 원의 지름은 몇 cm일까요?

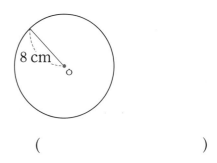

( )

8 점 ㅇ을 원의 중심으로 하고 지름이 4 cm인 원을 그려 보세요.

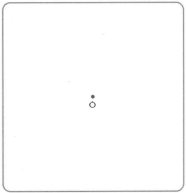

9 큰 원의 지름은 몇 cm일까요?

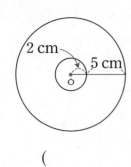

( )

10 주어진 모양과 똑같이 그려 보세요.

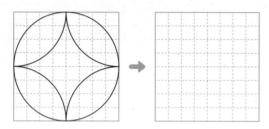

11 크기가 작은 원부터 차례로 기호를 써 보세요.

> ㉠ 반지름이 3 cm인 원
> ㉡ 지름이 4 cm인 원
> ㉢ 반지름이 1 cm인 원
> ㉣ 지름이 5 cm인 원

( )

12 정사각형 안에 가장 큰 원을 그렸습니다. 정사각형의 한 변은 몇 cm일까요?

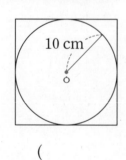

( )

13 규칙에 따라 원을 1개 더 그려 보세요.

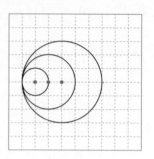

14 큰 원 안에 크기가 같은 작은 원 3개를 맞닿게 그린 것입니다. 선분 ㄱㄴ의 길이가 12 cm일 때, 작은 원의 지름은 몇 cm일까요?

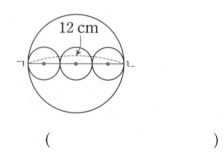

( )

15 다음과 같은 모양을 컴퍼스를 이용하여 그릴 때 컴퍼스의 침을 꽂아야 할 곳은 모두 몇 군데일까요?

( )

16 크기가 같은 원 5개를 서로 원의 중심을 지나도록 겹쳐서 그린 것입니다. 선분 ㄱㄴ의 길이는 몇 cm일까요?

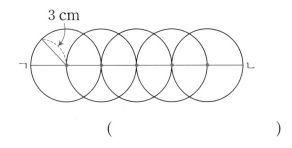

(　　　　　　　)

17 가장 큰 원 안에 크기가 다른 원 2개를 맞닿게 그린 것입니다. 가장 큰 원의 반지름은 몇 cm일까요?

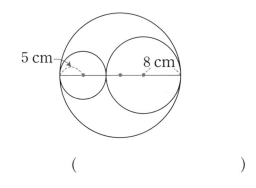

(　　　　　　　)

18 삼각형 ㄱㅇㄴ의 세 변의 길이의 합이 30 cm 일 때 원의 지름은 몇 cm일까요?

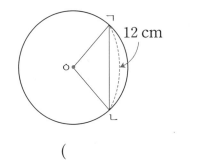

(　　　　　　　)

19 점 ㄱ과 점 ㄴ은 각각 원의 중심입니다. 선분 ㄱㄴ의 길이는 몇 cm인지 풀이 과정을 쓰고 답을 구해 보세요.

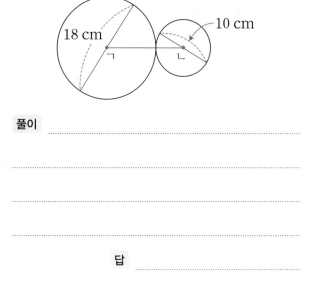

풀이

답

20 크기가 같은 원 2개를 서로 원의 중심을 지나도록 겹쳐서 그린 것입니다. 삼각형 ㄱㄴㄷ의 세 변의 길이의 합이 12 cm일 때, 원의 반지름은 몇 cm인지 풀이 과정을 쓰고 답을 구해 보세요.

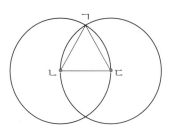

풀이

답

점수

확인

1 원의 중심을 찾아 써 보세요.

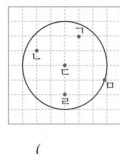

( )

2 원의 반지름을 나타내는 선분을 모두 찾아 써 보세요.

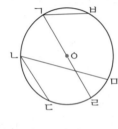

( )

3 누름 못이 꽂힌 곳을 원의 중심으로 하여 가장 큰 원을 그리려면 연필심을 어느 구멍에 넣어야 할까요? ( )

4 점 ㅇ은 원의 중심입니다. 원에 반지름을 3개 긋고, 반지름의 길이를 재어 보세요.

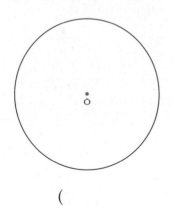

( )

5 선분 ㄱㄴ과 길이가 같은 선분을 찾아 써 보세요.

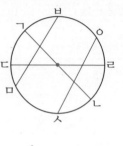

( )

6 원에 대해 잘못 설명한 것을 찾아 기호를 써 보세요.

> ㉠ 한 원에서 원의 중심은 1개뿐입니다.
> ㉡ 한 원에서 지름은 셀 수 없이 많습니다.
> ㉢ 원의 반지름은 원을 똑같이 둘로 나눕니다.
> ㉣ 원 위의 두 점을 이은 선분 중 가장 긴 선분은 원의 지름입니다.

( )

7 ☐ 안에 알맞은 수를 써넣으세요.

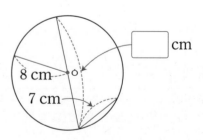

☐ cm

8 cm

7 cm

8 지름이 2 cm인 원을 그릴 수 있도록 컴퍼스를 바르게 벌린 것을 찾아 기호를 써 보세요.

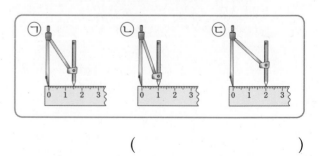

( )

◐ 정답과 풀이 28쪽

9 컴퍼스를 이용하여 점 ㄱ과 점 ㄴ을 각각 원의 중심으로 하고 반지름이 1 cm, 지름이 2 cm 인 원을 각각 그려 보세요.

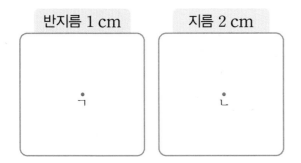

반지름 1 cm   지름 2 cm

10 가장 큰 원은 어느 것일까요? (　　　)

① 반지름이 6 cm인 원
② 지름이 15 cm인 원
③ 반지름이 9 cm인 원
④ 지름이 14 cm인 원
⑤ 컴퍼스를 8 cm만큼 벌려서 그린 원

11 원의 중심과 반지름을 모두 다르게 하여 그린 모양은 어느 것일까요? (　　　)

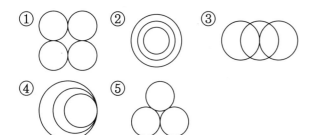

12 오른쪽과 같은 모양을 컴퍼스를 이용하여 그릴 때 컴퍼스의 침을 꽂아야 할 곳은 모두 몇 군데일까요?

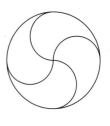

(　　　　　　)

13 주어진 모양과 똑같이 그려 보세요.

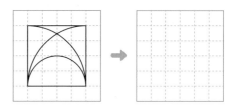

14 규칙에 따라 원을 2개 더 그려 보세요.

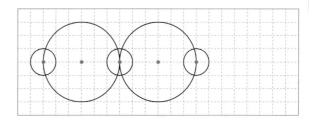

15 크기가 같은 원 3개를 맞닿게 그리고 원의 중심을 이어 삼각형을 만들었습니다. 삼각형의 세 변의 길이의 합이 54 cm일 때 한 원의 반지름은 몇 cm일까요?

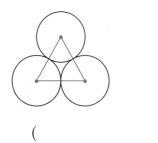

(　　　　　　)

16 반지름이 3 cm인 원 3개를 맞닿게 그린 것입니다. 빨간색 선의 길이는 몇 cm일까요?

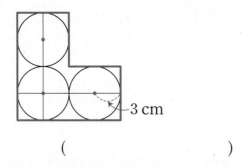

(   )

17 점 ㄱ, 점 ㄴ, 점 ㄷ은 각각 원의 중심입니다. 선분 ㄱㄷ의 길이는 몇 cm일까요?

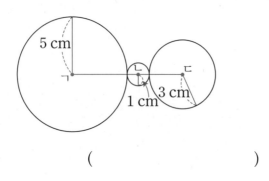

(   )

18 점 ㄱ, 점 ㄷ은 각각 원의 중심입니다. 사각형 ㄱㄴㄷㄹ의 네 변의 길이의 합은 몇 cm일까요?

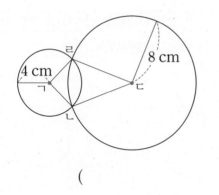

(   )

19 큰 원의 지름이 32 cm일 때 작은 원의 반지름은 몇 cm인지 풀이 과정을 쓰고 답을 구해 보세요.

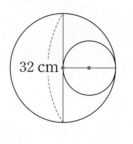

풀이

답

20 그림과 같이 직사각형 안에 크기가 같은 원을 서로 원의 중심을 지나도록 그리려고 합니다. 원을 몇 개까지 그릴 수 있는지 풀이 과정을 쓰고 답을 구해 보세요.

64 cm

4 cm   ...

풀이

답

4 분수

이번 단원에서 꼭 짚어야 할 **핵심 개념**을 알아보자.

핵심 1 분수로 나타내기

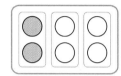

색칠한 부분은 전체 3묶음 중에서 ☐ 묶음

이므로 전체의 $\dfrac{\square}{3}$ 입니다.

핵심 2 분수만큼은 얼마인지 알아보기

8 cm의 $\dfrac{3}{4}$ 은 ☐ cm입니다.

핵심 3 여러 가지 분수 알아보기

• 진분수: 분자가 분모보다 작은 분수

• ☐ : 분자가 분모와 같거나 분모보다 큰 분수

• ☐ : 자연수와 진분수로 이루어진 분수

핵심 4 가분수, 대분수로 나타내기

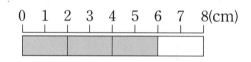

대분수 $1\dfrac{2}{3}$ 를 가분수로 나타내기

자연수 1 ➡ $\dfrac{3}{3}$

진분수 $\dfrac{2}{3}$ ⎯⎯ $\dfrac{1}{3}$ 이 ☐ 개 ➡ ☐

핵심 5 분모가 같은 분수의 크기 비교

가분수는 분자를 비교하고, 대분수는 자연수, 분자 순으로 비교합니다.

$\dfrac{6}{4}$ ◯ $\dfrac{8}{4}$ $1\dfrac{3}{4}$ ◯ $2\dfrac{1}{4}$

1. 분수로 나타내기

● **부분은 전체의 얼마인지 알아보기**

부분 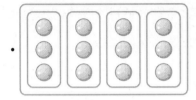 은 전체 를 똑같이 **2**묶음으로 나눈 것 중의 **1**묶음입니다.

➡ 부분은 전체의 $\dfrac{1}{2}$ 입니다.

부분 은 전체 를 똑같이 **4**묶음으로 나눈 것 중의 **3**묶음입니다.

➡ 부분은 전체의 $\dfrac{3}{4}$ 입니다.

● **색칠한 부분은 전체의 얼마인지 알아보기**

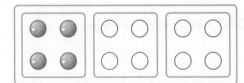

• 색칠한 부분은 전체 **3**묶음 중에서 **1**묶음이므로

전체의 $\dfrac{1}{3}$ 입니다.

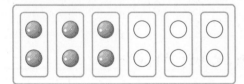

• 색칠한 부분은 전체 **6**묶음 중에서 **3**묶음이므로

전체의 $\dfrac{3}{6}$ 입니다.

개념 자세히 보기

• 같은 개수라도 똑같이 묶는 수에 따라 분수가 달라져요!

12묶음 중에서 4묶음   6묶음 중에서 2묶음   3묶음 중에서 1묶음

↪ 정답과 풀이 30쪽

① 그림을 보고 ☐ 안에 알맞은 수를 써넣으세요.

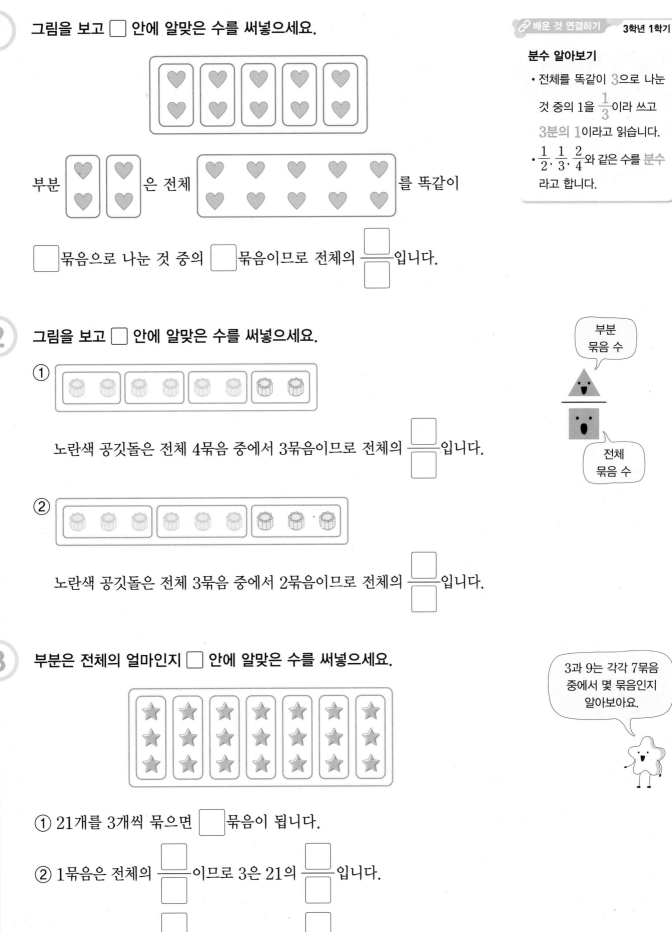

부분 ♥♥ 은 전체 ♥♥♥♥♥ 를 똑같이

☐묶음으로 나눈 것 중의 ☐묶음이므로 전체의 $\frac{☐}{☐}$입니다.

② 그림을 보고 ☐ 안에 알맞은 수를 써넣으세요.

①

노란색 공깃돌은 전체 4묶음 중에서 3묶음이므로 전체의 $\frac{☐}{☐}$입니다.

②

노란색 공깃돌은 전체 3묶음 중에서 2묶음이므로 전체의 $\frac{☐}{☐}$입니다.

부분
묶음 수
▲
─────
■
전체
묶음 수

③ 부분은 전체의 얼마인지 ☐ 안에 알맞은 수를 써넣으세요.

3과 9는 각각 7묶음 중에서 몇 묶음인지 알아보아요.

① 21개를 3개씩 묶으면 ☐묶음이 됩니다.

② 1묶음은 전체의 $\frac{☐}{☐}$이므로 3은 21의 $\frac{☐}{☐}$입니다.

③ 3묶음은 전체의 $\frac{☐}{☐}$이므로 9는 21의 $\frac{☐}{☐}$입니다.

2. 분수만큼은 얼마인지 알아보기

● **개수의 분수만큼은 얼마인지 알아보기**

구슬 8개를 똑같이 4묶음으로 나누면 1묶음은 2개입니다.

8의 $\frac{1}{4}$ ⬡⬡ ⬡⬡ ⬡⬡ ⬡⬡ 8을 똑같이 4묶음으로 나눈 것 중의 1묶음 ➡ 2

8의 $\frac{2}{4}$ ⬡⬡ ⬡⬡ ⬡⬡ ⬡⬡ 8을 똑같이 4묶음으로 나눈 것 중의 2묶음 ➡ 4

8의 $\frac{3}{4}$ ⬡⬡ ⬡⬡ ⬡⬡ ⬡⬡ 8을 똑같이 4묶음으로 나눈 것 중의 3묶음 ➡ 6

● **길이의 분수만큼은 얼마인지 알아보기**

0 1 2 3 4 5 6 7 8 9 10(m)

10 m를 똑같이 5부분으로 나누면 1부분은 2 m입니다.

10m의 $\frac{1}{5}$ 0 1 2 3 4 5 6 7 8 9 10(m) 10 m를 똑같이 5부분으로 나눈 것 중의 1부분 ➡ 2 m

10m의 $\frac{2}{5}$ 0 1 2 3 4 5 6 7 8 9 10(m) 10 m를 똑같이 5부분으로 나눈 것 중의 2부분 ➡ 4 m

10m의 $\frac{3}{5}$ 0 1 2 3 4 5 6 7 8 9 10(m) 10 m를 똑같이 5부분으로 나눈 것 중의 3부분 ➡ 6 m

10m의 $\frac{4}{5}$ 0 1 2 3 4 5 6 7 8 9 10(m) 10 m를 똑같이 5부분으로 나눈 것 중의 4부분 ➡ 8 m

개념 자세히 보기

• $\frac{\blacktriangle}{\blacksquare}$ 는 $\frac{1}{\blacksquare}$ 의 몇 배인지 알아보아요!

⬡⬡ ⬡⬡ ⬡⬡ ⬡⬡ ⬡⬡ ⬡⬡ ⬡⬡   14의 $\frac{1}{7}$ 은 2

⬡⬡ ⬡⬡ ⬡⬡ ⬡⬡ ⬡⬡ ⬡⬡ ⬡⬡   14의 $\frac{3}{7}$ 은 6   3배

➡ $\frac{\blacktriangle}{\blacksquare}$ 는 $\frac{1}{\blacksquare}$ 의 ▲배입니다.

① 팽이 12개를 똑같이 4묶음으로 나눈 것입니다. ☐ 안에 알맞은 수를 써넣으세요.

🖉 배운 것 연결하기 **3학년 1학기**

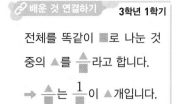

전체를 똑같이 ■로 나눈 것 중의 ▲를 $\dfrac{▲}{■}$라고 합니다.

➡ $\dfrac{▲}{■}$는 $\dfrac{1}{■}$이 ▲개입니다.

① 팽이 12개를 똑같이 4묶음으로 나누면 1묶음은 ☐개입니다.

➡ 12의 $\dfrac{1}{4}$은 ☐입니다.

② 팽이 12개를 똑같이 4묶음으로 나누면 3묶음은 ☐개입니다.

➡ 12의 $\dfrac{3}{4}$은 ☐입니다.

② 피망 10개를 똑같이 5묶음으로 나누어 보고, ☐ 안에 알맞은 수를 써넣으세요.

$\dfrac{2}{5}$는 $\dfrac{1}{5}$의 2배예요.

① 10의 $\dfrac{1}{5}$은 ☐입니다.　② 10의 $\dfrac{2}{5}$는 ☐입니다.

③ 10의 $\dfrac{3}{5}$은 ☐입니다.　④ 10의 $\dfrac{4}{5}$는 ☐입니다.

③ 그림을 보고 ☐ 안에 알맞은 수를 써넣으세요.

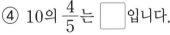

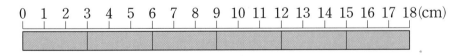

① 18 cm의 $\dfrac{1}{6}$은 ☐cm입니다.

② 18 cm의 $\dfrac{5}{6}$는 ☐cm입니다.

▲ cm의 $\dfrac{1}{■}$은

▲ cm를 똑같이 ■부분으로 나눈 것 중의 1부분이에요.

➡ (▲ ÷ ■) cm

3. 여러 가지 분수 알아보기

● **진분수, 가분수, 자연수 알아보기**

- **진분수**: 분자가 분모보다 작은 분수 예 $\dfrac{1}{5}, \dfrac{2}{5}, \dfrac{3}{5}, \dfrac{4}{5}$

- **가분수**: 분자가 분모와 같거나 분모보다 큰 분수 예 $\dfrac{5}{5}, \dfrac{6}{5}, \dfrac{7}{5}, \dfrac{8}{5}, \dfrac{9}{5}, \dfrac{10}{5}$

- **자연수**: 1, 2, 3과 같은 수

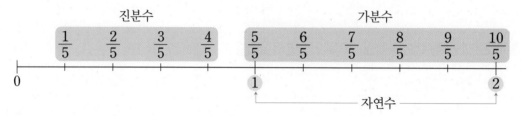

● **대분수 알아보기**

- **대분수**: 자연수와 진분수로 이루어진 분수

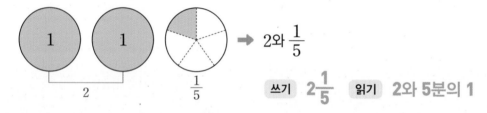

→ 2와 $\dfrac{1}{5}$

쓰기 $2\dfrac{1}{5}$ 읽기 **2와 5분의 1**

● **대분수를 가분수로, 가분수를 대분수로 나타내기**

- 대분수를 가분수로 나타내기

$2\dfrac{1}{3}$ → 〔그림: 2 + $\dfrac{1}{3}$ = $\dfrac{6}{3}$ + $\dfrac{1}{3}$〕 $\dfrac{7}{3}$

$2\dfrac{1}{3}$ → $\dfrac{6}{3}$과 $\dfrac{1}{3}$ → $\dfrac{1}{3}$이 7개 → $\dfrac{7}{3}$

- 가분수를 대분수로 나타내기

$\dfrac{9}{4}$ → 〔그림: $\dfrac{8}{4}$ + $\dfrac{1}{4}$ = 2 + $\dfrac{1}{4}$〕 $2\dfrac{1}{4}$

$\dfrac{9}{4}$ → $\dfrac{8}{4}$과 $\dfrac{1}{4}$ → 2와 $\dfrac{1}{4}$ → $2\dfrac{1}{4}$

○ 정답과 풀이 30쪽

1 수직선을 보고 ☐ 안에 알맞은 수를 써넣으세요.

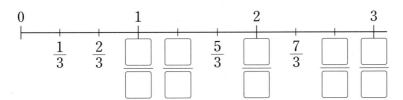

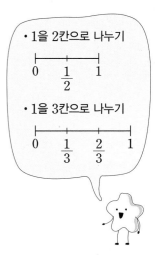
• 1을 2칸으로 나누기

0    $\frac{1}{2}$ 1

• 1을 3칸으로 나누기

0    $\frac{1}{3}$ $\frac{2}{3}$ 1

2 진분수는 노란색, 가분수는 빨간색으로 색칠해 보세요.

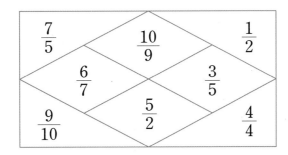

3 보기 를 보고 색칠한 부분을 대분수로 쓰고, 읽어 보세요.

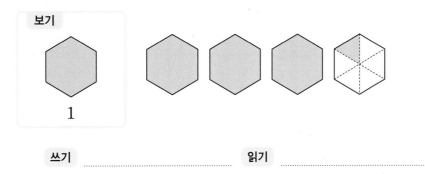

쓰기 ....   읽기 ....

대분수는 자연수와 진분수로 이루어진 분수예요.

4

4 대분수를 가분수로, 가분수를 대분수로 나타내려고 합니다. 그림을 보고 ☐ 안에 알맞은 수를 써넣으세요.

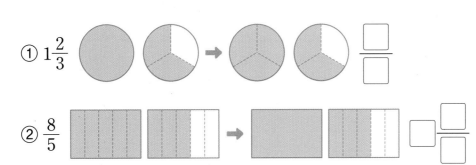

① $1\frac{2}{3}$

② $\frac{8}{5}$

자연수 1은 분모와 분자가 같은 분수로 나타낼 수 있어요.

$1 = \frac{2}{2} = \frac{3}{3} = \frac{4}{4} = \cdots$

4. 분모가 같은 분수의 크기 비교

● **분모가 같은 가분수의 크기 비교하기**

분모가 같은 가분수는 **분자**가 클수록 더 큰 분수입니다.

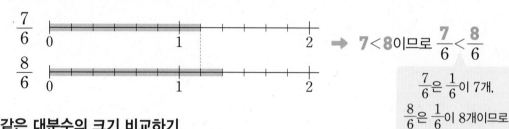

→ **7 < 8**이므로 $\dfrac{7}{6} < \dfrac{8}{6}$

> $\dfrac{7}{6}$은 $\dfrac{1}{6}$이 7개,
>
> $\dfrac{8}{6}$은 $\dfrac{1}{6}$이 8개이므로
>
> $\dfrac{7}{6} < \dfrac{8}{6}$

● **분모가 같은 대분수의 크기 비교하기**

• 자연수 크기가 다른 대분수는 **자연수**가 클수록 더 큰 분수입니다.

$2\dfrac{1}{3}$

$1\dfrac{2}{3}$

→ **2 > 1**이므로 $2\dfrac{1}{3} > 1\dfrac{2}{3}$

• 자연수 크기가 같은 대분수는 **진분수**가 클수록 더 큰 분수입니다.

$2\dfrac{1}{5}$

$2\dfrac{4}{5}$

→ $\dfrac{1}{5} < \dfrac{4}{5}$이므로 $2\dfrac{1}{5} < 2\dfrac{4}{5}$

● **분모가 같은 가분수와 대분수의 크기 비교하기**

• $\dfrac{7}{3}$과 $1\dfrac{1}{3}$의 크기 비교하기

가분수를 대분수로 나타내거나 대분수를 가분수로 나타낸 후 두 분수의 크기를 비교합니다.

방법 1 가분수를 **대분수로 나타내** 두 분수의 크기 비교하기

$\dfrac{7}{3} = 2\dfrac{1}{3}$이므로 $2\dfrac{1}{3} > 1\dfrac{1}{3}$에서 $\dfrac{7}{3} > 1\dfrac{1}{3}$

방법 2 대분수를 **가분수로 나타내** 두 분수의 크기 비교하기

$1\dfrac{1}{3} = \dfrac{4}{3}$이므로 $\dfrac{7}{3} > \dfrac{4}{3}$에서 $\dfrac{7}{3} > 1\dfrac{1}{3}$

개념 자세히 **보기**

● **세 분수의 크기를 비교해 보아요!**

$\left(1\dfrac{5}{7},\ \dfrac{10}{7},\ 2\dfrac{1}{7}\right)$ → $\left(1\dfrac{5}{7},\ 1\dfrac{3}{7},\ 2\dfrac{1}{7}\right)$이므로 $2\dfrac{1}{7} > 1\dfrac{5}{7} > 1\dfrac{3}{7}$ → $2\dfrac{1}{7} > 1\dfrac{5}{7} > \dfrac{10}{7}$

○ 정답과 풀이 31쪽

1 분수만큼 색칠하고 두 분수의 크기를 비교하여 ○ 안에 >, =, < 중 알맞은 것을 써넣으세요.

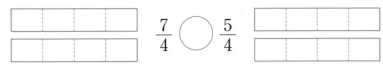

$$\frac{7}{4} \bigcirc \frac{5}{4}$$

$\frac{7}{4}$은 $\frac{1}{4}$이 7개,

$\frac{5}{4}$는 $\frac{1}{4}$이 5개예요.

2 $1\frac{1}{5}$과 $2\frac{1}{5}$을 각각 수직선에 ↓로 나타내고 두 분수의 크기를 비교하여 ○ 안에 >, =, < 중 알맞은 것을 써넣으세요.

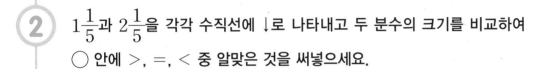

$$1\frac{1}{5} \bigcirc 2\frac{1}{5}$$

$1\frac{1}{5}$은 1에서 $\frac{1}{5}$만큼,

$2\frac{1}{5}$은 2에서 $\frac{1}{5}$만큼 떨어진 곳에 표시해요.

3 $3\frac{7}{8}$과 $\frac{28}{8}$의 크기를 두 가지 방법으로 비교하려고 합니다. ☐ 안에 알맞은 수를 써넣고 ○ 안에 >, =, < 중 알맞은 것을 써넣으세요.

3은 $\frac{24}{8}$와 같으므로

$3\frac{7}{8}$은 $\frac{1}{3}$이 (24+7)개예요.

4

방법 1 가분수를 대분수로 나타낸 후 크기 비교하기

$$\frac{28}{8} = \boxed{}\frac{\boxed{}}{8}$$이므로 $3\frac{7}{8} \bigcirc \boxed{}\frac{\boxed{}}{8}$에서

$$3\frac{7}{8} \bigcirc \frac{28}{8}$$입니다.

방법 2 대분수를 가분수로 나타낸 후 크기 비교하기

$$3\frac{7}{8} = \frac{\boxed{}}{8}$$이므로 $\frac{\boxed{}}{8} \bigcirc \frac{28}{8}$에서

$$3\frac{7}{8} \bigcirc \frac{28}{8}$$입니다.

4 두 분수의 크기를 비교하여 ○ 안에 >, =, < 중 알맞은 것을 써넣으세요.

① $\frac{8}{7} \bigcirc \frac{9}{7}$ ② $2\frac{7}{9} \bigcirc 3\frac{5}{9}$ ③ $\frac{7}{2} \bigcirc 2\frac{1}{2}$

1 분수로 나타내기

전체를 똑같이 ■로 나눈 것 중의 ▲는 $\dfrac{▲}{■}$야.

준비 색칠한 부분을 분수로 나타내 보세요.

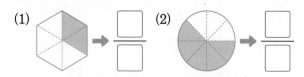

(1) → $\dfrac{\square}{\square}$ (2) → $\dfrac{\square}{\square}$

1 색칠한 부분은 전체의 얼마인지 분수로 나타
내 보세요.

→ $\dfrac{\square}{\square}$

2 도넛 18개를 6개씩 묶고, □ 안에 알맞은 수
를 써넣으세요.

6은 18의 $\dfrac{\square}{3}$입니다.

↓2배   ↓2배

12는 18의 $\dfrac{\square}{3}$입니다.

3 □ 안에 알맞은 수를 써넣으세요.

(1) 20을 4씩 묶으면 8은 20의 $\dfrac{\square}{\square}$입니다.

(2) 20을 5씩 묶으면 15는 20의 $\dfrac{\square}{\square}$입니다.

4 원숭이 한 마리는 도토리를 아침에 4개, 저녁
에 3개로 모두 7개 받습니다. 도토리 7개 중
원숭이가 아침에 받는 양과 저녁에 받는 양을
각각 분수로 나타내 보세요.

아침 $\boxed{}$ 저녁 $\boxed{}$

5 잘못 말한 사람의 이름을 쓰고, 바르게 고쳐
보세요.

윤아: 24를 4씩 묶으면 12는 24의 $\dfrac{3}{6}$이야.

진수: 35를 7씩 묶으면 14는 35의 $\dfrac{2}{5}$야.

민호: 56을 8씩 묶으면 32는 56의 $\dfrac{4}{8}$야.

이름 ....

바르게 고치기 ....

....

서술형

6 10은 45의 $\dfrac{2}{9}$입니다. 같은 수만큼 묶을 때

30은 45의 몇 분의 몇인지 풀이 과정을 쓰고
답을 구해 보세요.

풀이 ....

....

....

....

답 ....

2 분수만큼은 얼마인지 알아보기(1)

7 그림을 보고 ☐ 안에 알맞은 수를 써넣으세요.

(1) 18의 $\frac{1}{3}$은 ☐입니다.

(2) 18의 $\frac{1}{6}$은 ☐입니다.

8 보기 와 같이 ☐ 안에 알맞은 식과 수를 써넣으세요.

> **보기**
> 15의 $\frac{2}{5}$는 15÷5의 2배입니다.

(1) 32의 $\frac{3}{8}$은 ☐의 ☐배입니다.

(2) 27의 $\frac{5}{9}$는 ☐의 ☐배입니다.

9 전체 공 중에서 $\frac{4}{6}$는 초록색 공입니다. 초록색 공의 수만큼 색칠해 보세요.

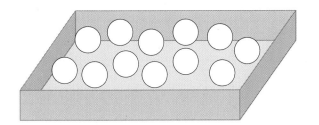

😊 내가 만드는 문제

10 자유롭게 ☐ 안에 수를 써넣고, 딸기 쿠키와 딸기 음료 중 만드는 데 딸기가 더 많이 필요한 음식은 어느 것인지 써 보세요.

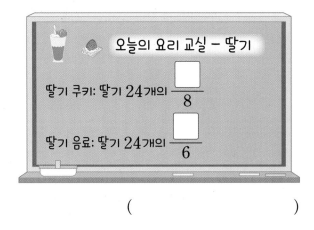

오늘의 요리 교실 – 딸기

딸기 쿠키: 딸기 24개의 $\frac{☐}{8}$

딸기 음료: 딸기 24개의 $\frac{☐}{6}$

(   )

11 선우와 수빈이가 가진 구슬은 각각 몇 개인지 구해 보세요.

> 시영: 나는 구슬을 20개 가지고 있어.
>
> 선우: 나는 구슬을 시영이의 $\frac{4}{5}$만큼 가지고 있어.
>
> 수빈: 나는 구슬을 선우의 $\frac{3}{8}$만큼 가지고 있어.

선우 (   ), 수빈 (   )

12 ☐ 안에 알맞은 수를 써넣으세요.

(1) ☐의 $\frac{1}{6}$은 9입니다.

(2) ☐의 $\frac{3}{5}$은 21입니다.

3 **분수만큼은 얼마인지 알아보기(2)**

모양과 크기가 같게 나누면 돼.

준비 주어진 수만큼 똑같이 나누어 보세요.

(1)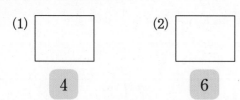

4

(2)

6

13 12 cm의 $\frac{1}{6}$만큼 색칠하고, ☐ 안에 알맞은 수를 써넣으세요.

```
0 1 2 3 4 5 6 7 8 9 10 11 12(cm)
```

(1) 12 cm의 $\frac{1}{6}$은 ☐ cm입니다.

(2) 12 cm의 $\frac{5}{6}$는 ☐ cm입니다.

14 그림을 보고 ☐ 안에 알맞은 수를 써넣으세요.

```
0              1              2(m)
0  20  40  60  80 100 120 140 160 180 200(cm)
```

(1) 2 m의 $\frac{1}{2}$은 ☐ cm입니다.

(2) 2 m의 $\frac{4}{5}$는 ☐ cm입니다.

15 길이를 비교하여 ◯ 안에 >, =, < 중 알맞은 것을 써넣으세요.

15 cm의 $\frac{2}{3}$ ◯ 20 cm의 $\frac{3}{5}$

16 설명이 맞으면 ◯표, 틀리면 ✕표 하세요.

(1) 1시간의 $\frac{1}{4}$은 25분입니다.　　(　　)

(2) 2시간의 $\frac{2}{3}$는 80분입니다.　　(　　)

17 도서관은 연우네 집에서 박물관까지 가는 길의 $\frac{5}{7}$만큼의 거리에 있습니다. 도서관에서 박물관까지의 거리는 몇 km일까요?

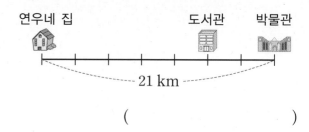

(　　　　　　　)

18 잠을 가장 많이 잔 사람의 이름을 써 보세요.

(　　　　　　　)

서술형
19 은채는 리본 1 m 중에서 $\frac{3}{5}$만큼을 선물을 포장하는 데 사용했습니다. 은채에게 남은 리본은 몇 cm인지 풀이 과정을 쓰고 답을 구해 보세요.

풀이 _____

_____

_____

답 _____

4 여러 가지 분수 알아보기

20 분수만큼 색칠하고, 진분수는 '진', 가분수는 '가'를 써넣으세요.

(1) $\dfrac{3}{2}$ ☐☐ ☐☐ ( )

(2) $\dfrac{2}{3}$ ☐☐☐ ☐☐☐ ( )

21 색칠한 부분을 대분수로 나타내고 읽어 보세요.

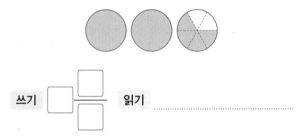

쓰기 ☐☐/☐ 읽기 _____

22 그림을 보고 자연수를 분수로 나타내 보세요.

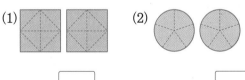

(1) $2 = \dfrac{\ \square\ }{\square}$ (2) $3 = \dfrac{\ \square\ }{\square}$

23 분수에 대해 잘못 설명한 사람의 이름을 쓰고, 바르게 고쳐 보세요.

> 유진: 진분수는 1보다 작은 분수야.
> 서하: 가분수는 모두 1보다 커.

이름 _____

바르게 고치기 _____

24 분수를 진분수, 가분수, 대분수로 분류해 보세요.

$$\dfrac{5}{9} \quad 1\dfrac{4}{6} \quad \dfrac{11}{3} \quad \dfrac{7}{7} \quad \dfrac{3}{8} \quad 5\dfrac{1}{2} \quad \dfrac{6}{5}$$

진분수	가분수	대분수

25 분모가 3인 분수를 써 보세요.

(1) 분모가 3인 진분수를 모두 써 보세요.

( )

(2) 분모가 3인 가분수를 5개 써 보세요.

( )

(3) 자연수 부분은 4이고 분모가 3인 대분수를 모두 써 보세요.

( )

26 다음 분수들이 모두 가분수일 때 ☐ 안에 공통으로 들어갈 수 있는 자연수를 모두 구해 보세요.

$$\dfrac{\square}{6} \qquad \dfrac{9}{\square} \qquad \dfrac{\square}{7}$$

( )

☺ 내가 만드는 문제

27 1부터 5까지의 수 중에서 ☐ 안에 알맞은 수를 써넣어 진분수, 가분수, 대분수를 각각 만들어 보세요.

진분수   가분수   대분수

5 대분수와 가분수로 나타내기

28 그림을 보고 대분수를 가분수로 나타내 보세요.

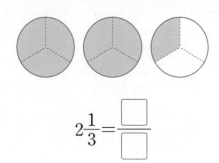

$$2\frac{1}{3}=\dfrac{\boxed{}}{\boxed{}}$$

29 수직선을 보고 가분수 $\dfrac{10}{6}$ 을 대분수로 나타내 보세요.

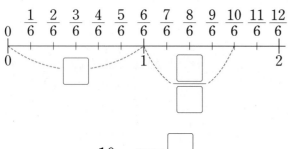

$$\frac{10}{6}=\boxed{}\dfrac{\boxed{}}{\boxed{}}$$

30 보기 와 같이 대분수를 가분수로 나타내 보세요.

> **보기**
> $$8\frac{2}{3}=\frac{8\times3}{3}+\frac{2}{3}=\frac{26}{3}$$

(1) $5\dfrac{1}{2}=\dfrac{\boxed{}\times2}{2}+\dfrac{\boxed{}}{2}=\dfrac{\boxed{}}{2}$

(2) $6\dfrac{3}{4}=\dfrac{\boxed{}\times4}{4}+\dfrac{\boxed{}}{4}=\dfrac{\boxed{}}{4}$

31 가분수를 대분수로 나타내려고 합니다. ☐ 안에 알맞은 수를 써넣으세요.

(1) $\dfrac{17}{2}=17\div2=\boxed{}\cdots\boxed{}\ \blacktriangleright\ \boxed{}\dfrac{\boxed{}}{2}$

(2) $\dfrac{41}{9}=41\div9=\boxed{}\cdots\boxed{}\ \blacktriangleright\ \boxed{}\dfrac{\boxed{}}{9}$

32 대분수는 가분수로, 가분수는 대분수로 나타내 보세요.

(1) $4\dfrac{1}{3}=\boxed{}$　　(2) $2\dfrac{5}{8}=\boxed{}$

(3) $\dfrac{18}{5}=\boxed{}$　　(4) $\dfrac{20}{7}=\boxed{}$

33 대분수로 나타냈을 때 자연수 부분이 가장 작은 가분수를 찾아 써 보세요.

$$\frac{19}{5}\qquad\frac{17}{4}\qquad\frac{21}{8}$$

(　　　　　)

서술형
34 자연수 부분이 9이고 분모가 2인 대분수를 가분수로 나타내려고 합니다. 풀이 과정을 쓰고 답을 구해 보세요.

풀이

_____

_____

_____

답 _____

6 분모가 같은 분수의 크기 비교

 똑같이 나눈 후 색칠한 칸수가 많을수록 더 큰 수야.

준비 분수만큼 색칠하고, 크기를 비교하여 ○안에 >, =, < 중 알맞은 것을 써넣으세요.

(1)  $\frac{1}{4}$ ○ $\frac{3}{4}$

(2)  $\frac{5}{6}$ ○ $\frac{2}{6}$

35 분수만큼 색칠하고, 크기를 비교하여 ○안에 >, =, < 중 알맞은 것을 써넣으세요.

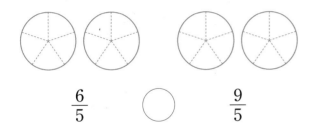

$\frac{6}{5}$ ○ $\frac{9}{5}$

36 분수의 크기를 비교하여 ○안에 >, =, < 중 알맞은 것을 써넣으세요.

(1) $\frac{13}{8}$ ○ $\frac{9}{8}$ (2) $2\frac{5}{6}$ ○ $3\frac{2}{6}$

(3) $5\frac{4}{9}$ ○ $5\frac{7}{9}$ (4) $\frac{23}{3}$ ○ $7\frac{1}{3}$

37 □ 안에 들어갈 수 있는 수를 모두 찾아 ○표 하세요.

(1) $\frac{□}{6} < \frac{5}{6}$ (1 , 2 , 3 , 4 , 5 , 6)

(2) $3\frac{□}{6} > 3\frac{2}{6}$ (1 , 2 , 3 , 4 , 5 , 6)

38 유하네 집에서 소방서, 경찰서, 은행까지의 거리를 나타낸 것입니다. 유하네 집에서 가장 가까운 곳은 어디일까요?

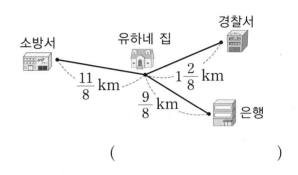

(   )

39 분모가 8인 분수 중에서 $\frac{10}{8}$ 보다 크고 $1\frac{7}{8}$ 보다 작은 가분수를 모두 써 보세요.

(   )

서술형
40 가장 큰 분수를 찾아 기호를 쓰려고 합니다. 풀이 과정을 쓰고 답을 구해 보세요.

| ㉠ $\frac{17}{9}$ | ㉡ $\frac{1}{9}$이 13개인 수 | ㉢ $1\frac{5}{9}$ |

풀이 _____

_____

답 _____

☺ 내가 만드는 문제
41 □ 안에 알맞은 수를 자유롭게 써넣으세요.

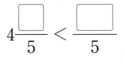

$4\frac{□}{5} < \frac{□}{5}$

실수하기 쉬운 유형

⚡ **자연수와 진분수로 이루어져야 대분수임에 주의하자!**

1 대분수를 모두 찾아 ○표 하세요.

$$3\frac{2}{4} \quad \frac{6}{6} \quad 1\frac{4}{3} \quad 5\frac{6}{7} \quad 2\frac{8}{5}$$

2 대분수는 모두 몇 개인지 구해 보세요.

$$2\frac{5}{9} \quad 5\frac{4}{4} \quad 6\frac{1}{3} \quad \frac{8}{5} \quad 7\frac{3}{2} \quad 1\frac{7}{8} \quad \frac{4}{7}$$

( )

3 자연수 부분이 3이고 분모가 6인 대분수는 모두 몇 개인지 구해 보세요.

( )

⚡ **진분수, 가분수, 대분수의 뜻을 정확하게 알고 분모 또는 분자가 될 수 있는 수를 찾아보자!**

4 다음 분수가 가분수일 때 2부터 9까지의 수 중에서 □ 안에 들어갈 수 있는 수를 모두 구해 보세요.

$$\frac{5}{\square}$$

( )

5 다음 분수가 진분수일 때 □ 안에 들어갈 수 있는 자연수를 모두 구해 보세요.

$$\frac{\square}{4}$$

( )

6 다음 분수가 대분수일 때 □ 안에 들어갈 수 있는 자연수는 모두 몇 개일까요?

$$3\frac{\square}{11}$$

( )

⚡ **수직선에서 눈금 한 칸의 크기를 분수로 나타내면 몇 분의 몇인지 알아보자!**

7 수직선 위에 표시된 화살표 ↓가 나타내는 분수를 구해 보세요.

8 수직선 위에 표시된 화살표 ↓가 나타내는 분수를 대분수로 나타내 보세요.

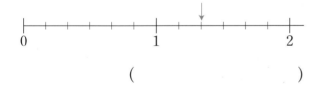

(   )

9 분수를 수직선에 ↓로 각각 나타내 보세요.

$$1\frac{3}{5} \qquad \frac{12}{5}$$

⚡ **작은 분수부터 차례로 나열하여 중간에 어떤 분수가 빠져 있는지 찾아보자!**

10 분모가 6인 분수를 작은 수부터 순서대로 늘어놓으려고 합니다. 중간에 빠진 분수를 구해 보세요.

$$\frac{5}{6} \qquad \frac{3}{6} \qquad \frac{7}{6} \qquad \frac{4}{6}$$

(   )

11 분모가 9인 분수를 작은 수부터 순서대로 늘어놓으려고 합니다. 중간에 빠진 분수를 구해 보세요.

$$\frac{11}{9} \qquad \frac{15}{9} \qquad \frac{12}{9} \qquad \frac{10}{9} \qquad \frac{14}{9}$$

(   )

12 자연수 부분이 2이고 분모가 10인 대분수를 작은 수부터 순서대로 늘어놓으려고 합니다. 중간에 빠진 분수를 구해 보세요.

$$2\frac{8}{10} \quad 2\frac{6}{10} \quad 2\frac{3}{10} \quad 2\frac{7}{10} \quad 2\frac{4}{10}$$

(   )

4

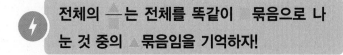

13 전체의 $\dfrac{3}{7}$은 빨간색, 전체의 $\dfrac{4}{7}$는 파란색으로 색칠해 보세요.

14 전체의 $\dfrac{6}{8}$은 보라색, 전체의 $\dfrac{2}{8}$는 노란색으로 색칠해 보세요.

15 전체의 $\dfrac{1}{2}$은 주황색, 전체의 $\dfrac{1}{3}$은 초록색, 전체의 $\dfrac{1}{6}$은 노란색으로 색칠해 보세요.

가분수 또는 대분수로 같게 하여 분수의 크기를 비교해야 함을 주의하자!

16 분수의 크기를 비교하여 ◯ 안에 >, =, < 중 알맞은 것을 써넣으세요.

$$4\dfrac{2}{5} \bigcirc \dfrac{24}{5}$$

17 분수의 크기를 비교하여 ◯ 안에 >, =, < 중 알맞은 것을 써넣으세요.

(1) $2\dfrac{4}{7} \bigcirc \dfrac{17}{7}$

(2) $\dfrac{30}{8} \bigcirc 3\dfrac{6}{8}$

18 크기가 큰 분수부터 차례로 기호를 써 보세요.

| ㉠ $5\dfrac{2}{6}$ | ㉡ $\dfrac{33}{6}$ | ㉢ $5\dfrac{5}{6}$ |

( )

도전1 **수 카드로 분수 만들기**

1 수 카드 4장 중 2장을 사용하여 만들 수 있는 진분수를 모두 써 보세요.

5 2 9 6

( )

핵심 NOTE
진분수: 분자가 분모보다 작은 분수
가분수: 분자가 분모와 같거나 분모보다 큰 분수

2 수 카드 4장 중 2장을 사용하여 만들 수 있는 가분수를 모두 써 보세요.

3 8 5 4

( )

3 수 카드 3장을 한 번씩만 사용하여 만들 수 있는 가장 큰 대분수를 가분수로 나타내 보세요.

7 2 9

( )

도전2 **□ 안에 들어갈 수 있는 수 구하기**

4 □ 안에 들어갈 수 있는 자연수를 모두 구해 보세요.

$$\frac{□}{6} < 1\frac{1}{6}$$

( )

핵심 NOTE
대분수를 가분수로 나타내고 분자의 크기를 비교하여 □ 안에 들어갈 수 있는 수를 구합니다.

5 □ 안에 들어갈 수 있는 자연수는 모두 몇 개일까요?

$$\frac{23}{9} > 2\frac{□}{9}$$

( )

6 □ 안에 들어갈 수 있는 자연수를 모두 구해 보세요.

$$4\frac{5}{8} < \frac{□}{8} < \frac{41}{8}$$

( )

도전3 **조건에 맞는 분수 찾기**

7 분모가 14이고 분자가 10보다 큰 진분수를 모두 구해 보세요.

( )

핵심 NOTE

진분수는 분자가 분모보다 작으므로 분자가 10보다 크고 14보다 작은 분수를 찾아봅니다.

8 분모가 6이고 분자는 한 자리 수인 가분수를 모두 구해 보세요.

( )

9 분자가 21인 분수 중에서 분모가 15보다 크고 25보다 작은 가분수는 모두 몇 개인지 구해 보세요.

( )

도전4 **남은 수 구하기**

10 하윤이는 공책 20권을 가지고 있습니다. 전체의 $\frac{1}{4}$을 지호에게 주고, 전체의 $\frac{1}{5}$을 은서에게 주었습니다. 하윤이에게 남은 공책은 몇 권일까요?

( )

핵심 NOTE

●의 $\frac{1}{4}$, ●의 $\frac{1}{5}$이 얼마인지 각각 구합니다.

11 민선이는 털실 36 m를 가지고 있습니다. 전체의 $\frac{1}{3}$을 모자를 뜨는 데 사용하고, 전체의 $\frac{5}{9}$를 장갑을 뜨는 데 사용했습니다. 민선이에게 남은 털실은 몇 m일까요?

( )

12 윤호는 색종이 56장을 가지고 있습니다. 전체의 $\frac{3}{7}$을 종이꽃을 접는 데 사용하고, 남은 색종이의 $\frac{5}{8}$를 종이학을 접는 데 사용했습니다. 윤호에게 남은 색종이는 몇 장일까요?

( )

어떤 수의 분수만큼은 얼마인지 구하기

13 어떤 수의 $\frac{1}{3}$은 8입니다. 어떤 수의 $\frac{1}{4}$은 얼마인지 구해 보세요.

(   )

핵심 NOTE
① 어떤 수를 구합니다.
② 어떤 수의 $\frac{\blacktriangle}{\blacksquare}$를 구합니다.

14 어떤 수의 $\frac{3}{5}$은 18입니다. 어떤 수의 $\frac{2}{6}$는 얼마인지 구해 보세요.

(   )

15 어떤 수의 $\frac{7}{12}$은 21입니다. 어떤 수의 $\frac{8}{9}$은 얼마인지 구해 보세요.

(   )

조건을 만족시키는 분수 구하기

16 조건을 모두 만족시키는 진분수를 구해 보세요.

> • 분모와 분자의 합은 12입니다.
> • 분모와 분자의 차는 4입니다.

(   )

핵심 NOTE
구하는 분수가 진분수임을 이용합니다.
분자를 ☐라 하고, 분모를 ☐에 대한 식으로 나타내 봅니다.

17 조건을 모두 만족시키는 가분수를 구해 보세요.

> • 분모와 분자의 합은 26입니다.
> • 분모와 분자의 차는 8입니다.

(   )

18 조건을 모두 만족시키는 대분수를 구해 보세요.

> • 3보다 크고 4보다 작은 수입니다.
> • 분모와 분자의 합은 17입니다.
> • 분모와 분자의 차는 5입니다.

(   )

1 귤을 3개씩 묶고, ☐ 안에 알맞은 수를 써넣으세요.

(1) 6은 12의 ☐/☐ 입니다.

(2) 9는 12의 ☐/☐ 입니다.

2 ☐ 안에 알맞은 수를 써넣으세요.

(1) 20의 $\frac{3}{5}$은 ☐ 입니다.

(2) 45의 $\frac{5}{9}$는 ☐ 입니다.

3 그림을 보고 색칠한 부분을 가분수와 대분수로 나타내 보세요.

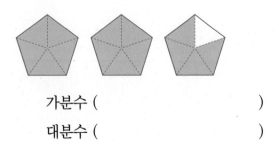

가분수 (   )

대분수 (   )

4 대분수는 가분수로, 가분수는 대분수로 나타내 보세요.

(1) $2\frac{3}{4}$ (2) $\frac{25}{6}$

5 그림을 보고 ☐ 안에 알맞은 수를 써넣으세요.

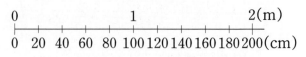

(1) 2 m의 $\frac{3}{10}$은 ☐ cm입니다.

(2) 2 m의 $\frac{3}{5}$은 ☐ cm입니다.

6 $5\frac{☐}{6}$는 대분수입니다. ☐ 안에 들어갈 수 있는 수를 모두 찾아 ○표 하세요.

> 3 , 4 , 5 , 6 , 7 , 8

7 같은 분수끼리 이어 보세요.

$4\frac{2}{7}$ ·

$3\frac{5}{7}$ ·

· $\frac{23}{7}$

· $\frac{26}{7}$

· $\frac{30}{7}$

8 시계를 보고 ☐ 안에 알맞은 수를 써넣으세요.

(1) 1시간의 $\frac{1}{4}$은 ☐ 분입니다.

(2) 1시간의 $\frac{5}{6}$는 ☐ 분입니다.

9 ⊙과 ⓒ에 알맞은 수의 합을 구해 보세요.

> • 54를 9씩 묶으면 36은 54의 $\dfrac{4}{\text{⊙}}$ 입니다.
>
> • 40을 5씩 묶으면 25는 40의 $\dfrac{\text{ⓒ}}{8}$ 입니다.

(   )

10 분수의 크기를 비교하여 ◯ 안에 >, =, < 중 알맞은 것을 써넣으세요.

(1) $\dfrac{9}{7}$ ◯ $\dfrac{7}{7}$ (2) $2\dfrac{3}{5}$ ◯ $\dfrac{16}{5}$

11 다음 분수가 진분수일 때 ☐ 안에 들어갈 수 있는 자연수는 모두 몇 개일까요?

$$\dfrac{\square}{8}$$

(   )

12 나타내는 수가 다른 것은 어느 것일까요?
(   )

① 15의 $\dfrac{4}{5}$ ② 32의 $\dfrac{3}{8}$

③ 16의 $\dfrac{3}{4}$ ④ 28의 $\dfrac{5}{7}$

⑤ 54의 $\dfrac{2}{9}$

13 분모가 9인 대분수 중에서 다음 두 분수 사이에 있는 분수를 모두 써 보세요.

> $\dfrac{40}{9}$ $4\dfrac{7}{9}$

(   )

14 크기가 큰 분수부터 차례로 기호를 써 보세요.

> ⊙ $\dfrac{9}{5}$ ⓒ $\dfrac{5}{5}$
>
> ⓒ $2\dfrac{2}{5}$ ⓔ $\dfrac{1}{5}$이 7개

(   )

15 4장의 수 카드 중에서 2장을 골라 한 번씩만 사용하여 만들 수 있는 가분수는 모두 몇 개일까요?

> 3   5   6   7

(   )

16 성욱이네 반 학생은 24명입니다. 이 중에서 $\frac{5}{8}$ 가 동생이 있다면 성욱이네 반에서 동생이 없는 학생은 몇 명일까요?

(   )

17 3장의 수 카드를 한 번씩만 사용하여 자연수 부분이 3인 대분수를 만들었습니다. 이 대분수를 가분수로 나타내 보세요.

9   3   2

(   )

18 분모와 분자의 합이 11이고 차가 3인 가분수가 있습니다. 이 가분수를 대분수로 나타내 보세요.

(   )

19 ☐ 안에 들어갈 수 있는 자연수 중에서 가장 큰 수는 얼마인지 풀이 과정을 쓰고 답을 구해 보세요.

$$\frac{\square}{7} < 2\frac{3}{7}$$

풀이 _____

_____

_____

답 _____

20 어떤 수의 $\frac{7}{9}$ 은 35입니다. 어떤 수는 얼마인지 풀이 과정을 쓰고 답을 구해 보세요.

풀이 _____

_____

_____

답 _____

1 그림을 보고 □ 안에 알맞은 수를 써넣으세요.

(1) 20의 $\frac{1}{5}$은 □입니다.

(2) 20의 $\frac{4}{5}$는 □입니다.

2 야구공을 2개씩 묶고, □ 안에 알맞은 수를 써넣으세요.

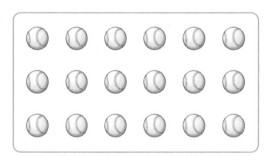

18을 2씩 묶으면 10은 18의 $\frac{□}{□}$입니다.

3 □ 안에 알맞은 수를 써넣으세요.

(1) 21 cm의 $\frac{2}{3}$는 □ cm입니다.

(2) 21 cm의 $\frac{6}{7}$은 □ cm입니다.

4 가분수는 모두 몇 개인지 구해 보세요.

$$\frac{10}{9} \quad 2\frac{4}{8} \quad \frac{11}{14} \quad \frac{5}{5} \quad \frac{8}{3} \quad \frac{6}{7}$$

( )

5 자연수를 분수로 나타낸 것입니다. 잘못 나타낸 것은 어느 것일까요? ( )

① $4=\frac{16}{4}$ ② $3=\frac{21}{7}$ ③ $5=\frac{35}{5}$

④ $9=\frac{27}{3}$ ⑤ $8=\frac{16}{2}$

6 가분수는 대분수로, 대분수는 가분수로 나타내 보세요.

(1) $\frac{35}{8}$ (2) $3\frac{4}{9}$

7 유성이네 반 학생은 30명입니다. 5명씩 묶어 모둠을 만들 때 20명은 전체의 얼마인지 분수로 나타내 보세요.

( )

8 $\dfrac{\square}{11}$가 진분수일 때 $\square$ 안에 들어갈 수 있는 가장 큰 자연수를 구해 보세요.

(   )

9 분수의 크기를 비교하여 ◯ 안에 >, =, < 중 알맞은 것을 써넣으세요.

(1) $3\dfrac{2}{7}$ ◯ $2\dfrac{5}{7}$

(2) $\dfrac{26}{4}$ ◯ $6\dfrac{3}{4}$

10 나타내는 수가 가장 큰 것을 찾아 기호를 써 보세요.

㉠ 16의 $\dfrac{6}{8}$ ㉡ 25의 $\dfrac{3}{5}$ ㉢ 42의 $\dfrac{2}{6}$

(   )

11 민수가 자전거를 탄 시간은 몇 분일까요?

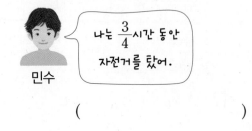

나는 $\dfrac{3}{4}$시간 동안 자전거를 탔어.

민수

(   )

12 끈을 현아는 $\dfrac{23}{8}$ m, 효주는 $2\dfrac{5}{8}$ m, 윤서는 $\dfrac{25}{8}$ m 가지고 있습니다. 긴 끈을 가지고 있는 사람부터 차례로 이름을 써 보세요.

(   )

13 $\square$ 안에 알맞은 수를 써넣으세요.

(1) $\square$의 $\dfrac{4}{6}$는 28입니다.

(2) $\square$의 $\dfrac{5}{9}$는 40입니다.

14 두 분수 사이에 있는 자연수를 모두 구해 보세요.

$\dfrac{22}{7}$ $\dfrac{46}{7}$

(   )

15 수 카드 중에서 2장을 사용하여 만들 수 있는 진분수를 모두 써 보세요.

7   3   1   6

(   )

16 ●에 알맞은 수를 구해 보세요.

$$\frac{16}{\bullet} = 2\frac{4}{\bullet}$$

(　　　　　　)

17 □ 안에 들어갈 수 있는 가장 큰 자연수를 구해 보세요.

$$\frac{\square}{7} < 6\frac{4}{7}$$

(　　　　　　)

18 어떤 수의 $\frac{5}{8}$ 는 45입니다. 어떤 수의 $\frac{3}{9}$ 은 얼마인지 구해 보세요.

(　　　　　　)

19 딸기가 32개 있습니다. 지민이가 전체의 $\frac{3}{8}$ 만큼 먹었다면 지민이가 먹고 남은 딸기는 몇 개인지 풀이 과정을 쓰고 답을 구해 보세요.

풀이

답

20 조건을 모두 만족시키는 대분수를 구하려고 합니다. 풀이 과정을 쓰고 답을 구해 보세요.

> • 5보다 크고 6보다 작은 수입니다.
> • 분모와 분자의 합은 22입니다.
> • 분모와 분자의 차는 6입니다.

풀이

답

사고력이 반짝

● 왼쪽 모형을 본뜬 그림이 아닌 것을 찾아 ○표 하세요.

(1)

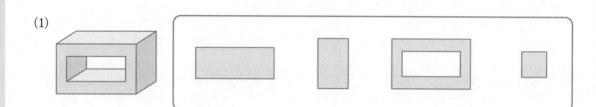

(2)

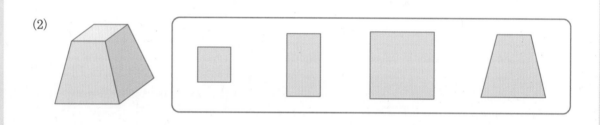

(3)

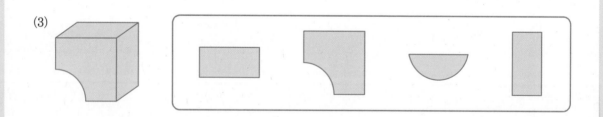

5 들이와 무게

이번 단원에서
꼭 짚어야 할
핵심 개념을 알아보자.

핵심 1 들이와 무게

- 들이를 직접 비교하기 어려울 때는 모양과 크기가 같은 그릇을 이용합니다.
- 무게를 직접 비교하기 어려울 때는 같은 무게의 바둑돌이나 공깃돌 등을 이용합니다.

핵심 2 들이의 단위

들이의 단위에는 리터와 밀리리터 등이 있습니다.

- $1\,L = \boxed{}\,mL$
- $1\,L\ 400\,mL = \boxed{}\,mL$

핵심 3 들이의 덧셈과 뺄셈

L 단위의 수끼리, mL 단위의 수끼리 계산합니다.

- $2\,L\ 500\,mL + 1\,L\ 300\,mL$
  $= 3\,L\ \boxed{}\,mL$
- $6\,L\ 700\,mL - 4\,L\ 200\,mL$
  $= 2\,L\ \boxed{}\,mL$

핵심 4 무게의 단위

무게의 단위에는 킬로그램, 그램, 톤 등이 있습니다.

- $1\,kg = \boxed{}\,g$
- $1\,kg\ 900\,g = \boxed{}\,g$
- $1\,t = \boxed{}\,kg$

핵심 5 무게의 덧셈과 뺄셈

kg 단위의 수끼리, g 단위의 수끼리 계산합니다.

- $1\,kg\ 200\,g + 3\,kg\ 600\,g$
  $= 4\,kg\ \boxed{}\,g$
- $5\,kg\ 800\,g - 2\,kg\ 500\,g$
  $= 3\,kg\ \boxed{}\,g$

답 2. 1000, 1400 3. 800, 500 4. 1000, 1900, 1000 5. 800, 300

1. 들이 비교하기

들이 비교하기

└─ 그릇에 가득 담을 수 있는 양

방법 1 물을 직접 옮겨 담아 비교합니다.

• 가에 가득 채워 나로 옮겨 담기

가   나

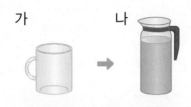

(가의 들이) < (나의 들이)

• 나에 물이 가득 차지 않으므로 나의 들이가 더 많습니다.

• 나에 가득 채워 가에 옮겨 담기

가   나

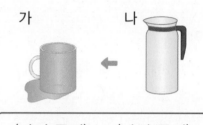

(가의 들이) < (나의 들이)

• 가의 물이 넘치므로 나의 들이가 더 많습니다.

방법 2 모양과 크기가 같은 큰 그릇에 옮겨 담아 비교합니다.

가   나

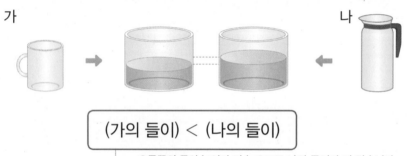

(가의 들이) < (나의 들이)

• 오른쪽의 물의 높이가 더 높으므로 나의 들이가 더 많습니다.

방법 3 모양과 크기가 같은 작은 컵에 옮겨 담아 컵의 수를 비교합니다.

가   나

(가의 들이) < (나의 들이)

• 작은 컵의 수가 더 많은 나의 들이가 더 많습니다.

개념 자세히 보기

들이를 비교하는 방법을 자세히 알아보아요!

	방법 1	방법 2	방법 3
편리한 점	다른 그릇을 준비하지 않아도 됩니다.	들이를 한눈에 비교할 수 있습니다.	작은 컵의 수로 들이의 차이를 비교적 정확히 비교할 수 있습니다.
불편한 점	옮겨 담기 힘든 경우 들이를 비교하기 어렵습니다.	2개의 같은 큰 그릇을 준비해야 합니다.	모양과 크기가 같은 작은 컵을 여러 개 준비해야 합니다.

→ 정답과 풀이 **41**쪽

1 주스병에 물을 가득 채운 후 주전자에 옮겨 담았더니 그림과 같이 물이 채워졌습니다. 들이가 더 많은 것에 ○표 하세요.

(주스병 , 주전자)

🔗 **배운 것 연결하기** 1학년 1학기

담을 수 있는 양 비교하기

더 많다   더 적다

2 냄비에 물을 가득 채운 후 컵에 옮겨 담았더니 그림과 같이 물이 넘쳤습니다. 들이가 더 많은 것에 ○표 하세요.

(냄비 , 컵)

3 두유병과 물병에 물을 가득 채운 후 모양과 크기가 같은 그릇에 옮겨 담았습니다. 두유병과 물병 중 들이가 더 적은 것은 어느 것일까요?

(   )

옮겨 담은 물의 높이가 낮을수록 그릇의 들이가 더 적어요.

4 가와 나 그릇에 물을 가득 채운 후 모양과 크기가 같은 컵에 각각 옮겨 담았습니다. ☐ 안에 알맞은 수나 말을 써넣으세요.

가   나

☐ 그릇이 ☐ 그릇보다 컵 ☐ 개만큼 들이가 더 많습니다.

컵의 수가 많을수록 그릇의 들이가 더 많아요.

2. 들이의 단위, 들이를 어림하고 재어 보기

● **들이의 단위**

- 들이의 단위: **리터, 밀리리터** 등
- 1 리터와 1 밀리리터 알아보기

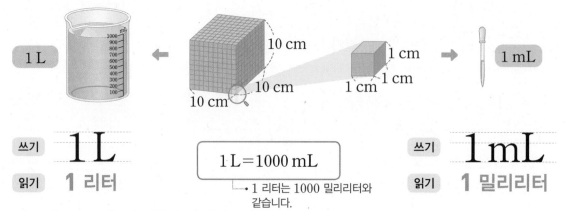

쓰기	$1 L$		쓰기	$1 mL$
읽기	**1 리터**	$1 L = 1000 mL$	읽기	**1 밀리리터**

> • 1 리터는 1000 밀리리터와 같습니다.

- 1 L보다 600 mL 더 많은 들이 알아보기

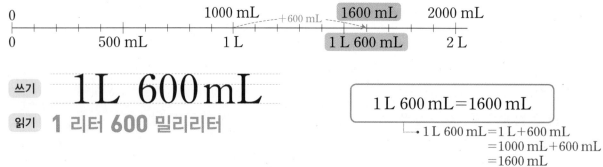

쓰기	$1 L \ 600 mL$	$1 L \ 600 mL = 1600 mL$
읽기	**1 리터 600 밀리리터**	

> • 1 L 600 mL = 1 L + 600 mL
> = 1000 mL + 600 mL
> = 1600 mL

● **들이를 어림하고 재어 보기**

- 들이를 어림하여 말할 때는 약 ☐ L 또는 약 ☐ mL라고 합니다.

- 들이를 어림할 때는 쉽게 알 수 있는 100 mL, 500 mL, 1 L 등의 들이를 기준으로 합니다.

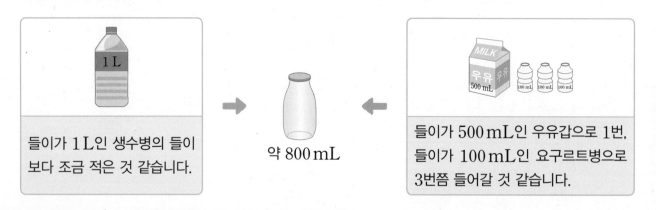

들이가 1 L인 생수병의 들이 보다 조금 적은 것 같습니다.

약 800 mL

들이가 500 mL인 우유갑으로 1번, 들이가 100 mL인 요구르트병으로 3번쯤 들어갈 것 같습니다.

개념 자세히 보기

- 1 L를 기준으로 1 L보다 많으면 L, 적으면 mL로 나타내!

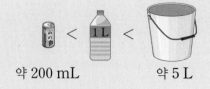

약 200 mL   약 5 L

◑ 정답과 풀이 **42**쪽

① **알맞은 단위에 ○표 하고, ☐ 안에 알맞은 수를 써넣으세요.**

① 1 리터는 1 (L , mL)라 쓰고, 1 밀리리터는 1 (L , mL)라고 씁니다.

② 1 L는 ☐ mL와 같습니다.

들이의 단위에는 리터와 밀리리터가 있어요.

② **물의 양이 얼마인지 눈금을 읽고 ☐ 안에 알맞은 수를 써넣으세요.**

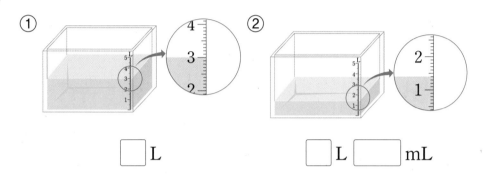

① ☐ L

② ☐ L ☐ mL

③ **☐ 안에 알맞은 수를 써넣으세요.**

① 2 L 100 mL = ☐ mL + 100 mL = ☐ mL

② 1500 mL = ☐ mL + 500 mL = ☐ L ☐ mL

1 L=1000 mL이므로 2 L=2000 mL예요.

5

④ **들이가 1 L보다 더 많은 것을 모두 찾아 ○표 하세요.**

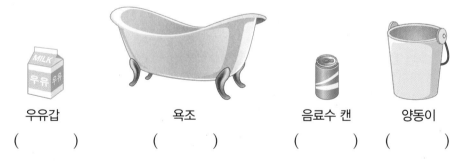

우유갑   욕조   음료수 캔   양동이

(   )   (   )   (   )   (   )

들이가 많은 물건은 L를 사용하고, 들이가 적은 물건은 mL를 사용해요.

⑤ **물컵의 들이를 이용하여 음료수병의 들이를 어림해 보세요.**

물컵   음료수병

음료수병의 들이는 들이가 200 mL인 물컵으로 3번 정도 옮겨 담을 수 있으므로 약 ☐ mL입니다.

3. 들이의 덧셈과 뺄셈

● **들이의 덧셈**

· L 단위의 수끼리, mL 단위의 수끼리 더합니다.

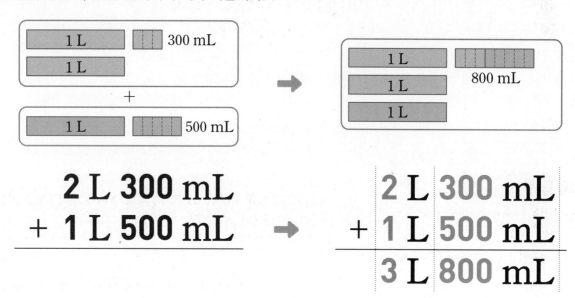

$$
\begin{array}{r}
2\ \text{L}\ 300\ \text{mL} \\
+\ 1\ \text{L}\ 500\ \text{mL} \\
\end{array}
\quad\Rightarrow\quad
\begin{array}{r}
2\ \text{L}\ |\ 300\ \text{mL} \\
+\ 1\ \text{L}\ |\ 500\ \text{mL} \\
\hline
3\ \text{L}\ |\ 800\ \text{mL}
\end{array}
$$

● **들이의 뺄셈**

· L 단위의 수끼리, mL 단위의 수끼리 뺍니다.

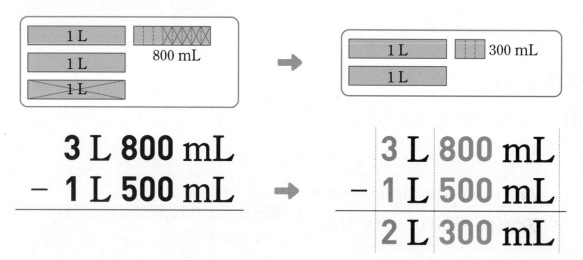

$$
\begin{array}{r}
3\ \text{L}\ 800\ \text{mL} \\
-\ 1\ \text{L}\ 500\ \text{mL} \\
\end{array}
\quad\Rightarrow\quad
\begin{array}{r}
3\ \text{L}\ |\ 800\ \text{mL} \\
-\ 1\ \text{L}\ |\ 500\ \text{mL} \\
\hline
2\ \text{L}\ |\ 300\ \text{mL}
\end{array}
$$

개념 자세히 보기

● **받아올림이 있는 들이의 덧셈을 알아보아요!**

· mL 단위의 수끼리의 합이 1000이거나 1000보다 크면 1000 mL를 1 L로 받아올림합니다.

$$
\begin{array}{r}
\overset{1}{3\ \text{L}\ 600\ \text{mL}} \\
+\ 4\ \text{L}\ 800\ \text{mL} \\
\hline
8\ \text{L}\ 400\ \text{mL}
\end{array}
$$

● **받아내림이 있는 들이의 뺄셈을 알아보아요!**

· mL 단위의 수끼리 뺄 수 없을 때는 1 L를 1000 mL로 받아내림합니다.

$$
\begin{array}{r}
\overset{3\quad 1000}{4\ \text{L}\ 200\ \text{mL}} \\
-\ 1\ \text{L}\ 700\ \text{mL} \\
\hline
2\ \text{L}\ 500\ \text{mL}
\end{array}
$$

● 정답과 풀이 **42**쪽

1 그림을 보고 □ 안에 알맞은 수를 써넣으세요.

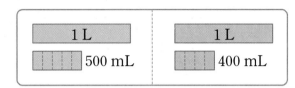
🖉 배운 것 연결하기 **2학년 2학기**

길이의 덧셈

```
   1 m  20 cm
 + 2 m  30 cm
 ─────────────
   3 m  50 cm
```

m 단위의 수끼리, cm 단위의 수끼리 더합니다.

1 L	1 L
500 mL	400 mL

1 L 500 mL + 1 L 400 mL = □ L □ mL

2 그림을 보고 □ 안에 알맞은 수를 써넣으세요.

1 L	1 L	1 L	1 L

300 mL

4 L 300 mL − 1 L 100 mL = □ L □ mL

3 들이의 덧셈을 해 보세요.

① 　2 L　600　mL
　+ 2 L　300　mL
　─────────────
　　□ L　□ mL

② 　3 L　400　mL
　+ 1 L　700　mL
　─────────────
　　□ L　□ mL

L 단위의 수끼리,
mL 단위의 수끼리
더해요.

4 들이의 뺄셈을 해 보세요.

① 　4 L　700　mL
　− 3 L　500　mL
　─────────────
　　□ L　□ mL

② 　8 L　200　mL
　− 6 L　900　mL
　─────────────
　　□ L　□ mL

L 단위의 수끼리,
mL 단위의 수끼리
빼요.

5

4. 무게 비교하기

● **무게 비교하기**

방법 1 양손에 물건을 하나씩 들고 비교합니다.

포도   배

(포도의 무게) < (배의 무게)

└ • 배를 든 손에 힘이 더 많이 들어갑니다.

방법 2 저울을 이용하여 비교합니다.

포도   배

(포도의 무게) < (배의 무게)

└ • 저울이 내려간 쪽이 더 무겁습니다.

────• 바둑돌
방법 3 단위 물건을 이용하여 비교합니다.

포도   바둑돌   배   바둑돌
        30개   38개

(포도의 무게) < (배의 무게)

└ • (바둑돌 30개) < (바둑돌 38개)

개념 자세히 보기

● **무게를 비교하는 방법을 자세히 알아보아요!**

	방법 1	방법 2	방법 3
편리한 점	무게의 차이가 큰 경우 별다른 도구 없이 비교할 수 있습니다.	저울이 기울어진 정도를 통해 무게를 쉽게 비교할 수 있습니다.	무게의 차이를 정확히 알 수 있습니다.
불편한 점	무게의 차이가 크지 않으면 비교하기 어렵습니다.	무게의 차이를 정확히 알기 힘듭니다.	무게가 가볍고 같은 단위 물건이 여러 개 있어야 합니다.

● **여러 가지 단위로 무게를 비교할 수 있어요!**

단위	지우개	자
공깃돌	9개	6개
쌓기나무	3개	2개

➡ (지우개의 무게) > (자의 무게)

➡ 정답과 풀이 42쪽

1 가위와 필통의 무게를 비교하려고 합니다. 알맞은 말에 ○표 하고, 물음에 답하세요.

가위　　　　필통

① 양손으로 직접 들어 보면 (가위 , 필통)이/가 더 무겁게 느껴집니다.

② 저울을 이용하여 무게를 비교했습니다. 어느 것 이 더 무거울까요?

(　　　　　　　　)

배운 것 연결하기　　**1학년 1학기**

무게 비교하기

더 무겁다　　더 가볍다

2 클립을 이용하여 피망과 양파 중 어느 것이 얼마나 더 무거운지 알아보려 고 합니다. ☐ 안에 알맞은 수나 말을 써넣으세요.

피망　　클립 40개　　양파　　클립 50개

① 피망의 무게는 클립 ☐ 개의 무게와 같습니다.

② 양파의 무게는 클립 ☐ 개의 무게와 같습니다.

③ ☐ 이/가 ☐ 보다 클립 ☐ 개만큼 더 무겁습니다.

㉠＝■, ㉡＝★일 때
■＞★이면 ㉠＞㉡이에요.

5

3 토마토, 귤, 복숭아의 무게를 비교했습니다. 가장 무거운 것에 ○표 하세요.

토마토　　귤　　토마토　　복숭아

(토마토 , 귤 , 복숭아)

두 저울에 모두 있는 토마토를 기준으로 생각해요.

● 무게의 단위

- 무게의 단위: **킬로그램, 그램, 톤** 등

- 1 킬로그램과 1 그램 알아보기

쓰기 **1kg**

읽기 **1 킬로그램**

$1 kg = 1000 g$

• 1 킬로그램은
1000 그램과 같습니다.

쓰기 **1g**

읽기 **1 그램**

- 1 kg보다 700 g 더 무거운 무게 알아보기

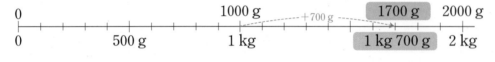

쓰기 **1kg 700g**

읽기 **1 킬로그램 700 그램**

$1 kg 700 g = 1700 g$

• $1 kg 700 g = 1 kg + 700 g$
$= 1000 g + 700 g$
$= 1700 g$

- 1 톤 알아보기

1000 kg의 무게를 1t이라 쓰고 1 톤이라고 읽습니다.

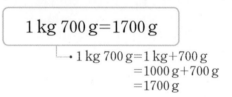

쓰기 **1t**

읽기 **1 톤**

$1 t = 1000 kg$

• 1 톤은 1000 킬로그램과
같습니다.

● 무게를 어림하고 재어 보기

- 무게를 어림하여 말할 때는 **약** ☐kg 또는 **약** ☐g이라고 합니다.

- 무게를 어림할 때는 쉽게 알 수 있는 100 g, 500 g, 1 kg 등의 무게를 기준으로 합니다.

1 kg인 밀가루 한 봉지의 무게
보다 조금 무거운 것 같습니다.

약 1200 g

600 g인 통조림 캔 2개의 무게
와 비슷한 것 같습니다.

🔵 정답과 풀이 42쪽

① **알맞은 단위에 ○표 하고, ☐ 안에 알맞은 수를 써넣으세요.**

무게의 단위에는 그램,
킬로그램, 톤 등이 있어요.

① 1 킬로그램은 1 (g , kg , t), 1 그램은 1 (g , kg , t),
1 톤은 1 (g , kg , t)이라고 씁니다.

② 1 kg은 ☐ g과 같고, 1 t은 ☐ kg과 같습니다.

② **저울의 눈금을 읽어 보세요.**

①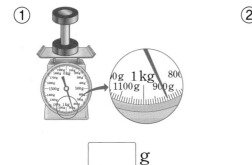

☐ g

②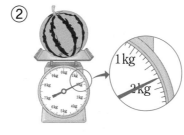

☐ kg ☐ g

③ **☐ 안에 알맞은 수를 써넣으세요.**

1000 g=1 kg이므로
5000 g=5 kg이에요.

① 1 kg 900 g= ☐ g+900 g= ☐ g

② 5400 g= ☐ g+400 g= ☐ kg ☐ g

④ **무게가 1 kg보다 더 무거운 것을 모두 찾아 ○표 하세요.**

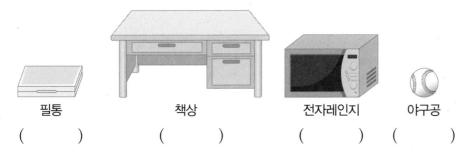

필통   책상   전자레인지   야구공

(   )   (   )   (   )   (   )

⑤ **멜론의 무게를 이용하여 호박의 무게를 어림해 보세요.**

멜론   호박

호박의 무게는 무게가 1 kg인 멜론 4개
의 무게와 비슷하므로 약 ☐ kg입니다.

1 kg의 ●배쯤은
약 ● kg이에요.

5

6. 무게의 덧셈과 뺄셈

● **무게의 덧셈**

• kg 단위의 수끼리, g 단위의 수끼리 더합니다.

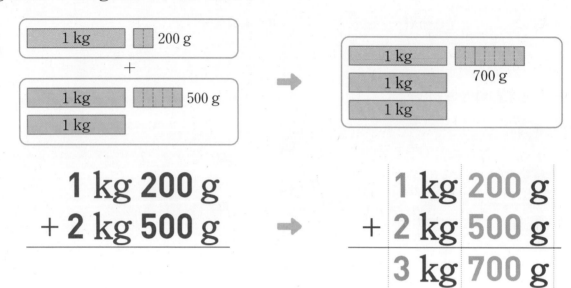

$$\begin{array}{r} 1\ \text{kg}\ 200\ \text{g} \\ +\ 2\ \text{kg}\ 500\ \text{g} \end{array}$$

$$\begin{array}{r} 1\ \text{kg}\ 200\ \text{g} \\ +\ 2\ \text{kg}\ 500\ \text{g} \\ \hline 3\ \text{kg}\ 700\ \text{g} \end{array}$$

● **무게의 뺄셈**

• kg 단위의 수끼리, g 단위의 수끼리 뺍니다.

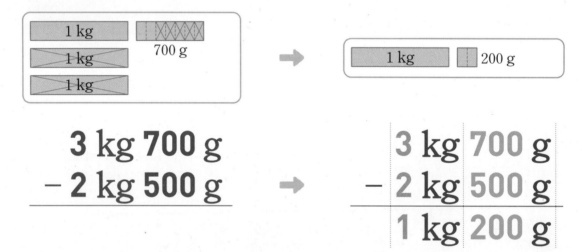

$$\begin{array}{r} 3\ \text{kg}\ 700\ \text{g} \\ -\ 2\ \text{kg}\ 500\ \text{g} \end{array}$$

$$\begin{array}{r} 3\ \text{kg}\ 700\ \text{g} \\ -\ 2\ \text{kg}\ 500\ \text{g} \\ \hline 1\ \text{kg}\ 200\ \text{g} \end{array}$$

개념 자세히 보기

● **받아올림이 있는 무게의 덧셈을 알아보아요!**

• g 단위의 수끼리의 합이 1000이거나 1000보다 크면 1000 g을 1 kg으로 받아올림합니다.

$$\begin{array}{r} \overset{1}{}\ 1\ \text{kg}\ 400\ \text{g} \\ +\ 5\ \text{kg}\ 800\ \text{g} \\ \hline 7\ \text{kg}\ 200\ \text{g} \end{array}$$

● **받아내림이 있는 무게의 뺄셈을 알아보아요!**

• g 단위의 수끼리 뺄 수 없을 때는 1 kg을 1000 g 으로 받아내림합니다.

$$\begin{array}{r} \overset{2}{\cancel{3}}\ \overset{1000}{}\ \text{kg}\ 400\ \text{g} \\ -\ 1\ \text{kg}\ 500\ \text{g} \\ \hline 1\ \text{kg}\ 900\ \text{g} \end{array}$$

● 정답과 풀이 43쪽

1 그림을 보고 ☐ 안에 알맞은 수를 써넣으세요.

1 kg		1 kg	1 kg
▨▨▨ 400 g		▮ 100 g	

$1 \text{ kg } 400 \text{ g} + 2 \text{ kg } 100 \text{ g} = \boxed{} \text{ kg } \boxed{} \text{ g}$

2 그림을 보고 ☐ 안에 알맞은 수를 써넣으세요.

1 kg	1 kg	1 kg	1 kg
▨▨ 500 g			

$4 \text{ kg } 500 \text{ g} - 2 \text{ kg } 300 \text{ g} = \boxed{} \text{ kg } \boxed{} \text{ g}$

$$\begin{array}{r} 3800 \\ -\ 2400 \\ \hline 1400 \end{array}$$

↓

	3 kg	800 g
−	2 kg	400 g
	1 kg	400 g

3 무게의 덧셈을 해 보세요.

kg 단위의 수끼리, g 단위의 수끼리 더해요.

①
	2	kg	200	g
+	3	kg	600	g
	☐	kg	☐	g

②
	6	kg	500	g
+	1	kg	900	g
	☐	kg	☐	g

4 무게의 뺄셈을 해 보세요.

kg 단위의 수끼리, g 단위의 수끼리 빼요.

①
	5	kg	900	g
−	3	kg	800	g
	☐	kg	☐	g

②
	4	kg	100	g
−	1	kg	400	g
	☐	kg	☐	g

1 들이 비교하기

1 주스병에 물을 가득 채운 후 꽃병에 옮겨 담았더니 그림과 같이 물이 넘쳤습니다. 주스병과 꽃병 중 들이가 더 적은 것은 어느 것일까요?

(   )

그릇의 모양과 크기가 같으면 물의 높이를 비교해.

준비 담긴 물의 양이 가장 많은 것에 ○표 하세요.

(   ) (   ) (   )

2 ㉠, ㉡, ㉢에 물을 가득 채운 후 모양과 크기가 같은 그릇에 모두 옮겨 담았습니다. 들이가 많은 것부터 차례로 기호를 써 보세요.

(   )

서술형
3 가 그릇과 나 그릇에 물을 가득 채운 후 모양과 크기가 같은 컵에 모두 옮겨 담았습니다. 어느 그릇이 컵 몇 개만큼 들이가 더 많은지 풀이 과정을 쓰고 답을 구해 보세요.

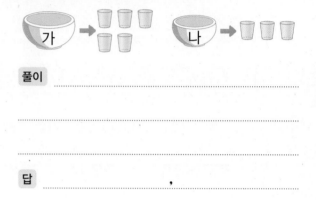

풀이 _____

_____

_____

답 _____ , _____

4 주전자와 보온병에 물을 가득 채운 후 모양과 크기가 같은 컵에 모두 옮겨 담았습니다. 주전자의 들이는 보온병의 들이의 몇 배일까요?

주전자   보온병

(   )

😊 내가 만드는 문제
5 대야에 물을 가득 채우려면 가 그릇과 나 그릇에 물을 가득 채워 다음과 같이 각각 부어야 합니다. 빈칸에 들어갈 수를 자유롭게 정하고, 들이가 더 적은 그릇의 기호를 써 보세요.

대야

그릇	가	나
부은 횟수(번)	9	

(   )

2 들이의 단위와 들이 어림하기

6 들이를 나타낼 때 알맞은 단위를 찾아 빈칸에 기호를 써넣으세요.

L	mL

7 물의 양이 얼마인지 ☐ 안에 알맞은 수를 써넣으세요.

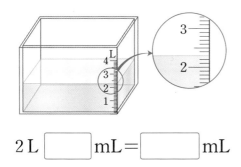

2 L ☐ mL = ☐ mL

8 들이를 비교하여 ◯ 안에 >, =, < 중 알맞은 것을 써넣으세요.

7060 mL ◯ 7 L 600 mL

9 250 mL 컵으로 들이가 1 L인 물병에 물을 가득 채우려면 적어도 몇 번 부어야 할까요?

( )

서술형

10 들이의 단위를 잘못 사용한 사람의 이름을 쓰고, 바르게 고쳐 보세요.

> 은주: 물약병의 들이는 약 6 mL야.
> 서아: 내 컵의 들이는 약 300 L야.
> 유리: 어항의 들이는 약 5 L야.

이름
⋯⋯⋯⋯⋯⋯⋯⋯⋯⋯⋯⋯⋯⋯⋯⋯⋯

바르게 고치기
⋯⋯⋯⋯⋯⋯⋯⋯⋯⋯⋯⋯⋯⋯⋯⋯⋯

11 500 mL 우유갑을 이용하여 간장병의 들이는 약 몇 L인지 어림해 보세요.

우유갑   간장병

약 ( )

12 보기 에서 알맞은 들이를 골라 ☐ 안에 써넣으세요.

> **보기**
> 3 L   200 mL   500 mL

◯월 ◯일 ◯요일   날씨: 맑음

가족과 함께 맛조개를 캐러 갔다. 약 ☐ 의 종이컵에 담아간 소금을 구멍에 살살 뿌리니 맛조개가 쏙~ 하고 올라오는 게 너무 신기했다. 약 ☐ 의 양동이에 가득 차도록 맛조개를 캤는데 ☐ 정도인 그릇에만 남겨 두고 나머지는 놓아주었다. 참 재미있었다.

③ 들이의 덧셈과 뺄셈

같은 단위끼리 자리를 맞추어 계산해.

준비 계산해 보세요.

(1)   2 m   70 cm
    + 3 m   50 cm

(2)   5 m   30 cm
    − 1 m   80 cm

13 계산해 보세요.

(1)   2 L   700 mL
    + 3 L   500 mL

(2)   5 L   300 mL
    − 1 L   800 mL

14 ☐ 안에 알맞은 수를 써넣으세요.

+1 L 300 mL

| 2 L 800 mL | → | ☐ L ☐ mL |

15 들이가 가장 많은 것과 가장 적은 것의 차는 몇 L 몇 mL일까요?

| 8 L 40 mL | 4 L 800 mL | 8400 mL |

(   )

16 *자격루의 원통에 물이 700 mL 흘러 들어갈 때마다 종이 한 번씩 울립니다. 종이 3번 울렸을 때 원통에 흘러 들어간 물은 모두 몇 L 몇 mL일까요?

출처: 국립고궁박물관

*자격루: 위에 있는 항아리에 물을 부은 후 물이 아래쪽 원통으로 일정하게 흘러 들어가는 원리를 이용한 물시계

(   )

17 들이가 더 많은 것의 기호를 써 보세요.

㉠ 3 L 640 mL + 2540 mL
㉡ 8370 mL − 1 L 920 mL

(   )

😊 내가 만드는 문제

18 ☐ 안에 수를 자유롭게 써넣고 계산해 보세요.

7 L 500 mL보다 ☐ mL만큼 더 적은 들이는 ☐ L ☐ mL입니다.

19 6000원으로 더 많은 양을 살 수 있는 주스는 어느 것일까요?

주스	사과주스	오렌지주스
1병의 가격	3000원	2000원
1병의 양	1 L 400 mL	900 mL

(   )

4 무게 비교하기

저울이 기울어지지 않았으므로 양쪽의 무게가 같아.

준비 사탕의 무게가 15 g일 때 초록색 구슬의 무게는 몇 g일까요?

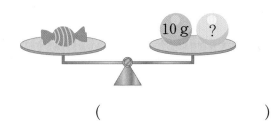

( )

20 쌓기나무를 이용하여 수첩과 필통의 무게를 비교했습니다. ☐ 안에 알맞은 수나 말을 써넣으세요.

☐이 ☐보다 쌓기나무 ☐개만큼 더 무겁습니다.

😊 내가 만드는 문제
21 그림을 보고 빈칸에 들어갈 물건을 자유롭게 써 보세요.

( )

서술형
22 이서는 만두와 빵의 무게를 비교했습니다. 잘못 설명한 부분을 찾아 까닭을 써 보세요.

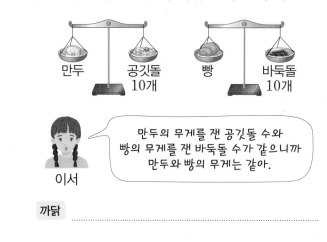

만두의 무게를 잰 공깃돌 수와 빵의 무게를 잰 바둑돌 수가 같으니까 만두와 빵의 무게는 같아.

이서

까닭 _____

23 복숭아, 배, 사과의 무게를 비교했습니다. 가장 무거운 과일을 써 보세요.

( )

24 구슬을 이용하여 같은 당근의 무게를 재었습니다. 파란색 구슬과 빨간색 구슬 중에서 한 개의 무게가 더 무거운 것은 어느 것일까요?

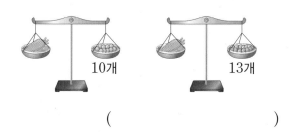

( )

5 무게의 단위와 무게 어림하기

25 ☐ 안에 알맞은 수를 써넣으세요.

(1) 3 kg 500 g = ☐ g

(2) 5600 g = ☐ kg ☐ g

(3) 8000 kg = ☐ t

26 무의 무게는 몇 kg 몇 g일까요?

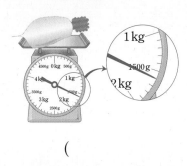

( )

27 보기 에서 알맞은 물건을 찾아 ☐ 안에 써넣
으세요.

> **보기**
>
> 자동차　　농구공　　세탁기

(1) ☐ 의 무게는 약 600 g입니다.

(2) ☐ 의 무게는 약 2 t입니다.

(3) ☐ 의 무게는 약 120 kg입니다.

28 추의 무게는 500 g입니다. 빈칸에 알맞은 것
을 찾아 ○표 하세요.

| 클립 1개 |
| 연필 1자루 |
| 멜론 1통 |
| 귤 1개 |

29 무게가 무거운 것부터 차례로 기호를 써 보세요.

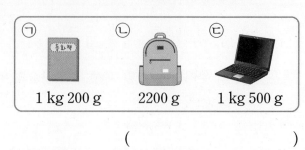

ⓐ 1 kg 200 g　ⓑ 2200 g　ⓒ 1 kg 500 g

( )

30 그림을 보고 ☐ 안에 알맞은 수를 써넣으세요.

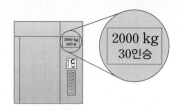

2000 kg
30인승

엘리베이터에 ☐ t까지 탈 수 있습니다.

m $\xrightarrow{1000배}$ km, g $\xrightarrow{1000배}$ kg과 같이
단위 사이의 관계를 생각해.

준비 ☐ 안에 알맞은 수를 써넣으세요.

(1) 2 cm 5 mm = ☐ cm

(2) 2.5 km = ☐ m

31 ☐ 안에 알맞은 수를 써넣으세요.

(1) 2.2 kg = ☐ g

(2) 1.7 t = ☐ kg

6 무게의 덧셈과 뺄셈

32 계산해 보세요.

(1)　　 4 kg 500 g
　　 + 3 kg 700 g

(2)　　 6 kg 100 g
　　 − 2 kg 800 g

33 설탕 한 봉지의 무게가 다음과 같습니다. 설탕 2봉지의 무게는 몇 kg 몇 g일까요?

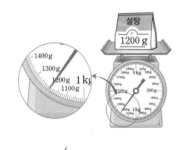

(　　　　　　　　　)

34 두 물건의 무게의 차는 몇 kg 몇 g일까요?

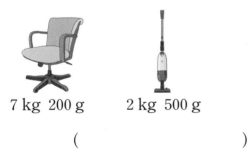

7 kg 200 g　　　　2 kg 500 g

(　　　　　　　　　)

😊 내가 만드는 문제

35 사고 싶은 물놀이 용품을 세 가지 고르고, 고른 물건의 무게의 합은 모두 몇 kg 몇 g인지 구해 보세요.

오리발	물안경	보트	구명조끼
470 g	145 g	5 kg 680 g	550 g

고른 물건 (　　　　　　　　　)
　무게의 합 (　　　　　　　　　)

36 10 kg까지 실을 수 있는 수레에 다음과 같은 상자를 실었습니다. 수레에 더 실을 수 있는 무게는 몇 kg 몇 g일까요?

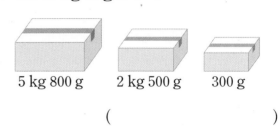

5 kg 800 g　　　2 kg 500 g　　　300 g

(　　　　　　　　　)

37 마트에서 식품 두 가지를 장바구니에 담으려고 합니다. 두 식품의 무게의 합이 1 kg보다 무겁고 1 kg 500 g보다 가볍게 하려고 할 때 어떤 식품을 담아야 하는지 쓰고, 두 식품의 무게의 합은 몇 kg 몇 g인지 구해 보세요.

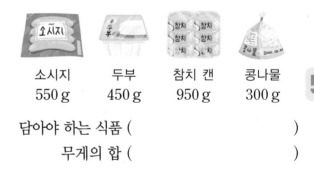

소시지	두부	참치 캔	콩나물
550 g	450 g	950 g	300 g

담아야 하는 식품 (　　　　　　　　　)
　　무게의 합 (　　　　　　　　　)

서술형
38 고기 한 근은 600 g이고 채소 한 관은 3 kg 750 g입니다. 소고기 2근과 양파 1관을 샀을 때 무게는 모두 몇 kg 몇 g인지 풀이 과정을 쓰고 답을 구해 보세요.

풀이 ....

....

....

....

답 ....

5

실수하기 쉬운 유형

●L ■mL를 무조건 ●■ mL로 나타내
지 않도록 주의하자!

1 □ 안에 알맞은 수를 써넣으세요.

(1) 4 L 300 mL = ☐ mL

(2) 4 L 30 mL = ☐ mL

(3) 4 L 3 mL = ☐ mL

2 □ 안에 알맞은 수를 써넣으세요.

(1) 7500 mL = ☐ L ☐ mL

(2) 7050 mL = ☐ L ☐ mL

(3) 7005 mL = ☐ L ☐ mL

3 관계있는 것끼리 이어 보세요.

6 L 48 mL ·   · 6004 mL

6 L 40 mL ·   · 6048 mL

6 L 4 mL ·   · 6040 mL

단위를 같게 하여 무게를 비교해야 함을 주
의하자!

4 무게를 비교하여 ◯ 안에 >, =, < 중 알맞
은 것을 써넣으세요.

(1) 5 kg 400 g ◯ 4500 g

(2) 3 t ◯ 3300 kg

5 무게가 가장 무거운 것을 찾아 기호를 써 보세요.

| ㉠ 8900 kg | ㉡ 9 kg 800 g | ㉢ 8 t |

(   )

6 무게가 가벼운 것부터 차례로 기호를 써 보세요.

| ㉠ 5 kg 300 g | ㉡ 5030 g |
| ㉢ 5 kg 500 g | ㉣ 5350 g |

(   )

⚡ **크기가 작다고 더 가벼운 무게 단위를 선택하면 안 되고 실제 무게를 생각하자!**

7 무게의 단위로 kg을 사용하기에 알맞은 것을 찾아 ◯표 하세요.

볼링공   솜사탕

(   )   (   )

8 무게의 단위를 알맞게 사용한 것의 기호를 써 보세요.

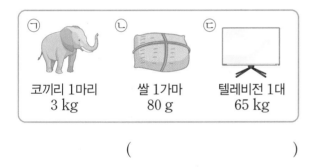

| ㉠ 코끼리 1마리 3 kg | ㉡ 쌀 1가마 80 g | ㉢ 텔레비전 1대 65 kg |

(   )

9 무게의 단위를 잘못 사용한 사람의 이름을 써 보세요.

민선: 토마토 한 개의 무게는 250 g이야.
은지: 내 몸무게는 35 kg이야.
진호: 방에 있는 의자의 무게는 4 t이야.

(   )

⚡ **실제 무게와 어림한 무게의 차가 적을수록 어림을 더 잘한 것임을 기억하자!**

10 실제 무게가 1 kg인 멜론의 무게를 어림하였습니다. 실제 멜론의 무게에 더 가깝게 어림한 사람의 이름을 써 보세요.

준서	영진
1 kg 300 g	850 g

(   )

11 진우는 호박과 오이의 무게를 어림해 보고 저울로 재었습니다. 호박과 오이 중에서 실제 무게에 더 가깝게 어림한 것은 어느 것일까요?

	어림한 무게	저울로 잰 무게
호박	300 g	450 g
오이	200 g	150 g

(   )

12 실제 무게가 3 kg인 상자의 무게를 어림하였습니다. 실제 상자의 무게에 가장 가깝게 어림한 사람의 이름을 써 보세요.

지아	민주	은미
2800 g	3 kg 150 g	3300 g

(   )

⚡ 물건을 올린 접시와 빈 접시의 무게의 차가 물건만의 무게임을 주의하자!

13 바나나의 무게는 몇 kg 몇 g일까요?

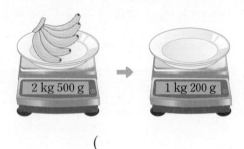

2 kg 500 g → 1 kg 200 g

( )

14 빈 쟁반의 무게는 몇 kg 몇 g일까요?

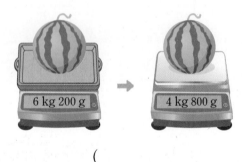

6 kg 200 g → 4 kg 800 g

( )

15 빈 상자의 무게는 몇 kg 몇 g일까요?

( )

⚡ 음식을 만드는 데 사용한 물의 양을 먼저 구해야 남은 물의 양을 구할 수 있음을 기억하자!

16 물 2 L로 떡볶이와 어묵탕을 2인분씩 만들었습니다. 남은 물은 몇 mL인지 구해 보세요.

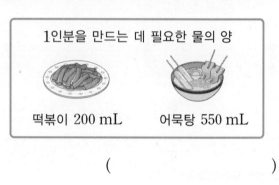

1인분을 만드는 데 필요한 물의 양

떡볶이 200 mL   어묵탕 550 mL

( )

17 물 2 L로 된장찌개와 달걀찜을 3인분씩 만들었습니다. 남은 물은 몇 mL인지 구해 보세요.

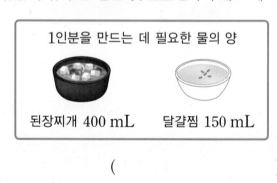

1인분을 만드는 데 필요한 물의 양

된장찌개 400 mL   달걀찜 150 mL

( )

18 물 3 L로 미역국 4인분과 김치전 5인분을 만들었습니다. 남은 물은 몇 mL인지 구해 보세요.

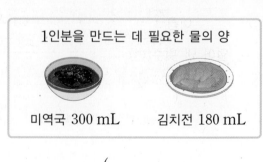

1인분을 만드는 데 필요한 물의 양

미역국 300 mL   김치전 180 mL

( )

도전1 **들이가 많은 컵 구하기**

1 같은 양동이에 물을 가득 채우려면 가, 나, 다, 라 컵에 물을 가득 채워 다음과 같이 각각 부어야 합니다. 들이가 가장 많은 컵의 기호를 써 보세요.

컵	가	나	다	라
부은 횟수(번)	4	3	6	8

( )

핵심 NOTE
부은 횟수가 많을수록 들이가 더 적은 컵입니다.

2 같은 어항에 물을 가득 채우려면 가, 나, 다, 라 컵에 물을 가득 채워 다음과 같이 각각 부어야 합니다. 들이가 많은 컵부터 차례로 기호를 써 보세요.

컵	가	나	다	라
부은 횟수(번)	5	4	7	9

( )

3 같은 수조에 가득 채워진 물을 각자 가지고 있는 컵으로 가득 채워 모두 덜어 냈습니다. 들이가 적은 컵을 가진 사람부터 차례로 이름을 써 보세요.

이름	소진	지윤	다현	현주
덜어 낸 횟수(번)	7	5	10	8

( )

도전2 **저울을 보고 무게 구하기**

4 배 1개의 무게가 600 g일 때 귤 1개의 무게는 몇 g일까요? (단, 같은 종류의 과일끼리는 무게가 같습니다.)

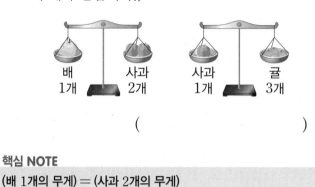

배
1개
사과
2개
사과
1개
귤
3개

( )

핵심 NOTE
(배 1개의 무게) = (사과 2개의 무게)
(사과 1개의 무게) = (귤 3개의 무게)

5 가지 1개의 무게가 160 g일 때 양파 1개의 무게는 몇 g일까요? (단, 같은 종류의 채소끼리는 무게가 같습니다.)

가지
1개
피망
2개
피망
3개
양파
1개

( )

6 호박 1개의 무게가 900 g일 때 오이 1개의 무게는 몇 g일까요? (단, 같은 종류의 채소끼리는 무게가 같습니다.)

호박
1개
당근
3개
당근
2개
오이
3개

( )

7 물병에 물을 가득 채워 6번 부으면 수조가 가득 차고, 이 수조에 물을 가득 채워 4번 부으면 물탱크가 가득 찹니다. 물탱크의 들이는 물병의 들이의 몇 배일까요?

( )

핵심 NOTE
(물병으로 6번 부은 들이) = (수조의 들이)
(수조로 4번 부은 들이) = (물탱크의 들이)

8 컵에 물을 가득 채워 4번 부으면 주전자가 가득 차고, 이 주전자에 물을 가득 채워 5번 부으면 항아리가 가득 찹니다. 항아리의 들이는 컵의 들이의 몇 배일까요?

( )

9 가 그릇에 물을 가득 채우려면 나 그릇에 물을 가득 채워 3번 부어야 하고, 다 그릇에 물을 가득 채우려면 가 그릇에 물을 가득 채워 5번 부어야 합니다. 다 그릇의 들이는 나 그릇의 들이의 몇 배일까요?

( )

10 한 상자에 20 kg인 옥수수 350상자를 트럭에 실으려고 합니다. 트럭 한 대에 2 t까지 실을 수 있다면 트럭은 적어도 몇 대 필요할까요?

( )

핵심 NOTE
옥수수 350상자가 몇 t인지 알아보고, 남는 것 없이 트럭에 실어야 함을 주의합니다.

11 한 상자에 15 kg인 사과 600상자를 트럭에 실으려고 합니다. 트럭 한 대에 2 t까지 실을 수 있다면 트럭은 적어도 몇 대 필요할까요?

( )

12 한 포대에 10 kg인 밀가루 500포대와 한 포대에 20 kg인 쌀 300포대를 트럭에 실으려고 합니다. 트럭 한 대에 3 t까지 실을 수 있다면 트럭은 적어도 몇 대 필요할까요?

( )

도전5 **합과 차가 주어진 경우의 무게 구하기**

13 민아와 소희가 주운 밤의 무게는 모두 8 kg 이고, 민아가 주운 밤의 무게는 소희가 주운 밤의 무게보다 2 kg 더 무겁습니다. 민아가 주운 밤의 무게는 몇 kg일까요?

( )

핵심 NOTE
민아가 주운 밤의 무게를 □ kg이라 하면, 소희가 주운 밤의 무게는 (□−2) kg입니다.

14 진영이와 예진이가 딴 딸기의 무게는 모두 20 kg입니다. 진영이가 딴 딸기의 무게는 예진이가 딴 딸기의 무게보다 4 kg 더 무겁습니다. 예진이가 딴 딸기의 무게는 몇 kg일까요?

( )

15 어머니께서 사 오신 돼지고기와 소고기의 무게를 합하면 12 kg입니다. 돼지고기의 무게는 소고기의 무게보다 2 kg 더 가볍습니다. 소고기의 무게는 몇 kg일까요?

( )

도전6 **더 부어야 하는 횟수 구하기**

16 들이가 3 L인 물통에 들이가 500 mL인 그릇으로 물을 가득 채워 3번 부었습니다. 물통에 물을 가득 채우려면 들이가 300 mL인 그릇으로 적어도 몇 번 더 부어야 할까요?

( )

핵심 NOTE
500 mL인 그릇으로 부은 물의 양을 구한 후, 더 부어야 하는 물의 양을 알아봅니다.

17 들이가 5 L인 수조에 들이가 800 mL인 그릇으로 물을 가득 채워 4번 부었습니다. 수조에 물을 가득 채우려면 들이가 600 mL인 그릇으로 적어도 몇 번 더 부어야 할까요?

( )

18 들이가 4 L인 주전자에 물이 1 L 600 mL 들어 있습니다. 이 주전자에 들이가 300 mL인 컵으로 물을 가득 채워 4번 부었습니다. 주전자에 물을 가득 채우려면 이 컵으로 적어도 몇 번 더 부어야 할까요?

( )

5

도전7 **빈 바구니의 무게 구하기**

19 무게가 똑같은 복숭아 5개를 바구니에 넣어 무게를 재었더니 1 kg 600 g이었습니다. 이 바구니에 무게가 똑같은 복숭아 3개를 더 넣어 무게를 재었더니 2 kg 500 g이 되었습니다. 빈 바구니의 무게는 몇 g일까요?

( )

핵심 NOTE
먼저 복숭아 3개의 무게를 구합니다.

20 무게가 똑같은 자몽 8개를 사서 바구니에 넣고 무게를 재었더니 2 kg 500 g이었습니다. 이 중에서 자몽 5개를 먹은 후 무게를 재었더니 1 kg 500 g이 되었습니다. 빈 바구니의 무게는 몇 g일까요?

( )

21 무게가 똑같은 참외 7개를 그릇에 담아 무게를 재었더니 3 kg 300 g이었습니다. 이 중에서 참외 3개를 먹은 후 무게를 재었더니 2100 g이 되었습니다. 빈 그릇의 무게는 몇 g일까요?

( )

도전8 **물을 채우는 데 걸리는 시간 구하기**

22 1초에 물이 400 mL씩 나오는 수도가 있습니다. 이 수도로 들이가 7 L인 양동이에 물을 받으려고 했더니 구멍이 나서 1초에 50 mL씩 물이 빠져나갔습니다. 양동이에 물을 가득 채우는 데 걸리는 시간은 몇 초일까요?

( )

핵심 NOTE
들어가는 물의 양에서 빠져나가는 물의 양을 빼서 1초 동안 받는 물의 양을 구합니다.

23 1초에 물이 500 mL씩 나오는 수도가 있습니다. 이 수도로 들이가 13 L 500 mL인 통에 물을 받으려고 했더니 구멍이 나서 1초에 50 mL씩 물이 빠져나갔습니다. 통에 물을 가득 채우는 데 걸리는 시간은 몇 초일까요?

( )

24 1분에 물이 9 L씩 나오는 수도가 있습니다. 이 수도로 들이가 60 L인 수조에 물을 받으려고 했더니 구멍이 나서 1분에 1 L 500 mL씩 물이 빠져나갔습니다. 수조에 물을 가득 채우는 데 걸리는 시간은 몇 분일까요?

( )

1 가 그릇과 나 그릇에 물을 가득 채운 후 모양과 크기가 같은 컵에 모두 옮겨 담았습니다. 알맞은 말에 ○표 하세요.

가 그릇이 나 그릇보다 들이가 더
(많습니다 , 적습니다).

2 공깃돌을 이용하여 풀과 가위의 무게를 비교했습니다. 풀과 가위 중에서 어느 것이 더 무거울까요?

(   )

3 L 단위로 들이를 나타내기에 알맞은 것을 모두 고르세요. (   )

① 물컵   ② 욕조   ③ 주사기
④ 세숫대야   ⑤ 참치 캔

4 ☐ 안에 알맞은 수를 써넣으세요.

(1) $3 \, kg \, 700 \, g =$ ☐ g

(2) $5200 \, g =$ ☐ kg ☐ g

(3) $5 \, t =$ ☐ kg

5 ☐ 안에 알맞은 수를 써넣으세요.

$2400 \, mL =$ ☐ L ☐ mL

$2040 \, mL =$ ☐ L ☐ mL

$2004 \, mL =$ ☐ L ☐ mL

6 국어사전의 무게는 몇 kg 몇 g일까요?

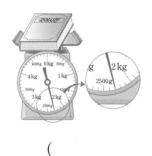

(   )

7 ☐ 안에 g, kg, t 중 알맞은 단위를 써넣으세요.

(1) 축구공의 무게는 약 450 ☐ 입니다.

(2) 버스의 무게는 약 11 ☐ 입니다.

(3) 세탁기의 무게는 약 120 ☐ 입니다.

8 $400 \, g$짜리 상자 10개의 무게는 몇 kg일까요?

(   )

9 무게를 비교하여 ○ 안에 >, =, < 중 알맞은 것을 써넣으세요.

$$3700\,g\ \bigcirc\ 3\,kg\ 77\,g$$

10 양동이에 물이 5 L 15 mL 들어 있습니다. 양동이에 들어 있는 물은 몇 mL일까요?

( )

11 들이가 더 많은 것의 기호를 써 보세요.

> ㉠ 5 L 600 mL + 2 L 500 mL
> ㉡ 10 L 200 mL − 1 L 700 mL

( )

12 같은 어항에 물을 가득 채우려면 가, 나, 다, 라 컵으로 각각 다음과 같이 가득 채워 부어야 합니다. 들이가 많은 컵부터 차례로 기호를 써 보세요.

컵	가	나	다	라
부은 횟수(번)	3	8	10	6

( )

13 실제 들이가 1 L 500 mL인 물병의 들이를 가장 가깝게 어림한 사람의 이름을 써 보세요.

> 윤지: 200 mL인 우유갑으로 7번 들어갈 것 같아.
> 민우: 400 mL인 컵으로 3번 들어갈 것 같아.
> 효주: 500 mL인 우유갑으로 4번 들어갈 것 같아.

( )

14 약수터에서 물을 유라는 2 L 500 mL 받았고, 석호는 1 L 200 mL 받아 왔습니다. 두 사람이 받아 온 물의 양의 합과 차는 몇 L 몇 mL인지 구해 보세요.

합 ( )
차 ( )

15 빈칸에 알맞은 무게는 몇 kg 몇 g인지 써넣으세요.

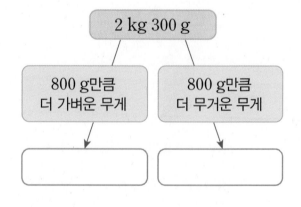

16 □ 안에 알맞은 수를 써넣으세요.

$$
\begin{array}{r}
7 \ \text{kg} \ \boxed{} \ \text{g} \\
- \ \boxed{} \ \text{kg} \quad 450 \ \text{g} \\
\hline
2 \ \text{kg} \quad 800 \ \text{g}
\end{array}
$$

17 들이가 5 L인 주전자에 물이 3300 mL 들어 있습니다. 이 주전자에 물을 가득 채우려면 물을 몇 L 몇 mL 더 부어야 할까요?

(　　　　　　)

18 저울에 300 g짜리 추 5개와 400 g짜리 추 몇 개를 올려 무게를 재었더니 2 kg 700 g이었습니다. 400 g짜리 추를 몇 개 올렸는지 구해 보세요.

(　　　　　　)

19 지호의 가방과 현서의 가방을 함께 저울에 올려 놓았더니 무게가 3 kg 400 g이었습니다. 지호 가방의 무게가 1600 g일 때 현서 가방의 무게는 몇 kg 몇 g인지 풀이 과정을 쓰고 답을 구해 보세요.

풀이

답

20 오렌지주스가 3 L 있었습니다. 그중에서 민하네 가족이 들이가 300 mL인 컵에 가득 담아 어제는 4컵, 오늘은 3컵을 마셨습니다. 남은 오렌지주스는 몇 mL인지 풀이 과정을 쓰고 답을 구해 보세요.

풀이

답

1 주스병에 물을 가득 채운 후 물병에 모두 옮겨 담았습니다. 주스병과 물병 중에서 들이가 더 많은 것은 어느 것일까요?

주스병

물병

( )

2 ☐ 안에 알맞은 수를 써넣으세요.

(1) $2 \, kg \, 700 \, g = $ ☐ g

(2) $4500 \, g = $ ☐ kg ☐ g

3 ☐ 안에 L와 mL 중 알맞은 단위를 써넣으세요.

(1) 요구르트병의 들이는 약 65 ☐ 입니다.

(2) 양동이의 들이는 약 5 ☐ 입니다.

4 배추의 무게는 몇 kg 몇 g일까요?

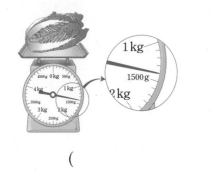

( )

5 계산해 보세요.

(1) 　　$3 \, L \, 500 \, mL$
　　$+ 2 \, L \, 300 \, mL$

(2) 　　$5 \, L \, 100 \, mL$
　　$- 1 \, L \, 500 \, mL$

6 레몬과 귤 중 어느 것이 바둑돌 몇 개만큼 더 무거운지 구해 보세요.

레몬　　바둑돌
　　　　25개

귤　　바둑돌
　　　15개

( ), ( )

7 무게의 단위를 잘못 사용한 사람의 이름을 써 보세요.

예진: 내 몸무게는 약 $35 \, kg$이야.

지윤: 연필 한 자루의 무게는 약 $28 \, g$이야.

세희: 버스 한 대의 무게는 약 $10 \, kg$이야.

( )

8 들이를 비교하여 ◯ 안에 >, =, < 중 알맞은 것을 써넣으세요.

(1) $3 \, L$ ◯ $3 \, L \, 200 \, mL$

(2) $5900 \, mL$ ◯ $5 \, L \, 90 \, mL$

9 주전자에 물을 가득 채운 후 들이가 2 L인 그릇 2개에 옮겨 담았더니 다음과 같았습니다. 주전자의 들이는 약 몇 L인지 어림해 보세요.

약 (   )

10 같은 수조에 물을 가득 채우려면 가, 나, 다 컵에 물을 가득 채워 다음과 같이 각각 부어야 합니다. 들이가 많은 컵부터 차례로 기호를 써 보세요.

컵	가	나	다
부은 횟수(번)	13	7	8

(   )

11 민석이의 몸무게는 약 40 kg이고, 코끼리의 무게는 약 4 t입니다. 코끼리의 무게는 민석이 몸무게의 약 몇 배인지 구해 보세요.

민석

약 (   )

12 원영이가 강아지를 안고 저울에 올라가서 무게를 재면 38 kg이고, 원영이 혼자 올라가서 재면 34 kg 500 g입니다. 강아지의 무게는 몇 kg 몇 g일까요?

(   )

13 가장 무거운 무게와 가장 가벼운 무게의 차는 몇 kg 몇 g인지 구해 보세요.

㉠ 5500 g	㉡ 5 kg 800 g
㉢ 7000 g	㉣ 5 kg 30 g

(   )

14 들이가 4 L인 냄비가 있습니다. 이 냄비에 들이가 300 mL인 컵에 물을 가득 채워 4번 부었습니다. 냄비에 물을 가득 채우려면 물을 몇 L 몇 mL 더 부어야 할까요?

(   )

15 ☐ 안에 알맞은 수를 써넣으세요.

(1)
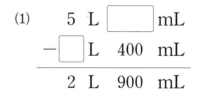

(2)

5

16 가 그릇과 나 그릇을 모두 이용하여 물통에 물 6 L 300 mL를 담는 방법을 써 보세요.

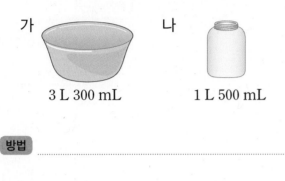

가　　　　　　　　　나
3 L 300 mL　　　　1 L 500 mL

방법 ....

....

....

17 오이 1개의 무게가 300 g일 때 당근 1개의 무게는 몇 g일까요? (단, 같은 종류의 채소끼리는 무게가 같습니다.)

오이 1개　피망 3개　　당근 2개　피망 4개

(　　　　　　　　　)

18 무게가 똑같은 사과 7개를 사서 바구니에 넣고 무게를 재었더니 2 kg 200 g이었습니다. 이 중에서 사과 5개를 먹은 후 무게를 재었더니 1 kg 200 g이 되었습니다. 빈 바구니의 무게는 몇 g일까요?

(　　　　　　　　　)

19 물병과 양푼에 물을 가득 채운 후 모양과 크기가 같은 컵에 모두 옮겨 담았습니다. 양푼의 들이는 물병의 들이의 몇 배인지 풀이 과정을 쓰고 답을 구해 보세요.

물병

양푼

풀이 ....

....

....

....

답 ....

20 지혜와 은호가 딴 귤의 무게는 모두 20 kg입니다. 지혜가 딴 귤의 무게는 은호가 딴 귤의 무게보다 2 kg 더 무겁습니다. 지혜가 딴 귤의 무게는 몇 kg인지 풀이 과정을 쓰고 답을 구해 보세요.

풀이 ....

....

....

....

답 ....

6 그림그래프

이번 단원에서 꼭 짚어야 할 **핵심 개념**을 알아보자.

핵심 1 그림그래프

조사한 수를 그림으로 나타낸 그래프를 ☐(이)라고 합니다.

핵심 2 그림그래프 알아보기

도서관에 있는 종류별 책 수

종류	책 수
동화책	
위인전	
과학책	

📘 10권
🔲 1권

➡ 도서관에 있는 위인전은 ☐권입니다.

핵심 3 표와 그림그래프의 비교

· (표 , 그림그래프)는 항목별 자료의 수와 합계를 알아보기 쉽습니다.

· (표 , 그림그래프)는 그림으로 자료의 많고 적음을 한눈에 비교할 수 있습니다.

핵심 4 그림그래프의 내용 알아보기

좋아하는 과일별 학생 수

과일	학생 수
사과	☺☺☺☺☺☺
귤	☺☺☺☺
포도	☺☺☺☺☺

☺ 10명
☺ 1명

➡ 가장 많은 학생들이 좋아하는 과일은 ☐입니다.

핵심 5 그림그래프로 나타내기

① 조사한 수를 어떤 그림으로 나타낼지 정하기

② 그림을 몇 가지로 나타낼지 정하고, 그림이 나타내는 수를 표시하기

③ 조사한 수에 맞게 ☐ 그리기

④ 알맞은 제목 쓰기

1. 그림그래프 알아보기

● **그림그래프 알아보기**

• 그림그래프: 조사한 수를 그림으로 나타낸 그래프

종류별 팔린 만두의 수

종류	고기만두	김치만두	새우만두	군만두	합계
만두의 수(상자)	30	16	42	8	96

표

종류별 팔린 만두의 수

종류	만두의 수
고기만두	
김치만두	
새우만두	
군만두	

그림그래프

🥟 10상자
🥟 1상자

• 표의 종류별 팔린 만두의 수를 **그림**으로 나타냈습니다.

• 🥟은 10상자, 🥟은 1상자를 나타냅니다.

• **고기만두**는 30상자이므로 🥟 3개로 나타냅니다.

• **김치만두**는 16상자이므로 🥟 1개, 🥟 6개로 나타냅니다.

• **새우만두**는 42상자이므로 🥟 4개, 🥟 2개로 나타냅니다.

• **군만두**는 8상자이므로 🥟 8개로 나타냅니다.

개념 자세히 보기

● **표와 그림그래프의 편리한 점을 알아보아요!**

표	각각의 자료의 수와 합계를 쉽게 알 수 있습니다.
그림그래프	각각의 자료의 수와 크기를 그림으로 한눈에 비교할 수 있습니다.

● **그림이 3개인 그림그래프를 알아보아요!**

종류별 잡힌 물고기의 수

종류	물고기의 수
고등어	
갈치	
조기	

🐟100마리
🐟10마리
🐟 1마리

고등어: 231마리, 갈치: 160마리, 조기: 305마리

◆ 정답과 풀이 51쪽

① 인성이네 학교 3학년 학생들이 여행 가고 싶어 하는 나라를 조사하여 나타낸 그래프입니다. ☐ 안에 알맞은 수나 말을 써넣으세요.

여행 가고 싶어 하는 나라별 학생 수

나라	학생 수
미국	✈✈✈✈✈
스위스	✈✈✈✈✈✈✈
일본	✈✈
호주	✈✈✈✈✈✈✈

✈ 10명
✈ 1명

① 조사한 수를 그림으로 나타낸 그래프를 ☐(이)라고 합니다.

② 그림 ✈은 ☐명, ✈은 ☐명을 나타냅니다.

③ 스위스에 여행 가고 싶어 하는 학생은 ☐명입니다.

② 유리가 살고 있는 지역의 마을별 나무의 수를 조사하여 나타낸 표와 그림그래프입니다. 물음에 답하세요.

마을별 나무의 수

마을	별빛	달빛	구름	하늘	합계
나무의 수(그루)	120	400	320	230	1070

마을별 나무의 수

마을	나무의 수
별빛	🌳🌴🌴
달빛	🌳🌳🌳🌳
구름	🌳🌳🌳🌴🌴
하늘	🌳🌳🌴🌴🌴

🌳100그루
🌴10그루

① 전체 나무의 수를 알아보려면 표와 그림그래프 중 어느 것이 더 편리할까요?

( )

② 마을별 나무의 수를 한눈에 비교하려면 표와 그림그래프 중 어느 것이 더 편리할까요?

( )

배운 것 연결하기   2학년 1학기

분류하여 세어 보기

분류 기준   공의 종류

종류	축구공	농구공	야구공
수(개)	4	1	3

크기별 그림의 수를 알아보아요.

표에는 숫자가, 그림그래프에는 그림이 있어요.

6

2. 그림그래프의 내용 알아보기

● **그림그래프의 내용 알아보기**

좋아하는 운동별 학생 수

운동	학생 수
축구	☺ ☺ ☺ ☺ ☺ ☺
농구	☺ ☺ ☺ ☺ ☺ ☺ ☺
야구	☺ ☺ ☺ ☺ ☺ ☺ ☺ ☺ ☺
배드민턴	☺ ☺ ☺

☺ 10명
☺ 1명

- ☺은 10명, ☺은 1명을 나타냅니다.
- 축구를 좋아하는 학생은 **33명**입니다.
- 농구를 좋아하는 학생은 **25명**입니다.
- 야구를 좋아하는 학생은 **18명**입니다.
- 배드민턴을 좋아하는 학생은 **21명**입니다.
- **가장 많은 학생들**이 좋아하는 운동은 **축구**입니다.
- **가장 적은 학생들**이 좋아하는 운동은 **야구**입니다.

> 큰 그림의 수부터 비교하고, 큰 그림의 수가 같으면 작은 그림의 수를 비교합니다.

- 좋아하는 학생 수가 많은 운동부터 차례로 쓰면 축구, 농구, 배드민턴, 야구입니다.
- 농구를 좋아하는 학생이 배드민턴을 좋아하는 학생보다 $25-21=4$(명) 더 많습니다.

> 방과 후 수업에서 할 운동을 한 가지 정한다면 축구를 하면 좋을 것 같습니다.

개념 자세히 보기

● **지도로 나타낸 그림그래프를 알아보아요!**

마을별 공공 자전거의 수

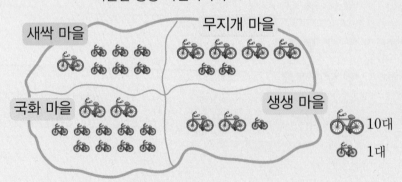

🚲 10대
🚲 1대

- 공공 자전거가 가장 많은 마을은 무지개 마을입니다.
- 공공 자전거가 가장 적은 마을은 새싹 마을입니다.
- 공공 자전거 보관소를 만든다면 무지개 마을에 만드는 것이 좋을 것 같습니다.

◐ 정답과 풀이 51쪽

① 진하네 학교 3학년 학생들이 텃밭에 반별로 심은 상추의 수를 조사하여 나타낸 그림그래프입니다. ☐ 안에 알맞은 수를 써넣으세요.

반별 심은 상추의 수

반	상추의 수
1반	
2반	
3반	
4반	

10포기
1포기

① 상추를 가장 많이 심은 반은 ☐반입니다.

② 상추를 가장 적게 심은 반은 ☐반입니다.

③ 2반이 심은 상추는 ☐포기, 4반이 심은 상추는 ☐포기이므로 2반과 4반이 심은 상추는 모두 ☐포기입니다.

② 어느 지역의 목장별로 기르는 양의 수를 조사하여 나타낸 그림그래프입니다. 물음에 답하세요.

목장별 기르는 양의 수

목장	양의 수
바람	
햇살	
튼튼	
초록	

10마리
1마리

① 양의 수가 가장 많은 목장은 어느 목장이고, 몇 마리일까요?

(   ), (   )

② 양의 수가 가장 적은 목장은 어느 목장이고, 몇 마리일까요?

(   ), (   )

③ 튼튼 목장은 바람 목장보다 양이 몇 마리 더 많을까요?

(   )

3. 그림그래프로 나타내기

● **그림그래프로 나타내기**

• 그림그래프로 나타내는 방법

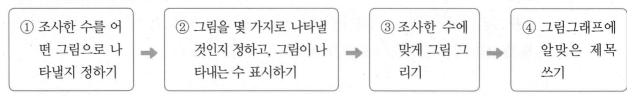

| ① 조사한 수를 어떤 그림으로 나타낼지 정하기 | → | ② 그림을 몇 가지로 나타낼 것인지 정하고, 그림이 나타내는 수 표시하기 | → | ③ 조사한 수에 맞게 그림 그리기 | → | ④ 그림그래프에 알맞은 제목 쓰기 |

농장별 튤립 생산량

농장	꽃님	햇님	정원	화원	합계
생산량(송이)	26	33	18	25	102

농장별 튤립 생산량 ④ 알맞은 제목 쓰기   제목을 먼저 써도 됩니다.

농장	생산량
꽃님	🌷🌷🌷🌷🌷🌷🌷 ③ 그림으로 나타내기
햇님	🌷🌷🌷🌷🌷🌷
정원	🌷🌷🌷🌷🌷🌷🌷
화원	🌷🌷🌷🌷🌷🌷

🌷 10송이
🌷 1송이

① 튤립 그림 정하기
② 생산량이 두 자리 수이므로 그림을 두 가지로 정하기

• 3가지 그림으로 그림그래프 나타내기

농장별 튤립 생산량

농장	생산량
꽃님	🌷🌷🌷
햇님	🌷🌷🌷🌷🌷
정원	🌷🌷🌷🌷
화원	🌷🌷🌷

🌷 10송이
🌷 5송이
🌷 1송이

➡ 그림을 3가지로 나타내면 여러 번 그려야 하는 것을 더 간단하게 그릴 수 있습니다.

개념 자세히 **보기**

● **자료를 수집하는 방법을 알아보아요!**

| 직접 손 들기 | 붙임딱지 붙이기 | 디지털 기기로 투표하기 | 종이에 적어서 내기 |

○ 정답과 풀이 **52**쪽

1 지우가 가지고 있는 책의 수를 조사하여 나타낸 표입니다. 물음에 답하세요.

조사한 수가 ●자리 수이면 그림을 ●가지로 나타내면 좋아요.

종류별 책의 수

종류	동화책	위인전	학습 만화	합계
책의 수(권)	56	37	44	137

① 그림그래프로 나타낼 때, 그림을 몇 가지로 나타내는 것이 좋을까요?

(   )

② 그림의 단위를 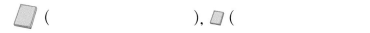과 으로 정할 때, 각각 몇 권으로 나타내면 좋을 까요?

(   ), (   )

③ 표를 보고 그림그래프를 완성해 보세요.

큰 그림을 먼저 그리고 작은 그림을 그려요.

종류별 책의 수

종류	책의 수
동화책	
위인전	
학습 만화	

☐ 권
☐ 권

2 현수네 지역의 동별 전기 자동차의 수를 조사하여 나타낸 표입니다. 표를 보고 그림그래프를 완성해 보세요.

동별 전기 자동차의 수

동	샛별	한마음	큰꿈	합계
전기 자동차의 수(대)	24	31	18	73

동별 전기 자동차의 수

동	전기 자동차의 수
샛별	◎ ◎ ○ ○ ○ ○
한마음	
큰꿈	

◎ ☐ 대
○ ☐ 대

십의 자리	일의 자리
2	4
◎ ◎	○ ○ ○ ○

1 그림그래프 알아보기

[1~2] 어느 옷 가게에 있는 티셔츠의 색깔을 조사하여 나타낸 그림그래프입니다. 물음에 답하세요.

색깔별 티셔츠 수

색깔	티셔츠 수
흰색	👕👕👕👕👕👕
검은색	👕👕👕👕👕👕
분홍색	👕👕👕👕👕👕
하늘색	👕👕👕👕👕👕👕👕

👕10장
👕 1장

1 그림 👕과 👕은 각각 몇 장을 나타낼까요?

👕 (   ), 👕 (   )

2 검은색 티셔츠는 몇 장일까요?

(   )

3 목장별 기르는 양의 수를 조사하여 나타낸 표와 그림그래프입니다. 표와 그림그래프 중 조사한 자료의 많고 적음을 한눈에 비교하기 편리한 것은 어느 것일까요?

목장별 기르는 양의 수

목장	하늘	초록	사랑	합계
양의 수(마리)	17	30	25	72

목장별 기르는 양의 수

목장	양의 수
하늘	🐑🐑🐑🐑🐑🐑🐑
초록	🐑🐑🐑
사랑	🐑🐑🐑🐑🐑🐑

🐑10마리
🐑 1마리

(   )

2 그림그래프의 내용 알아보기

그림이나 기호(○, / 등)로 수량을 알 수 있어.

준비 가장 많은 학생들이 좋아하는 채소는 무엇일까요?

좋아하는 채소별 학생 수

당근	○	○		
호박	○	○	○	○
오이	○	○	○	○	○
채소 \ 학생 수(명)	1	2	3	4	5

(   )

[4~6] 지호네 학교 3학년 학생들이 좋아하는 꽃을 조사하여 나타낸 그림그래프입니다. 물음에 답하세요.

좋아하는 꽃별 학생 수

꽃	학생 수
장미	🧍🧍🧍🧍🧍🧍🧍
튤립	🧍🧍🧍🧍🧍
국화	🧍🧍🧍🧍🧍🧍
벚꽃	🧍🧍🧍🧍🧍🧍🧍🧍

🧍10명
🧍 1명

4 튤립을 좋아하는 학생은 몇 명일까요?

(   )

5 가장 많은 학생들이 좋아하는 꽃은 무엇일까요?

(   )

6 가장 적은 학생들이 좋아하는 꽃은 무엇일까요?

(   )

[7~8] 지역별 편의점 수를 조사하여 나타낸 그림그래프입니다. 물음에 답하세요.

지역별 편의점 수

지역	편의점 수
가	
나	
다	
라	

🏠100곳
🏠10곳

7 편의점 수가 많은 지역부터 차례로 써 보세요.

( )

8 편의점 수가 다 지역의 2배인 지역은 어디일까요?

( )

9 준서네 학교 체육관에 있는 공의 수를 조사하여 나타낸 그림그래프의 일부분이 지워졌습니다. 야구공이 배구공보다 19개 더 많을 때 배구공은 몇 개일까요?

종류별 공의 수

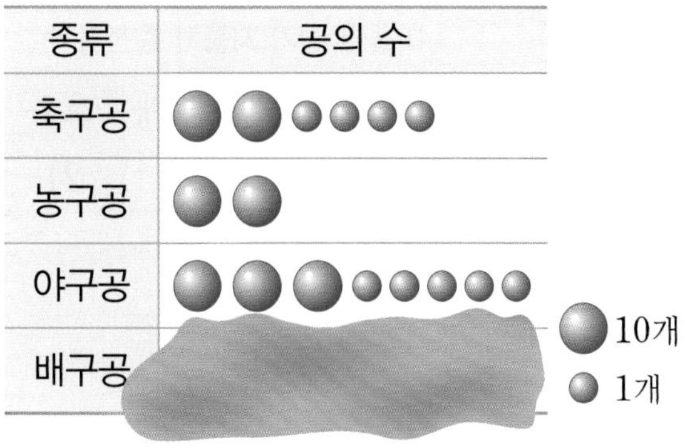

종류	공의 수
축구공	
농구공	
야구공	
배구공	

⚫10개
•1개

( )

서술형 10 어느 가게에서 팔린 양말 수를 조사하여 나타낸 그림그래프입니다. 9월부터 11월까지 팔린 양말은 모두 몇 켤레인지 풀이 과정을 쓰고 답을 구해 보세요.

월별 팔린 양말 수

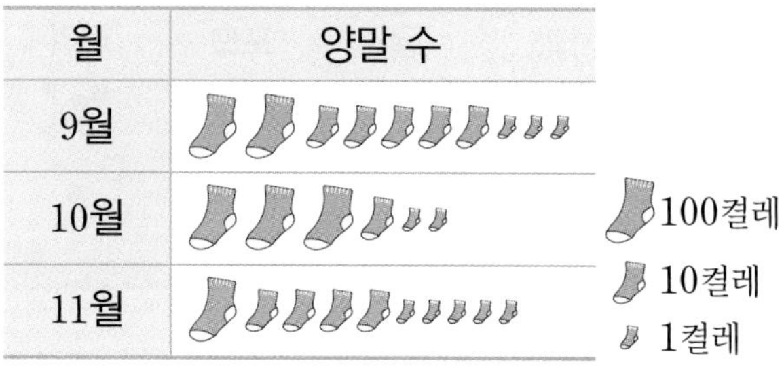

월	양말 수
9월	
10월	
11월	

🧦100켤레
🧦10켤레
🧦1켤레

풀이

답

내가 만드는 문제

11 과수원별 귤 수확량을 조사하여 나타낸 그림그래프입니다. 나 과수원과 귤 수확량을 비교하고 싶은 과수원을 정하고, ▢ 안에 알맞은 말이나 수를 써넣으세요.

과수원별 귤 수확량

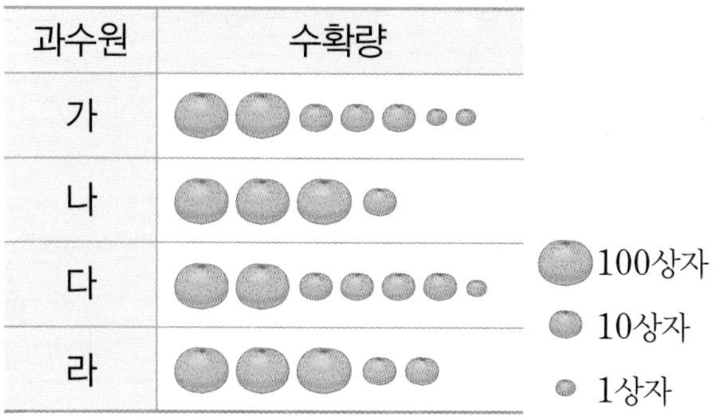

과수원	수확량
가	
나	
다	
라	

🍊100상자
🍊10상자
•1상자

나 과수원의 귤 수확량이 ▢ 과수원의 귤 수확량보다 ▢ 상자 더 많습니다.

③ 그림그래프로 나타내기

[12~15] 지아네 학교 3학년 학생들이 좋아하는 과일을 조사하였습니다. 물음에 답하세요.

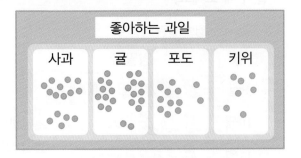

좋아하는 과일

| 사과 | 귤 | 포도 | 키위 |

12 조사한 자료를 보고 표로 나타내 보세요.

좋아하는 과일별 학생 수

과일	사과	귤	포도	키위	합계
학생 수(명)					

13 표를 보고 그림그래프로 나타낼 때 그림의 단위로 알맞은 것을 2개 골라 ○표 하세요.

100명 50명 10명 1명

14 표를 보고 그림그래프로 나타내 보세요.

좋아하는 과일별 학생 수

과일	학생 수
사과	
귤	
포도	
키위	

👤10명
👤1명

15 가장 적은 학생들이 좋아하는 과일은 무엇일까요?

( )

[16~17] 수애네 반 모둠별 학생들이 받은 붙임딱지 수를 조사하여 나타낸 표입니다. 물음에 답하세요.

모둠별 받은 붙임딱지 수

모둠	가	나	다	라	합계
붙임딱지 수(장)	31	23	13	15	82

16 표를 보고 그림그래프로 나타내 보세요.

모둠별 받은 붙임딱지 수

모둠	붙임딱지 수
가	
나	
다	
라	

♥ ☐장
♥ ☐장

17 나 모둠보다 붙임딱지를 더 많이 받은 모둠은 어느 모둠일까요?

( )

18 마을별 전기 자동차 충전기 수를 조사하여 나타낸 표입니다. 표를 보고 그림그래프로 나타내 보세요.

마을별 전기 자동차 충전기 수

마을	은하	무지개	호수	합계
충전기 수(대)	16	23	21	60

마을	충전기 수
은하	
무지개	
호수	

🔌 ☐대
🔌 ☐대

[19~21] 보고서를 보고 그림그래프로 나타내려고 합니다. 물음에 답하세요.

좋아하는 체육 활동 조사 보고서

조사 날짜	20●●년 ●월 ●일
조사한 내용	3학년 학생들이 좋아하는 체육 활동을 조사하였더니 피구가 46명, 줄넘기 35명, 수영 27명, 달리기가 22명이었습니다.

19 ◎은 10명, ○은 1명으로 하여 그림그래프로 나타내 보세요.

좋아하는 체육 활동별 학생 수

체육 활동	학생 수
피구	
줄넘기	
수영	
달리기	

◎ 10명
○ 1명

😊 내가 만드는 문제

20 그림의 단위를 3가지로 정하여 그림그래프로 나타내 보세요.

체육 활동	학생 수
피구	
줄넘기	
수영	
달리기	

• 그림과 학생 수를 정해 보세요.

21 그림의 단위가 많아졌을 때의 편리한 점을 써 보세요.

....

....

[22~23] 마을별 심은 나무 수를 조사하여 나타낸 표입니다. 물음에 답하세요.

마을별 심은 나무 수

마을	가	나	다	라	합계
나무 수(그루)	140	62		113	420

22 다 마을에 심은 나무는 몇 그루일까요?

( )

23 표를 보고 그림그래프로 나타내 보세요.

마을별 심은 나무 수

마을	나무 수
가	
나	
다	
라	

🎈 100그루
💡 10그루
💡 1그루

24 과수원별 사과 수확량을 조사하여 나타낸 표와 그림그래프를 각각 완성해 보세요.

과수원별 사과 수확량

과수원	사랑	싱싱	햇빛	산골	합계
수확량(상자)		42		24	

과수원별 사과 수확량

과수원	수확량
사랑	🍎🍎🍎🍎🍎🍎
싱싱	
햇빛	🍎🍎🍎🍎🍎
산골	

🍎 10상자
🍎 1상자

4 그림그래프 활용하기

그래프에서 수량이 가장 많거나 가장 적은 것을 이용해.

준비 민하네 학급 문고에 있는 종류별 책 수를 조사하여 나타낸 그래프입니다. 지원금으로 책을 더 산다면 어떤 종류의 책을 사는 것이 좋을까요?

종류별 책 수

위인전	○	○	○	○	○	○	○	
동화책	○	○	○	○	○	○	○	○
과학책	○	○	○	○				
종류\책 수(권)	1	2	3	4	5	6	7	8

(   )

[25~26] 지역별 놀이터 수를 조사하여 나타낸 그림그래프입니다. 물음에 답하세요.

지역별 놀이터 수

지역	놀이터 수
가	🔳🔳🔲🔲🔲🔲🔲🔲🔲
나	🔳🔲🔲🔲🔲🔲
다	🔳🔳🔳🔲
라	🔳🔳🔳🔲🔲

🔳 10곳
🔲 1곳

25 놀이터가 가장 많은 지역은 가장 적은 지역보다 몇 곳 더 많을까요?

(   )

26 네 지역 중 한 지역에 놀이터를 더 만들려고 합니다. 어느 지역에 놀이터를 만드는 것이 좋을까요?

(   )

27 강수일은 비, 눈, 우박 등이 내린 날입니다. 그림그래프를 보고 내년에 체육 대회를 운동장에서 하려면 어느 계절에 하는 것이 좋을까요?

계절별 강수일수

계절	강수일수
봄	☂☂☂☂
여름	☂☂☂☂☂☂☂
가을	☂☂☂☂
겨울	☂☂☂☂☂☂

☂ 10일
☂ 1일

(   )

[28~29] 어느 음식점에서 일주일 동안 팔린 음식의 수를 조사하여 나타낸 그림그래프입니다. 물음에 답하세요.

일주일 동안 팔린 음식별 그릇 수

음식	그릇 수
비빔밥	🥣🥣🥣🥣
냉면	🥣🥣🥣🥣🥣
불고기	🥣🥣🥣🥣
갈비탕	🥣🥣🥣🥣🥣

🥣 100그릇
🥣 10그릇

28 일주일 동안 많이 팔린 음식부터 차례로 써 보세요.

(   )

서술형
29 내가 음식점 주인이라면 다음 주에는 어떤 음식의 재료를 더 많이 또는 더 적게 준비하면 좋을지 써 보세요.

....

....

⚡ 주어진 그래프의 한 칸이 몇 명을 나타내는지
주의하여 그림그래프로 나타내 보자!

[1~2] 그래프를 보고 그림그래프로 나타내 보세요.

1 좋아하는 곤충별 학생 수

나비	○	○	○	○	○	○	○	○
잠자리	○	○	○	○	○			
메뚜기	○	○	○					
곤충 학생 수(명)	4	8	12	16	20	24	28	32

좋아하는 곤충별 학생 수

곤충	학생 수
나비	
잠자리	
메뚜기	

☺ 10명
☺ 1명

2 좋아하는 색깔별 학생 수

빨간색	×	×	×	×	×			
노란색	×	×	×	×	×	×	×	×
파란색	×	×	×	×				
색깔 학생 수(명)	4	8	12	16	20	24	28	32

좋아하는 색깔별 학생 수

색깔	학생 수
빨간색	
노란색	
파란색	

◎ 10명
△ 5명
○ 1명

⚡ 그림그래프의 수량을 비교할 때 그림 수가 많
다고 항상 더 큰 수가 아님을 주의하자!

3 나 농장보다 닭의 수가 더 적은 농장의 닭은
몇 마리일까요?

농장별 닭의 수

농장	닭의 수
가	🐓🐓🐓🐤
나	🐓🐓🐤🐤
다	🐓🐓🐓🐓🐓🐤
라	🐓🐓🐓🐓🐤

🐓 10마리
🐤 1마리

(   )

4 다 농장보다 고구마 수확량이 더 많은 농장의
고구마 수확량은 몇 상자일까요?

농장별 고구마 수확량

농장	수확량
가	🍠🍠🍠🍠🍠🍠
나	🍠🍠🍠🍠🍠🍠🍠🍠
다	🍠🍠🍠🍠🍠🍠🍠🍠
라	🍠🍠🍠🍠

🍠 100상자
🍠 10상자

(   )

⚡ 2가지 그림 단위를 3가지로 바꾸면 그림을 더 적게 그릴 수 있음을 기억하자!

[5~6] 그림그래프의 그림의 단위를 바꾸어 아래의 그림그래프로 나타내 보세요.

5

좋아하는 과목별 학생 수

과목	학생 수
수학	◎◎◎○○○○○○
국어	◎○○○○○
영어	◎◎○○○○○○○

◎10명
○1명

좋아하는 과목별 학생 수

과목	학생 수
수학	
국어	
영어	

◎10명
△5명
○1명

6

반별 모은 빈 병 수

반	빈 병 수
1반	◎◎○○○○○○○○
2반	◎◎◎○○○○○
3반	◎○○○○○○

◎10병
○1병

반별 모은 빈 병 수

반	빈 병 수
1반	
2반	
3반	

◎10병
△5병
○1병

⚡ 먼저 큰 그림 수를 비교하고 큰 그림 수가 같으면 작은 그림 수를 비교해 보자!

7 마을별 신호등 수를 조사하여 나타낸 그림그래프입니다. 신호등이 가장 많은 마을과 가장 적은 마을의 신호등 수의 차는 몇 대일까요?

마을별 신호등 수

마을	신호등 수
행복	
산내	
별빛	

🚦10대
🚦1대

( )

8 만두 가게에서 오늘 팔린 만두 수를 조사하여 나타낸 그림그래프입니다. 가장 많이 팔린 만두와 가장 적게 팔린 만두 수의 차는 몇 팩일까요?

종류별 팔린 만두 수

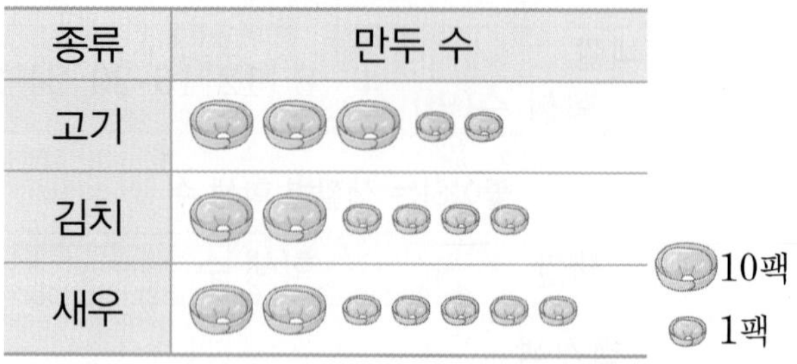

종류	만두 수
고기	
김치	
새우	

🥟10팩
🥟1팩

( )

⚡ 표와 그림그래프의 항목별 자료의 수량을 각각 비교하여 빈 곳을 채워 보자!

[9~10] 표와 그림그래프를 완성해 보세요.

9

반별 학급 문고 수

반	1반	2반	3반	합계
책 수(권)			33	98

반별 학급 문고 수

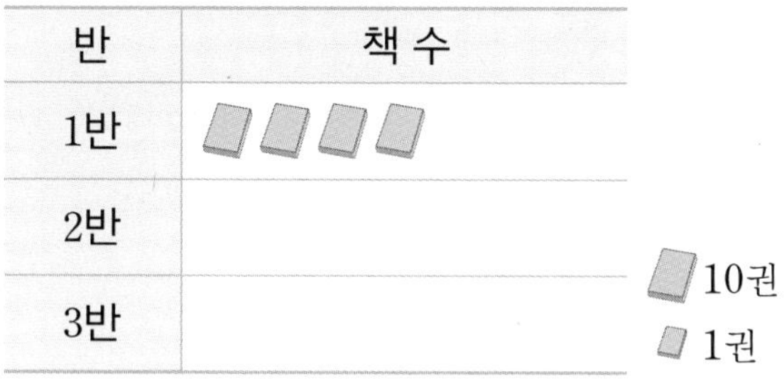

반	책 수
1반	📗📗📗📗
2반	
3반	

📗 10권
📗 1권

10

밭별 수박 수확량

밭	가	나	다	합계
수확량(통)	160			700

밭별 수박 수확량

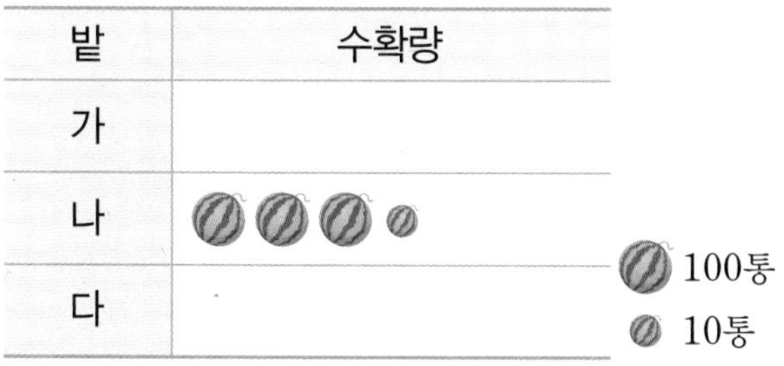

밭	수확량
가	
나	🍉🍉🍉🍉
다	

🍉 100통
🍉 10통

⚡ 항목별 수량을 각각 구한 후 모두 더해야 조사한 전체 수를 알 수 있음을 기억하자!

11 윤아네 학교 3학년 학생들이 부모님께 받고 싶어 하는 선물을 조사하여 나타낸 그림그래프입니다. 조사한 학생은 모두 몇 명일까요?

부모님께 받고 싶어 하는 선물별 학생 수

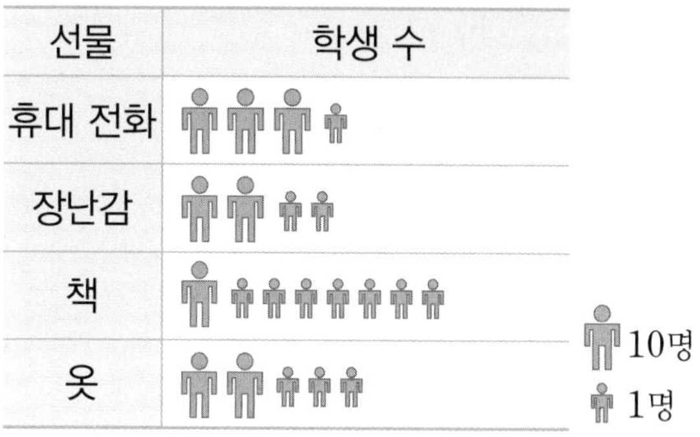

선물	학생 수
휴대 전화	👤👤👤👤
장난감	👤👤👤👤
책	👤👤👤👤👤👤👤
옷	👤👤👤👤

👤 10명
👤 1명

( )

12 어느 마트에서 오늘 팔린 채소 수를 조사하여 나타낸 그림그래프입니다. 팔린 채소는 모두 몇 개일까요?

종류별 팔린 채소 수

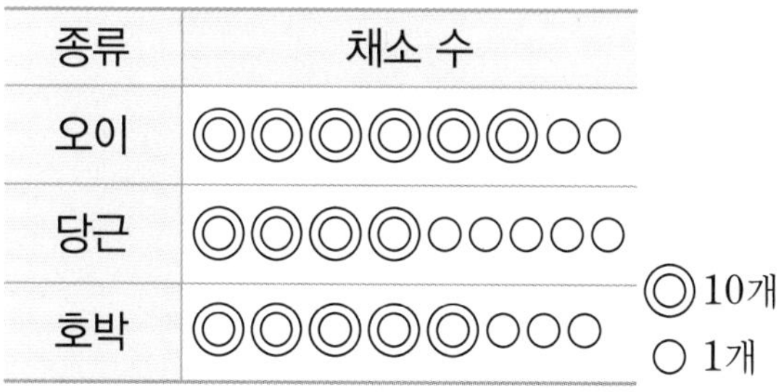

종류	채소 수
오이	◎◎◎◎◎◎○○
당근	◎◎◎◎○○○○○
호박	◎◎◎◎◎○○○

◎ 10개
○ 1개

( )

도전1 **그림그래프 완성하기** (1)

1 피자 가게에서 일주일 동안 팔린 피자 수를 조사하여 나타낸 그림그래프입니다. 일주일 동안 팔린 피자가 모두 130판일 때 그림그래프를 완성해 보세요.

일주일 동안 팔린 피자 수

종류	피자 수
감자	◎◎◎○○○
불고기	◎◎◎◎○
고구마	◎◎○○○○○
치즈	

◎ 10판
○ 1판

핵심 NOTE
각 항목의 수량을 구한 후 합계를 이용하여 모르는 항목의 수량을 구합니다.

2 농장별 감자 수확량을 조사하여 나타낸 그림그래프입니다. 네 농장의 감자 수확량이 모두 1320 kg일 때 그림그래프를 완성해 보세요.

농장별 감자 수확량

농장	수확량
가	🥔🥔🥔······
나	🥔🥔🥔·
다	🥔🥔🥔🥔····
라	

🥔 100 kg
· 10 kg

도전2 **그림이 나타내는 수 구하기**

3 수빈이네 모둠 학생들이 줄넘기를 한 횟수를 조사하여 나타낸 그림그래프입니다. 수빈이와 영진이의 줄넘기 횟수의 합이 250회라면 지아의 줄넘기 횟수는 몇 회일까요? (단, 큰 그림이 나타내는 수는 작은 그림이 나타내는 수의 10배입니다.)

학생별 줄넘기를 한 횟수

이름	횟수
수빈	🪢🪢🪢
영진	🪢🪢🪢🪢
지아	🪢🪢🪢

🪢 ☐회
🪢 ☐회

( )

핵심 NOTE
수량의 합을 이용하여 큰 그림과 작은 그림이 나타내는 수를 알아봅니다.

4 지윤이네 모둠 학생들이 접은 종이학 수를 조사하여 나타낸 그림그래프입니다. 지윤이와 태연이가 접은 종이학 수의 합이 280개라면 민아가 접은 종이학은 몇 개일까요? (단, 큰 그림이 나타내는 수는 작은 그림이 나타내는 수의 5배입니다.)

학생별 접은 종이학 수

이름	종이학 수
지윤	🕊️🕊️🕊️
민아	🕊️🕊️🕊️🕊️
태연	🕊️🕊️🕊️🕊️

🕊️ ☐개
🕊️ ☐개

( )

도전3 **필요한 수 구하기**

5 소진이네 학교 3학년의 반별 학생 수를 조사하여 나타낸 그림그래프입니다. 3학년 학생들에게 연필을 2자루씩 나누어 주려면 연필을 적어도 몇 자루 준비해야 할까요?

반별 학생 수

반	학생 수
1반	☺ ☺ ☺ ☺ ☺
2반	☺ ☺ ☺ ☺ ☺ ☺
3반	☺ ☺ ☺ ☺ ☺ ☺ ☺
4반	☺ ☺ ☺ ☺ ☺ ☺ ☺

☺ 10명
☺ 1명

( )

핵심 NOTE
전체 학생 수를 구한 후 한 학생에게 나누어 줄 연필 수를 곱합니다.

6 가은이네 모둠 학생들이 방학 동안 읽은 책 수를 조사하여 나타낸 그림그래프입니다. 책을 1권씩 읽을 때마다 붙임딱지를 3장씩 주려면 붙임딱지를 적어도 몇 장 준비해야 할까요?

학생별 읽은 책 수

이름	책 수
가은	📗📗 📖📖📖📖
민호	📗📗📗 📖📖📖
서아	📗📗📗 📖📖
재연	📗 📖📖📖📖📖📖📖

📗 10권
📖 1권

( )

도전4 **합계 구하기**

7 지연이네 모둠 학생들이 모은 우표 수를 조사하여 나타낸 그림그래프입니다. 준하가 모은 우표 수는 연호가 모은 우표 수의 2배일 때 지연이네 모둠 학생들이 모은 우표는 모두 몇 장일까요?

학생별 모은 우표 수

이름	우표 수
지연	📮📮📮📮 🔖🔖
연호	📮📮 🔖🔖🔖
예은	📮 🔖🔖🔖🔖
준하	

📮 10장
🔖 1장

( )

핵심 NOTE
준하가 모은 우표 수를 구한 후 전체 우표 수를 구합니다.

8 농장별 고추 수확량을 조사하여 나타낸 그림그래프입니다. 나 농장의 고추 수확량이 라 농장의 고추 수확량의 3배일 때 네 농장에서 수확한 고추는 모두 몇 kg일까요?

농장별 고추 수확량

농장	수확량
가	🌶🌶🌶🌶🌶
나	
다	🌶🌶🌶🌶🌶🌶🌶
라	🌶🌶🌶🌶🌶

🌶 10 kg
🌶 1 kg

( )

도전5 판매액 구하기

9 어느 가게의 하루 동안 아이스크림 판매량을 조사하여 나타낸 그림그래프입니다. 아이스크림 한 개의 가격이 700원일 때 초코 아이스크림의 판매액은 딸기 아이스크림의 판매액보다 얼마나 더 많을까요?

아이스크림별 판매량

아이스크림	판매량
초코	🍦🍦🍦🍦🍦 🍦🍦🍦
바닐라	🍦🍦🍦 🍦🍦🍦
딸기	🍦🍦🍦🍦🍦
녹차	🍦 🍦🍦🍦🍦🍦🍦

🍦 10개
🍦 1개

(   )

핵심 NOTE
초코 아이스크림과 딸기 아이스크림의 판매량의 차를 구합니다.

10 어느 제과점에서 팔린 빵의 수를 조사하여 나타낸 그림그래프입니다. 빵 한 개의 가격이 900원일 때 크림빵의 판매액은 팥빵의 판매액보다 얼마나 더 많을까요?

빵별 판매량

빵	판매량
크림빵	🥔🥔🥔 🥔🥔🥔🥔🥔
소금빵	🥔🥔🥔 🥔🥔
팥빵	🥔🥔 🥔🥔🥔🥔🥔
치즈빵	🥔 🥔🥔🥔🥔🥔🥔🥔🥔

🥔 10개
🥔 1개

(   )

도전6 그림그래프 완성하기 (2)

11 마을별 쌀 생산량을 조사하여 나타낸 그림그래프입니다. 전체 쌀 생산량은 100가마이고, 알찬 마을의 쌀 생산량은 풍성 마을의 쌀 생산량의 2배일 때 그림그래프를 완성해 보세요.

마을별 쌀 생산량

마을	생산량
풍성	
가득	🌾🌾🌾🌾🌾🌾🌾🌾
알찬	
신선	🌾🌾🌾

🌾 10가마
🌾 1가마

핵심 NOTE
전체 합계를 이용하여 풍성 마을과 알찬 마을의 생산량의 합을 구합니다.

12 어느 아파트의 동별 소화기 수를 조사하여 나타낸 그림그래프입니다. 전체 소화기가 80대이고, 가 동의 소화기 수는 나 동의 소화기 수의 2배일 때 그림그래프를 완성해 보세요.

동별 소화기 수

동	소화기 수
가	
나	
다	◎◎○
라	◎○

◎ 10대
○ 1대

[1~4] 어느 빵집에서 한 달 동안 팔린 종류별 빵의 수를 조사하여 나타낸 그림그래프입니다. 물음에 답하세요.

종류별 팔린 빵의 수

종류	빵의 수
단팥빵	🍞🍞🍞
도넛	🍞🍞🍞🍞🍞🍞
식빵	🍞🍞🍞🍞🍞🍞🍞
크림빵	🍞🍞🍞🍞

🍞 100개
🍞 10개

1 그림 🍞과 🍞은 각각 몇 개를 나타낼까요?

🍞 ( )
🍞 ( )

2 한 달 동안 300개가 팔린 빵은 무엇인지 써 보세요.

( )

3 그림그래프를 보고 표로 나타내 보세요.

종류별 팔린 빵의 수

종류	단팥빵	도넛	식빵	크림빵	합계
빵의 수(개)					

4 가장 적게 팔린 빵은 무엇이고, 몇 개 팔렸는지 구해 보세요.

( ), ( )

[5~8] 지훈이네 학교 3학년 학생들이 좋아하는 계절을 조사하여 나타낸 표입니다. 물음에 답하세요.

좋아하는 계절별 학생 수

계절	봄	여름	가을	겨울	합계
학생 수(명)	12	26	19	31	88

5 표를 그림그래프로 나타내려고 합니다. 그림의 단위를 😊과 ☺으로 정할 때, 각각 몇 명으로 나타내는 것이 좋을까요?

😊 ( )
☺ ( )

6 표를 보고 그림그래프를 완성해 보세요.

좋아하는 계절별 학생 수

계절	학생 수
봄	😊☺☺
여름	
가을	
겨울	

😊 ☐명 😊 ☐명

7 좋아하는 학생 수가 가장 많은 계절을 써 보세요.

( )

8 표와 그림그래프 중 좋아하는 계절별 학생 수를 한눈에 비교하기 더 편리한 것은 어느 것일까요?

( )

[9~12] 은지네 학교 3학년 학생들이 배우고 싶어 하는 악기를 조사하였습니다. 물음에 답하세요.

배우고 싶어 하는 악기

| 플루트 | 바이올린 | 기타 |

9 조사한 자료를 보고 표로 나타내 보세요.

배우고 싶어 하는 악기별 학생 수

악기	플루트	바이올린	기타	합계
학생 수(명)				

10 표를 보고 그림그래프로 나타내 보세요.

배우고 싶어 하는 악기별 학생 수

악기	학생 수
플루트	
바이올린	
기타	

◎ 10명
○ 1명

11 그림그래프의 그림의 단위를 바꾸어 그림그래프로 나타내 보세요.

배우고 싶어 하는 악기별 학생 수

악기	학생 수
플루트	
바이올린	
기타	

◎ 10명
△ 5명
○ 1명

12 은지네 학교에서 방과 후 수업으로 악기 수업을 만든다면 어떤 악기 수업을 만드는 것이 좋을까요?

( )

[13~16] 마을별 자전거 수를 조사하여 나타낸 표입니다. 물음에 답하세요.

마을별 자전거 수

마을	가	나	다	라	합계
자전거 수(대)	32	41	16	20	109

13 표를 보고 그림그래프로 나타내 보세요.

마을	자전거 수
가	
나	
다	
라	

14 자전거 수가 30대보다 많은 마을을 모두 써 보세요.

( )

15 가 마을의 자전거 수는 다 마을의 자전거 수의 몇 배일까요?

( )

16 라 마을의 자전거 수와 차가 가장 적은 마을은 어느 마을이고, 몇 대 차이가 날까요?

( ), ( )

17 윤지가 월별 마신 우유 수를 조사하여 나타낸 표와 그림그래프입니다. 표와 그림그래프를 완성해 보세요.

월별 마신 우유 수

월	9월	10월	11월	12월	합계
우유 수(갑)	18		25		

월별 마신 우유 수

월	우유 수
9월	
10월	▢ ▢ ▢
11월	
12월	▢ ▢ ▢ ▢

▢ 10갑
▱ 1갑

18 우영이네 모둠 친구들이 가지고 있는 구슬 수를 조사하여 나타낸 그림그래프입니다. 모둠 친구들이 가지고 있는 구슬이 모두 90개라면 예준이가 가지고 있는 구슬은 몇 개일까요?

친구별 가지고 있는 구슬 수

이름	구슬 수
우영	● ○ ○ ○
승주	● ● ○ ○ ○ ○ ○ ○
예준	
지호	● ● ● ○ ○ ○ ○

● 10개
○ 1개

(   )

[19~20] 과수원별 귤 수확량을 조사하여 나타낸 그림그래프입니다. 물음에 답하세요.

과수원별 귤 수확량

과수원	수확량
가	◐ ○ ○ ○ ○ ○ ○
나	◐ ◐ ◐ ◐ ○
다	◐ ◐ ◐ ○ ○ ○
라	◐ ◐ ◐ ◐ ◐ ○ ○

◐ 10상자
○ 1상자

19 귤 수확량이 둘째로 많은 과수원은 어느 과수원인지 풀이 과정을 쓰고 답을 구해 보세요.

풀이

답

20 네 과수원에서 수확한 귤을 50상자씩 실을 수 있는 트럭으로 한 번에 옮기려고 합니다. 트럭은 적어도 몇 대 필요한지 풀이 과정을 쓰고 답을 구해 보세요.

풀이

답

[1~4] 소희네 모둠 학생들이 가지고 있는 연필 수를 조사하여 나타낸 그림그래프입니다. 물음에 답하세요.

학생별 가지고 있는 연필 수

이름	연필 수
소희	✐✐✐ ✐✐✐✐✐
진아	✐✐ ✐✐✐✐✐✐
민호	✐✐✐✐✐✐✐✐✐✐
연우	✐✐✐ ✐✐✐✐

✐ 10자루
✐ 1자루

1 그림 ✐과 ✐은 각각 몇 자루를 나타낼까요?

✐ ( )

✐ ( )

2 소희가 가지고 있는 연필은 몇 자루일까요?

( )

3 가지고 있는 연필 수가 진아보다 적은 사람은 누구일까요?

( )

4 연필을 가장 많이 가지고 있는 사람은 누구일까요?

( )

[5~7] 지수네 학교 3학년 학생들이 가고 싶어 하는 산을 조사하여 나타낸 그림그래프입니다. 물음에 답하세요.

가고 싶어 하는 산별 학생 수

산	학생 수
설악산	☺☺☺☺ ☺☺
한라산	☺☺☺☺☺☺
지리산	☺☺ ☺☺☺
남산	☺☺☺

☺ 10명
☺ 1명

5 가고 싶어 하는 학생 수가 둘째로 많은 산은 어느 산일까요?

( )

6 한라산에 가고 싶어 하는 학생 수와 지리산에 가고 싶어 하는 학생 수의 차는 몇 명일까요?

( )

7 가고 싶어 하는 학생 수가 남산의 2배인 산은 어느 산일까요?

( )

8 어선별 생선 *어획량을 조사하여 나타낸 그림그래프입니다. 세 어선의 생선 어획량은 모두 몇 kg일까요? *어획: 수산물을 잡거나 채취함

어선별 생선 어획량

어선	어획량
가	🐟🐟🐟🐟🐟
나	🐟🐟🐟🐟🐟🐟
다	🐟🐟🐟🐟🐟🐟

🐟 100 kg
🐟 10 kg

( )

[9~12] 은주네 학교 3학년 학생들의 혈액형을 조사하여 나타낸 표입니다. 물음에 답하세요.

혈액형별 학생 수

혈액형	A형	B형	O형	AB형	합계
학생 수(명)	38	27		22	130

9 O형인 학생은 몇 명일까요?

( )

10 표를 보고 ◎은 10명, ○은 1명으로 하여 그림그래프로 나타내 보세요.

혈액형별 학생 수

혈액형	학생 수
A형	
B형	
O형	
AB형	

◎ 10명
○ 1명

11 표를 보고 ◎은 10명, △은 5명, ○은 1명으로 하여 그림그래프로 나타내 보세요.

혈액형별 학생 수

혈액형	학생 수
A형	
B형	
O형	
AB형	

◎ 10명
△ 5명
○ 1명

12 학생 수가 많은 혈액형부터 차례로 써 보세요.

( )

[13~14] 마을별 음식물 쓰레기양을 조사하여 나타낸 그림그래프입니다. 물음에 답하세요.

마을별 음식물 쓰레기양

마을	쓰레기양
가	
나	
다	
라	

🗑 100 kg
🗑 50 kg
🗑 10 kg

13 음식물 쓰레기양이 가장 많은 마을과 가장 적은 마을의 음식물 쓰레기양의 차는 몇 kg일까요?

( )

14 그림그래프를 보고 표로 나타내 보세요.

마을별 음식물 쓰레기양

마을	가	나	다	라	합계
쓰레기양(kg)					

15 농장별 토마토 수확량을 조사하여 나타낸 표와 그림그래프를 완성해 보세요.

농장별 토마토 수확량

농장	가	나	다	라	합계
수확량(상자)	420			310	1290

농장별 토마토 수확량

농장	수확량
가	
나	
다	
라	

🍅 100상자
🍅 10상자

16 제조 회사별 우유 판매량을 조사하여 나타낸 그림그래프입니다. 네 회사의 우유 판매량이 모두 140 L일 때 그림그래프를 완성해 보세요.

제조 회사별 우유 판매량

회사	판매량
가	
나	
다	
라	

🍼10 L
🍼1 L

[17~18] 유진이네 학교 3학년의 반별 학생 수를 조사하여 나타낸 그림그래프입니다. 2반은 1반보다 2명 더 적고, 3반은 4반보다 1명 더 많을 때 물음에 답하세요.

반별 학생 수

반	학생 수
1반	
2반	
3반	
4반	

😊10명
🙂1명

17 그림그래프를 완성해 보세요.

18 3학년 학생들에게 사탕을 3개씩 나누어 주려고 합니다. 사탕을 적어도 몇 개 준비해야 할까요?

(　　　　　　　)

19 은채네 학교 3학년 학생들이 좋아하는 김밥을 조사하여 나타낸 그림그래프입니다. 학생들에게 김밥을 나누어 줄 때 어떤 김밥을 가장 많이 준비하면 좋을지 쓰고, 그 까닭을 써 보세요.

좋아하는 김밥별 학생 수

김밥	학생 수
소고기	
참치	
치즈	
돈가스	

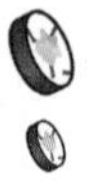

🍙10명
🍙1명

답

까닭

20 마을별 자동차 수를 조사하여 나타낸 그림그래프입니다. 세 마을의 자동차는 모두 76대이고, 가 마을의 자동차 수는 다 마을의 자동차 수의 2배입니다. 가 마을의 자동차는 몇 대인지 풀이 과정을 쓰고 답을 구해 보세요.

마을별 자동차 수

마을	자동차 수
가	
나	
다	

🚗10대
🚗1대

풀이

답

사고력이 반짝

● 도형에서 ♣을 1개만 포함하는 정사각형을 모두 찾아 그려 보세요.

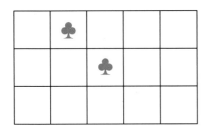

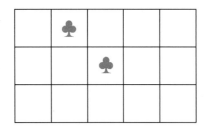

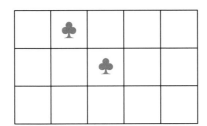

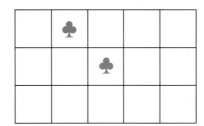

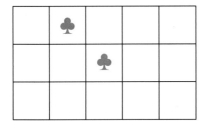

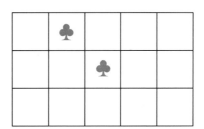

사고력이 반짝

● 지윤이네 집에서 놀이터를 지나 학교까지 가는 가장 짧은 길은 몇 가지인지 구해
보세요.

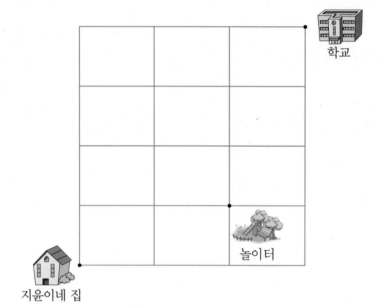

계산이 아닌

개념을 깨우치는

수학을 품은 연산

디딤돌
연산
수학

1~6학년(학기용)

수학 공부의 새로운 패러다임

상위권의 기준

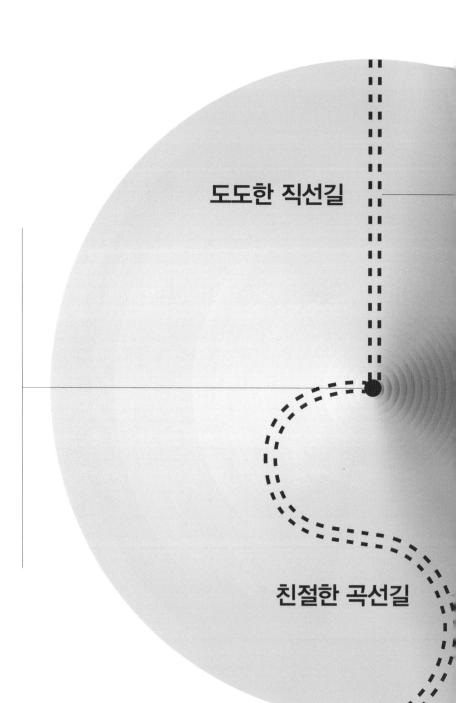

상위권의 기준

최상위
사고력

수학 좀 한다면

도도한 직선길

친절한 곡선길

수시 평가
자료집

3
2

수학 좀 한다면

초등수학 기본+유형

수시 평가 자료집

$\dfrac{3}{2}$

- **수시 평가 대비** | 시험에 잘 나오는 문제를 한 번 더 풀어 수시 평가에 대비해요.

- **서술형 50% 단원 평가** | 서술형 50%로 구성된 단원 평가로 단원을 확실히 마무리해요.

1 계산해 보세요.

(1)
```
    2 3 1
×       2
```

(2)
```
      3 7
×   4 0
```

2 ☐ 안에 알맞은 수를 써넣어 243×4를 계산해 보세요.

```
        2 4 3
×           4
```
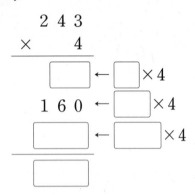

□ ← □ ×4

1 6 0 ← □ ×4

□ ← □ ×4

□

3 ☐ 안에 알맞은 수를 써넣으세요.

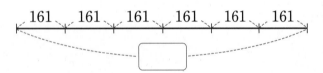

161 161 161 161 161 161

□

4 빈칸에 알맞은 수를 써넣으세요.

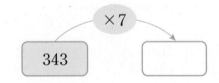

×7

343 →

5 잘못 계산한 부분을 찾아 바르게 계산해 보세요.

```
        3 4
×     5 6
─────────
    2 0 4
    1 7 0
─────────
    3 7 4
```
➡

6 계산 결과를 비교하여 ○ 안에 >, =, < 중 알맞은 것을 써넣으세요.

541×3 ◯ 286×6

7 계산 결과를 찾아 이어 보세요.

13×72 •   • 896

46×21 •   • 966

28×32 •   • 936

8 가장 큰 수와 가장 작은 수의 곱을 구해 보세요.

30	85	41

( )

9 두 곱의 합을 구해 보세요.

8 × 32	9 × 76

( )

10 계산 결과가 큰 것부터 차례로 기호를 써 보세요.

㉠ 47 × 40	㉡ 62 × 30
㉢ 98 × 20	㉣ 39 × 50

( )

11 설명하는 수를 3배 한 수를 구해 보세요.

100이 3개, 10이 2개, 1이 5개인 수

( )

12 ☐ 안에 알맞은 수를 써넣으세요.

$$46 \times 15 = \boxed{} \times 10$$

13 하루는 24시간입니다. 4월 한 달은 모두 몇 시간일까요?

( )

14 운동장에 3학년 학생들이 4명씩 85줄로 서 있습니다. 이 중에서 남학생이 182명이라면 여학생은 몇 명일까요?

( )

15 배는 한 상자에 30개씩 40상자 있고, 사과는 한 상자에 48개씩 24상자 있습니다. 배는 사과보다 몇 개 더 많을까요?

( )

16 길이가 42 cm인 색 테이프 14장을 5 cm씩 겹쳐서 이어 붙였습니다. 이어 붙인 색 테이프의 전체 길이는 몇 cm일까요?

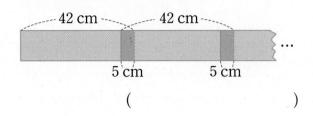

(   )

17 ☐ 안에 알맞은 수를 써넣으세요.

$$
\begin{array}{r}
\boxed{}\,8\,\boxed{} \\
\times 3 \\
\hline
5\,5\,2
\end{array}
$$

18 4장의 수 카드를 한 번씩만 사용하여 곱이 가장 큰 (두 자리 수)×(두 자리 수)를 만들고 계산해 보세요.

2   7   5   6

☐☐ × ☐☐ = ☐☐☐

19 어떤 수에 41을 곱해야 할 것을 잘못하여 더했더니 63이 되었습니다. 바르게 계산하면 얼마인지 풀이 과정을 쓰고 답을 구해 보세요.

풀이

답

20 선주네 동아리 학생은 36명입니다. 귤을 한 학생에게 16개씩 주었더니 9개가 남았습니다. 처음에 있던 귤은 몇 개인지 풀이 과정을 쓰고 답을 구해 보세요.

풀이

답

1 ☐ 안에 알맞은 수를 써넣으세요.

$$200 \times 3 = \boxed{}$$

$$70 \times 3 = \boxed{}$$

$$3 \times 3 = \boxed{}$$

$$273 \times 3 = \boxed{}$$

2 ☐ 안에 알맞은 수를 써넣으세요.

$$32 \times 15 = \boxed{}$$

2배 ↑   ↓ 2배

$$16 \times 30 = \boxed{}$$

3 ☐ 안에 들어갈 수는 실제로 어떤 수의 곱일까요? (   )

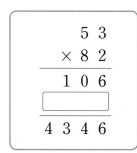

$$\begin{array}{r} 5\ 3 \\ \times\ 8\ 2 \\ \hline 1\ 0\ 6 \\ \boxed{} \\ \hline 4\ 3\ 4\ 6 \end{array}$$

① 53×2
② 3×80
③ 50×80
④ 53×80
⑤ 53×82

4 계산해 보세요.

(1) 80×40

(2) 48×20

5 284×7을 바르게 계산한 것에 ○표 하세요.

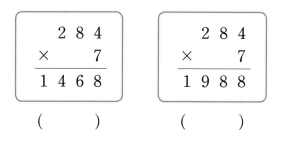

$$\begin{array}{r} 2\ 8\ 4 \\ \times\ \ \ \ 7 \\ \hline 1\ 4\ 6\ 8 \end{array}$$

$$\begin{array}{r} 2\ 8\ 4 \\ \times\ \ \ \ 7 \\ \hline 1\ 9\ 8\ 8 \end{array}$$

(   )   (   )

6 계산 결과를 비교하여 ○ 안에 $>$, $=$, $<$ 중 알맞은 것을 써넣으세요.

$$8 \times 43 \bigcirc 6 \times 56$$

7 빈칸에 알맞은 수를 써넣으세요.

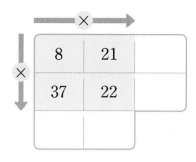

×	8	21	
×	37	22	

8 곱이 다른 하나를 찾아 기호를 써 보세요.

| ㉠ 276×2 | ㉡ 138×4 | ㉢ 174×3 |

(   )

9 계산 결과가 큰 것부터 차례로 기호를 써 보세요.

> ㉠ 40×60
> ㉡ 50×50
> ㉢ 90×20

( )

10 빈칸에 알맞은 수를 써넣으세요.

(1)
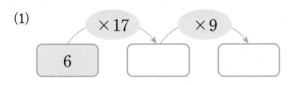

(2)
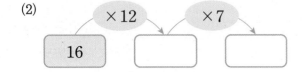

11 ㉠과 ㉡이 나타내는 수의 곱을 구해 보세요.

> ㉠ 10이 5개, 1이 2개인 수
> ㉡ 10이 1개, 1이 3개인 수

( )

12 아름이는 영어 단어를 하루에 35개씩 2주일 동안 외웠습니다. 아름이가 2주일 동안 외운 영어 단어는 모두 몇 개일까요?

( )

13 경민이는 540원짜리 연필 9자루를 사고 5000원을 냈습니다. 거스름돈으로 얼마를 받아야 할까요?

( )

14 지우와 유미가 나타내는 두 수의 합을 구해 보세요.

( )

15 4장의 수 카드를 한 번씩만 사용하여 곱이 가장 작은 (세 자리 수)×(한 자리 수)를 만들고 계산해 보세요.

8 4 9 3

□□□ × □ = □□□□

서술형 문제

정답과 풀이 61쪽

16 삼각형과 사각형의 각 변의 길이는 178 cm로 모두 같습니다. 삼각형과 사각형의 모든 변의 길이의 합은 몇 cm일까요?

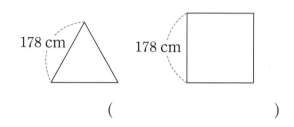

178 cm   178 cm

(   )

17 어떤 수에 49를 더했더니 85가 되었습니다. 어떤 수에 28을 곱하면 얼마일까요?

(   )

18 1부터 9까지의 수 중에서 ☐ 안에 들어갈 수 있는 수를 모두 구해 보세요.

$$44 \times 25 > 263 \times \boxed{}$$

(   )

19 나영이는 자전거로 1분에 80 m를 갈 수 있습니다. 자전거를 타고 같은 빠르기로 1시간 동안 몇 m를 갈 수 있는지 풀이 과정을 쓰고 답을 구해 보세요.

풀이 _____

_____

_____

답 _____

20 지용이는 수학 문제를 11일 동안은 하루에 35개씩 풀고, 20일 동안은 하루에 40개씩 풀었습니다. 지용이가 31일 동안 푼 수학 문제는 모두 몇 개인지 풀이 과정을 쓰고 답을 구해 보세요.

풀이 _____

_____

_____

_____

답 _____

1

2. 나눗셈

1 계산해 보세요.

(1) $40 \div 2$ (2) $60 \div 6$

2 ☐ 안에 알맞은 수를 써넣으세요.

$600 \div 3 = \boxed{}$

$180 \div 3 = \boxed{}$

$780 \div 3 = \boxed{}$

3 계산해 보고 계산 결과가 맞는지 확인해 보세요.

$453 \div 8 = \boxed{} \cdots \boxed{}$

확인 $\boxed{} \times \boxed{} = \boxed{}$,

$\boxed{} + \boxed{} = \boxed{}$

4 ☐ 안에 알맞은 수를 써넣으세요.

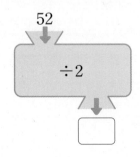

52

$\div 2$

$\boxed{}$

5 몫의 크기를 비교하여 ○ 안에 $>$, $=$, $<$ 중 알맞은 것을 써넣으세요.

$68 \div 4 \bigcirc 75 \div 5$

6 나눗셈의 몫이 같은 것끼리 이어 보세요.

$80 \div 4$	$\bullet$		$\bullet$	$99 \div 9$
$39 \div 3$	$\bullet$		$\bullet$	$26 \div 2$
$66 \div 6$	$\bullet$		$\bullet$	$60 \div 3$

7 잘못 계산한 부분을 찾아 바르게 계산해 보세요.

```
      2 6
   4 ) 8 2 4
       8
       2 4
       2 4
         0
```

$\rightarrow$ ☐

8 나누어떨어지는 나눗셈은 어느 것일까요?

(　　　)

① $45 \div 4$　　② $76 \div 6$　　③ $58 \div 5$
④ $94 \div 7$　　⑤ $96 \div 8$

9 나눗셈을 하여 몫은 빈칸에, 나머지는 ◯ 안에 써넣으세요.

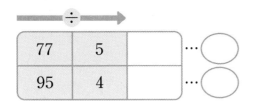

÷		
77	5	…
95	4	…

10 나머지가 가장 큰 것은 어느 것일까요?

(　　　)

① $35 \div 3$　　② $46 \div 4$　　③ $50 \div 3$
④ $71 \div 6$　　⑤ $88 \div 7$

11 연필 70자루를 5명에게 똑같이 나누어 주려고 합니다. 한 사람에게 몇 자루씩 주면 될까요?

(　　　　　　)

12 ㉠과 ㉡의 차를 구해 보세요.

$$225 \div 5 = ㉠ \qquad 168 \div 4 = ㉡$$

(　　　　　　)

13 1부터 9까지의 수 중에서 다음 나눗셈의 나머지가 될 수 있는 수를 모두 구해 보세요.

$$● \div 4$$

(　　　　　　)

14 ☐ 안에 들어갈 수 있는 가장 큰 자연수를 구해 보세요.

$$117 \div 9 > ☐$$

(　　　　　　)

15 색 테이프 8 cm로 고리를 한 개 만들 수 있습니다. 색 테이프 90 cm로는 고리를 몇 개까지 만들 수 있을까요?

(　　　　　　)

정답과 풀이 **62**쪽

16 동화책 486권을 모두 책꽂이에 꽂으려고 합니다. 책꽂이 한 칸에 7권까지 꽂을 수 있다면 책꽂이는 적어도 몇 칸이 필요할까요?

(   )

17 □ 안에 알맞은 수를 써넣으세요.

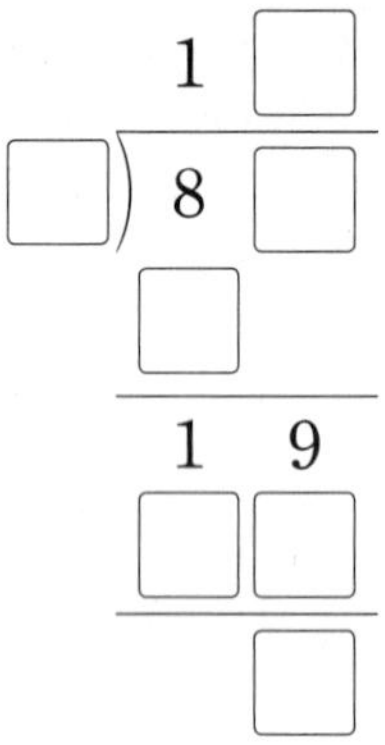

18 수 카드 5 , 3 , 6 을 한 번씩만 사용하여 몫이 가장 큰 (두 자리 수)÷(한 자리 수)를 만들고 계산해 보세요.

□□ ÷ □ = □ … □

19 탁구공이 한 상자에 8개씩 9상자 있습니다. 이 탁구공을 한 모둠에 5개씩 나누어 주면 몇 모둠까지 나누어 줄 수 있고, 남은 탁구공은 몇 개인지 풀이 과정을 쓰고 답을 구해 보세요.

풀이

답   ,

20 어떤 수를 6으로 나누었더니 몫이 27이고 나머지가 3이었습니다. 어떤 수는 얼마인지 풀이 과정을 쓰고 답을 구해 보세요.

풀이

답

1 계산해 보세요.

(1)
$$3\,)\,\overline{6\ 3}$$

(2)
$$6\,)\,\overline{7\ 3\ 8}$$

2 나눗셈의 몫을 찾아 이어 보세요.

90÷9	•		•	20
80÷4	•		•	30
60÷2	•		•	10

3 ☐ 안에 알맞은 수를 써넣으세요.

$$28÷8=\boxed{}\cdots\boxed{}$$

확인 $8\times\boxed{}=24,\ 24+\boxed{}=28$

4 빈칸에 알맞은 수를 써넣으세요.

$$\div$$

| 472 | 4 | |
| 90 | 5 | |

5 잘못 계산한 부분을 찾아 바르게 계산해 보세요.

$$
\begin{array}{r}
1\ 5 \\
4\,)\,\overline{6\ 7} \\
4 \\
\hline
2\ 7 \\
2\ 0 \\
\hline
7
\end{array}
$$

→ ☐

6 몫이 두 자리 수인 것은 어느 것일까요?

(   )

① 369÷3   ② 576÷4   ③ 691÷7

④ 720÷6   ⑤ 903÷8

7 몫의 크기를 비교하여 ○ 안에 >, =, < 중 알맞은 것을 써넣으세요.

(1) 38÷2 ○ 51÷3

(2) 80÷5 ○ 96÷6

8 나눗셈의 몫과 나머지의 합을 구해 보세요.

$$298÷5$$

(   )

9 나머지가 가장 작은 것은 어느 것일까요?

(   )

① 44 ÷ 3   ② 45 ÷ 4   ③ 82 ÷ 6

④ 83 ÷ 3   ⑤ 71 ÷ 4

10 빈칸에 알맞은 수를 써넣으세요.

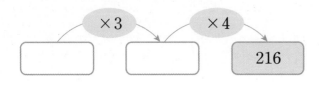

11 ☐ 안에 알맞은 수를 써넣으세요.

$$\boxed{} \div 8 = 3 \cdots 7$$

12 다음 나눗셈에서 나올 수 있는 자연수인 나머지의 합을 구해 보세요.

$$\boxed{} \div 6$$

(   )

13 네 변의 길이의 합이 90 cm인 사각형 모양의 종이를 세 변의 길이가 같은 똑같은 삼각형 4개로 나누었습니다. 이 삼각형의 한 변의 길이는 몇 cm일까요?

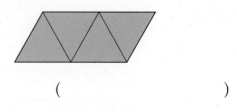

(   )

14 토마토가 375개 있습니다. 이 토마토를 한 봉지에 8개씩 담아 팔려고 합니다. 팔 수 있는 토마토는 몇 봉지일까요?

(   )

15 동현이는 초록색 색종이 34장과 노란색 색종이 39장을 가지고 있습니다. 색종이를 친구들에게 4장씩 나누어 주면 몇 명까지 나누어 줄 수 있고, 남은 색종이는 몇 장일까요?

(   ), (   )

16 볼펜 84자루를 한 사람에게 5자루씩 나누어 주었더니 4자루가 남았습니다. 볼펜을 몇 명에게 나누어 주었을까요?

(   )

17 어떤 수를 7로 나누었더니 몫이 16이고 나머지가 3이었습니다. 어떤 수를 5로 나눈 몫을 구해 보세요.

(   )

18 나누어떨어지는 나눗셈을 만들려고 합니다. 0부터 9까지의 수 중에서 ☐ 안에 들어갈 수 있는 수를 모두 구해 보세요.

$$8\square \div 5$$

(   )

19 정훈이는 풍선 68개를 9명의 친구들에게 똑같이 나누어 주고 남은 풍선을 가졌습니다. 친구들에게 풍선을 될 수 있는 대로 많이 나누어 주었다면 정훈이가 가진 풍선은 몇 개인지 풀이 과정을 쓰고 답을 구해 보세요.

풀이

답

20 연필 한 타는 12자루입니다. 연필 4타를 한 사람에게 3자루씩 모두 나누어 주려고 합니다. 연필을 몇 명에게 나누어 줄 수 있는지 풀이 과정을 쓰고 답을 구해 보세요.

풀이

답

1 원의 중심을 찾아 표시해 보세요.

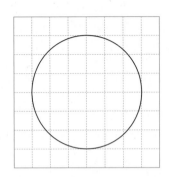

2 원의 반지름을 나타내는 선분을 찾아 써 보세요.

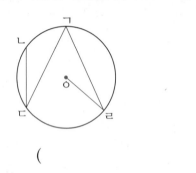

(   )

3 한 원에서 그을 수 있는 지름은 몇 개일까요?

(   )

① 0개   ② 1개   ③ 2개
④ 3개   ⑤ 셀 수 없이 많습니다.

4 선분 ㄴㄹ의 길이는 몇 cm일까요?

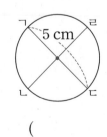

(   )

5 지름이 18 cm인 원을 그리려고 합니다. 컴퍼스를 몇 cm만큼 벌려야 할까요?

(   )

6 원에 대해 잘못 설명한 것은 어느 것일까요?

(   )

① 원의 지름은 원을 똑같이 둘로 나눕니다.
② 반지름은 지름의 2배입니다.
③ 한 원에서 원의 중심은 1개뿐입니다.
④ 한 원에서 지름은 모두 같습니다.
⑤ 원의 반지름은 원의 중심과 원 위의 한 점을 이은 선분입니다.

7 크기가 같은 두 원을 찾아 기호를 써 보세요.

┌─────────────────────┐
   ㉠ 지름이 8 cm인 원
   ㉡ 반지름이 2 cm인 원
   ㉢ 반지름이 7 cm인 원
   ㉣ 지름이 4 cm인 원
└─────────────────────┘

(   )

8 주어진 선분을 반지름으로 하는 원을 그려 보세요.

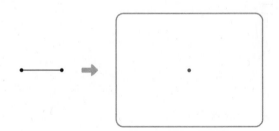

9 원의 반지름은 몇 cm일까요?

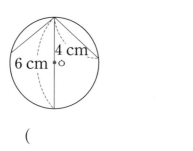

(   )

10 큰 원 안에 크기가 같은 작은 원 3개를 이어 붙여서 그린 것입니다. 선분 ㄱㄴ의 길이가 9 cm일 때, 작은 원의 지름은 몇 cm일까요?

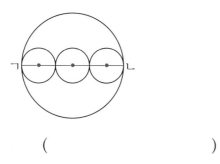

(   )

11 주어진 모양을 그릴 때 컴퍼스의 침을 꽂아야 할 곳은 모두 몇 군데일까요?

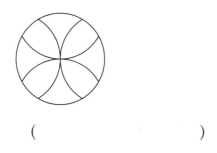

(   )

12 주어진 모양과 똑같이 그려 보세요.

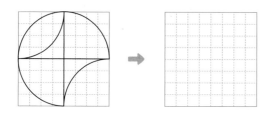

13 점 ㄱ, 점 ㄴ은 각각 원의 중심입니다. 선분 ㄱㄴ의 길이는 몇 cm일까요?

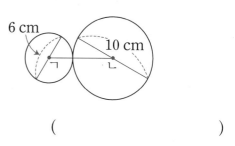

(   )

14 가장 큰 원 안에 원 2개를 맞닿게 그렸습니다. 가장 큰 원의 지름은 몇 cm일까요?

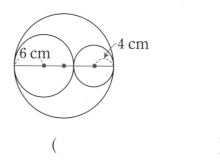

(   )

15 지름이 6 cm인 원 4개를 맞닿게 그린 것입니다. 원의 중심을 이은 사각형 ㄱㄴㄷㄹ의 네 변의 길이의 합은 몇 cm일까요?

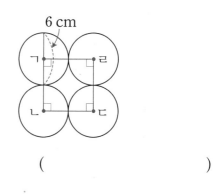

(   )

3

16 100원짜리 동전의 반지름은 12 mm입니다. 그림과 같이 동전 5개를 맞닿게 늘어놓았을 때 선분 ㄱㄴ의 길이는 몇 cm일까요?

(   )

17 점 ㄱ, 점 ㄴ, 점 ㄷ은 각각 원의 중심입니다. 선분 ㄱㄴ의 길이는 몇 cm일까요?

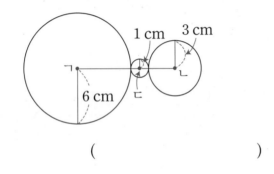

(   )

18 점 ㅇ은 원의 중심입니다. 삼각형 ㄱㅇㄴ의 세 변의 길이의 합이 31 cm일 때 원의 지름은 몇 cm일까요?

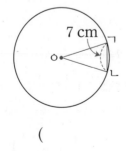

(   )

19 한 변의 길이가 15 cm인 정사각형 안에 가장 큰 원을 그렸습니다. 이 원의 지름은 몇 cm인지 풀이 과정을 쓰고 답을 구해 보세요.

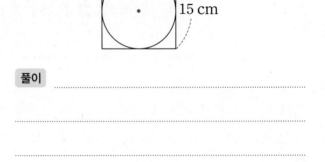

풀이 ....

....

....

....

답 ....

20 어떤 규칙이 있는지 설명하고 규칙에 따라 원을 1개 더 그려 보세요.

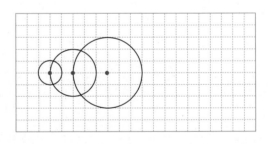

규칙 ....

....

....

....

1 원의 중심을 찾아 써 보세요.

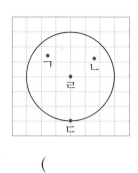

(   )

2 원의 지름을 찾아 기호를 써 보세요.

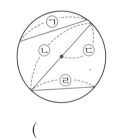

(   )

3 컴퍼스를 그림과 같이 벌려서 원을 그리면 원의 반지름은 몇 cm가 될까요?

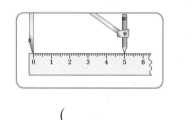

(   )

4 ☐ 안에 알맞은 수를 써넣으세요.

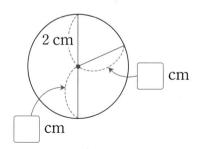

5 원의 지름은 몇 cm일까요?

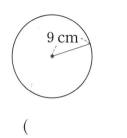

(   )

6 지름이 28 cm인 원의 반지름은 몇 cm일까요?

(   )

7 점 ㅇ을 원의 중심으로 하여 반지름이 1 cm인 원을 그려 보세요.

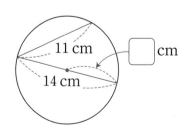

8 ☐ 안에 알맞은 수를 써넣으세요.

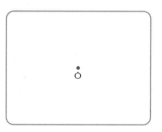

9 크기가 큰 원부터 차례로 기호를 써 보세요.

> ㉠ 지름이 5 cm인 원
>
> ㉡ 반지름이 3 cm인 원
>
> ㉢ 컴퍼스를 4 cm만큼 벌려서 그린 원

(   )

10 오른쪽 그림에서 큰 원의 지름은 몇 cm일까요?

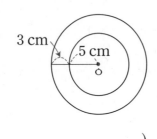

(   )

11 오른쪽 그림은 정사각형 안에 가장 큰 원을 그린 것입니다. 정사각형의 한 변의 길이는 몇 cm일까요?

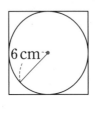

(   )

12 원의 중심을 옮기지 않고 반지름만 다르게 하여 그린 것은 어느 것일까요? (   )

①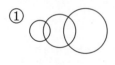

②

③

④

⑤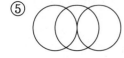

13 주어진 모양을 그릴 때 컴퍼스의 침을 꽂아야 할 곳은 모두 몇 군데일까요?

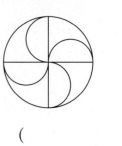

(   )

14 주어진 모양과 똑같이 그려 보세요.

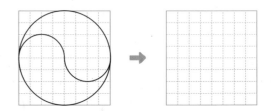

15 규칙에 따라 원을 1개 더 그려 보세요.

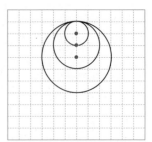

서술형 문제

16 선분 ㄱㄴ의 길이는 몇 cm일까요?

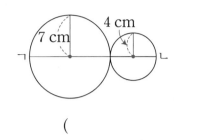

(   )

17 직사각형 안에 크기가 같은 원 2개를 그린 것입니다. 한 원의 지름이 6 cm일 때 직사각형의 네 변의 길이의 합은 몇 cm일까요?

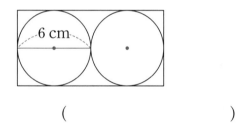

(   )

18 정사각형 안에 가장 큰 원의 반만큼을 그리고 크기가 같은 작은 원 3개를 서로 맞닿게 이어 그린 것입니다. 정사각형의 한 변의 길이는 몇 cm일까요?

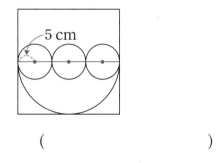

(   )

19 점 ㄴ, 점 ㄷ은 각각 원의 중심입니다. 삼각형 ㄱㄴㄷ의 세 변의 길이의 합이 21 cm일 때 한 원의 반지름은 몇 cm인지 풀이 과정을 쓰고 답을 구해 보세요.

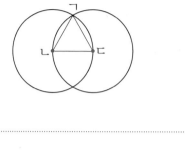

풀이 ....

....

....

....

답 ....

20 점 ㄴ, 점 ㄷ은 각각 원의 중심입니다. 삼각형 ㄱㄴㄷ의 세 변의 길이의 합은 몇 cm인지 풀이 과정을 쓰고 답을 구해 보세요.

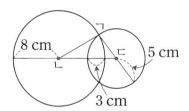

풀이 ....

....

....

....

답 ....

3

1 계산해 보세요.

(1) 3 4 5
    $\times$ 4

(2)   2 7
   $\times$ 6 0

2 그림과 같이 컴퍼스를 벌려 그린 원의 지름은 몇 cm일까요?

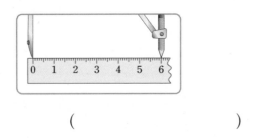

(   )

3 ☐ 안에 알맞은 수를 써넣으세요.

$55 \div 6 =$ ☐ $\cdots$ ☐

$65 \div 6 =$ ☐ $\cdots$ ☐

$75 \div 6 =$ ☐ $\cdots$ ☐

4 계산 결과를 비교하여 ◯ 안에 >, =, < 중 알맞은 것을 써넣으세요.

(1) 40×20 ◯ 9×83

(2) 166×5 ◯ 56×17

5 나눗셈의 몫이 같은 것끼리 이어 보세요.

| $75 \div 5$ | $46 \div 2$ | $57 \div 3$ |

| $69 \div 3$ | $76 \div 4$ | $90 \div 6$ |

6 원에 대해 잘못 설명한 것을 찾아 기호를 써 보세요.

⊙ 한 원에서 원의 중심은 1개입니다.
ⓒ 한 원에서 지름은 반지름의 2배입니다.
ⓒ 원의 반지름은 원 위의 두 점을 이은 선분입니다.
ⓔ 한 원에서 지름은 무수히 많이 그을 수 있습니다.

(   )

7 수빈이는 10월 한 달 동안 매일 80번씩 줄넘기를 했습니다. 수빈이가 10월 한 달 동안 줄넘기를 한 횟수는 모두 몇 번인지 풀이 과정을 쓰고 답을 구해 보세요.

풀이

답

8 가장 큰 원과 가장 작은 원의 반지름의 합은 몇 cm인지 풀이 과정을 쓰고 답을 구해 보세요.

> ㉠ 지름이 12 cm인 원
> ㉡ 컴퍼스를 7 cm만큼 벌려서 그린 원
> ㉢ 지름이 8 cm인 원
> ㉣ 반지름이 5 cm인 원

풀이

답

9 나머지가 가장 큰 것은 어느 것일까요?

( )

① $54 \div 5$ ② $26 \div 3$ ③ $48 \div 7$
④ $93 \div 8$ ⑤ $94 \div 6$

10 은우는 전체 쪽수가 211쪽인 과학책을 읽으려고 합니다. 하루에 9쪽씩 읽는다면 과학책을 모두 읽는 데 며칠이 걸리는지 풀이 과정을 쓰고 답을 구해 보세요.

풀이

답

11 주어진 모양을 그리기 위하여 컴퍼스의 침을 꽂아야 할 곳은 모두 몇 군데일까요?

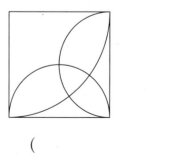

( )

12 ☐ 안에 알맞은 수를 써넣으세요.

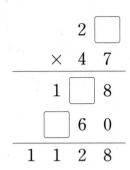

```
        2 ☐
    ×   4 7
    ─────────
    1 ☐ 8
  ☐ 6 0
    ─────────
  1 1 2 8
```

13 초콜릿을 한 봉지에 6개씩 담았더니 33봉지가 되고, 사탕을 한 봉지에 8개씩 담았더니 25봉지가 되었습니다. 초콜릿과 사탕 중 어느 것이 몇 개 더 많은지 풀이 과정을 쓰고 답을 구해 보세요.

풀이 ....

....

....

답 _____ , _____

14 나누어떨어지는 나눗셈을 만들려고 합니다. 0부터 9까지의 수 중에서 ☐ 안에 들어갈 수 있는 수를 모두 구해 보세요.

$$5\boxed{} \div 4$$

(   )

15 가장 큰 원 안에 원 3개가 맞닿게 그려져 있습니다. 가장 큰 원의 반지름은 몇 cm인지 풀이 과정을 쓰고 답을 구해 보세요.

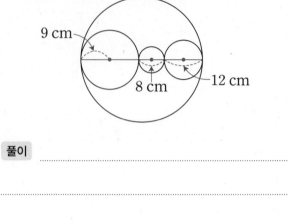

9 cm
8 cm
12 cm

풀이 ....

....

....

답 _____

16 1부터 9까지의 수 중에서 ☐ 안에 들어갈 수 있는 수는 모두 몇 개인지 풀이 과정을 쓰고 답을 구해 보세요.

$$309 \times \boxed{} < 52 \times 29$$

풀이 ....

....

....

....

답 _____

17 어떤 수를 6으로 나누어야 할 것을 잘못하여 9로 나누었더니 몫이 35이고 나머지가 6이 되었습니다. 바르게 계산한 몫과 나머지는 얼마인지 풀이 과정을 쓰고 답을 구해 보세요.

풀이

답 몫: , 나머지:

18 직사각형 안에 그림과 같이 원의 중심을 지나도록 크기가 같은 원을 그린다면 원을 몇 개까지 그릴 수 있는지 풀이 과정을 쓰고 답을 구해 보세요.

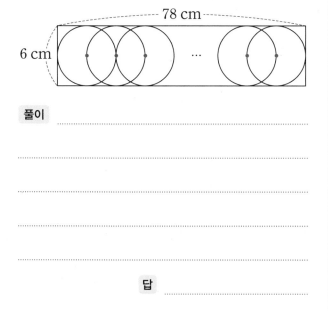

풀이

답

19 길이가 28 cm인 색 테이프 40장을 6 cm씩 겹쳐서 한 줄로 길게 이어 붙였습니다. 이어 붙인 색 테이프의 전체 길이는 몇 cm인지 풀이 과정을 쓰고 답을 구해 보세요.

풀이

답

20 4장의 수 카드 6 , 3 , 8 , 2 를 한 번씩만 사용하여 몫이 가장 작은 (세 자리 수)÷(한 자리 수)를 만들려고 합니다. 만든 나눗셈식의 몫은 얼마인지 풀이 과정을 쓰고 답을 구해 보세요.

풀이

답

1 그림을 보고 □ 안에 알맞은 수를 써넣으세요.

8을 2씩 묶으면 2는 8의 $\dfrac{\square}{\square}$ 입니다.

2 가지 15개를 똑같이 5묶음으로 나누어 보고 □ 안에 알맞은 수를 써넣으세요.

15의 $\dfrac{3}{5}$ 은 □ 입니다.

3 색칠한 부분을 가분수와 대분수로 각각 나타내 보세요.

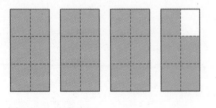

가분수 ( )

대분수 ( )

4 진분수는 모두 몇 개일까요?

$$\dfrac{7}{3} \qquad \dfrac{4}{9} \qquad 2\dfrac{1}{8} \qquad \dfrac{10}{10} \qquad \dfrac{5}{12} \qquad 4\dfrac{1}{3}$$

( )

5 대분수를 가분수로 나타내 보세요.

$$4\dfrac{5}{7}$$

( )

6 자연수 4를 분모가 6인 분수로 나타내 보세요.

( )

7 시계를 보고 □ 안에 알맞은 수를 써넣으세요.

1시간의 $\dfrac{2}{6}$ 는 □ 분입니다.

8 다음 분수가 가분수일 때 □ 안에 들어갈 수 있는 가장 작은 수를 구해 보세요.

$$\frac{\square}{6}$$

(   )

9 두 분수의 크기를 비교하여 ○ 안에 > , = , < 중 알맞은 것을 써넣으세요.

(1) $1\frac{7}{9}$ ○ $1\frac{8}{9}$

(2) $3\frac{2}{5}$ ○ $\frac{13}{5}$

10 민주네 반 학생 35명이 5명씩 모둠을 만들었습니다. 20명은 전체 학생의 몇 분의 몇일까요?

(   )

11 길이가 20 cm인 색 테이프의 $\frac{4}{5}$는 몇 cm일까요?

(   )

12 상자에 자두가 54개 들어 있었습니다. 이 자두의 $\frac{5}{9}$를 먹었다면 먹은 자두는 몇 개일까요?

(   )

13 영주는 감자를 $\frac{39}{4}$ kg 캤습니다. 영주가 캔 감자는 몇 kg인지 대분수로 나타내 보세요.

(   )

14 윤아네 가족은 블루베리 따기 체험 농장에 갔습니다. 블루베리를 윤아는 $\frac{12}{7}$ kg, 동생은 $1\frac{3}{7}$ kg 땄습니다. 블루베리를 더 많이 딴 사람은 누구일까요?

(   )

15 □ 안에 알맞은 수를 써넣으세요.

□의 $\frac{3}{8}$은 15입니다.

16 3장의 수 카드를 한 번씩만 사용하여 자연수 부분이 2인 대분수를 만들었습니다. 이 대분수를 가분수로 나타내 보세요.

$$\boxed{7} \quad \boxed{2} \quad \boxed{4}$$

(　　　　　　　　　)

17 분모가 7인 대분수 중에서 $1\dfrac{4}{7}$보다 크고 $\dfrac{15}{7}$보다 작은 분수를 모두 써 보세요.

(　　　　　　　　　)

18 분모와 분자의 합이 10이고 차가 4인 가분수가 있습니다. 이 가분수를 대분수로 나타내 보세요.

(　　　　　　　　　)

19 ☐ 안에 들어갈 수 있는 자연수 중에서 가장 큰 수는 얼마인지 풀이 과정을 쓰고 답을 구해 보세요.

$$\dfrac{\square}{8} < 4\dfrac{3}{8}$$

풀이 ....

....

....

답 ....

20 어머니의 나이는 40살입니다. 형의 나이는 어머니 나이의 $\dfrac{3}{8}$이고, 현호의 나이는 형 나이의 $\dfrac{2}{3}$입니다. 현호의 나이는 몇 살인지 풀이 과정을 쓰고 답을 구해 보세요.

풀이 ....

....

....

답 ....

4. 분수

1 물고기를 2마리씩 묶고 ☐ 안에 알맞은 수를 써넣으세요.

12를 2씩 묶으면 10은 12의 $\dfrac{\square}{\square}$입니다.

2 그림을 보고 ☐ 안에 알맞은 수를 써넣으세요.

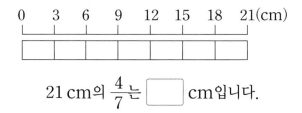

21 cm의 $\dfrac{4}{7}$는 ☐ cm입니다.

3 색칠한 부분을 대분수로 나타내 보세요.

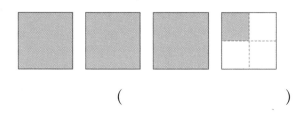

( )

4 분모가 9인 가분수를 모두 찾아 써 보세요.

$$\dfrac{9}{4} \qquad 3\dfrac{1}{9} \qquad \dfrac{15}{9} \qquad 6\dfrac{7}{9} \qquad \dfrac{9}{9}$$

( )

5 관계있는 것끼리 이어 보세요.

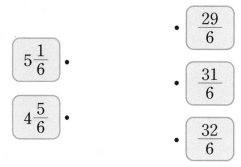

$5\dfrac{1}{6}$ •

$4\dfrac{5}{6}$ •

• $\dfrac{29}{6}$

• $\dfrac{31}{6}$

• $\dfrac{32}{6}$

6 분수의 크기를 비교하여 ○ 안에 >, =, < 중 알맞은 것을 써넣으세요.

$$\dfrac{40}{11} \bigcirc 3\dfrac{8}{11}$$

7 나타내는 수가 가장 큰 것은 어느 것일까요?

( )

① 21의 $\dfrac{1}{7}$ ② 35의 $\dfrac{1}{5}$

③ 36의 $\dfrac{1}{6}$ ④ 40의 $\dfrac{1}{8}$

⑤ 16의 $\dfrac{1}{4}$

4

8 다음은 분모가 9인 진분수입니다. ☐ 안에 들어갈 수 있는 자연수는 모두 몇 개일까요?

$$\dfrac{\boxed{}}{9}$$

( )

9 연필 1타는 12자루입니다. 진욱이는 가지고 있는 연필 3타 중에서 $\dfrac{5}{6}$를 친구에게 주었습니다. 친구에게 준 연필은 몇 자루일까요?

( )

10 분모가 9인 대분수 중에서 $2\dfrac{3}{9}$과 $\dfrac{25}{9}$ 사이에 있는 분수를 모두 써 보세요.

( )

11 큰 수부터 차례로 써 보세요.

$$\dfrac{8}{5} \qquad 2\dfrac{2}{5} \qquad \dfrac{17}{5} \qquad 1$$

( )

12 혜지와 친구들의 제자리 멀리뛰기 기록입니다. 가장 멀리 뛴 사람은 누구일까요?

혜지: $1\dfrac{3}{7}$ m   원석: $\dfrac{13}{7}$ m   희준: $1\dfrac{5}{7}$ m

( )

13 4장의 수 카드 중에서 2장을 뽑아 한 번씩만 사용하여 만들 수 있는 가분수는 모두 몇 개일까요?

2   6   8   9

( )

14 길이가 2 m인 색 테이프의 $\dfrac{3}{8}$은 몇 cm일까요?

( )

15 지현이네 반 학생은 35명입니다. 이 중에서 $\dfrac{3}{7}$이 안경을 썼다면 지현이네 반 학생 중 안경을 쓰지 않은 학생은 몇 명일까요?

( )

● 정답과 풀이 **70**쪽

16 지혜는 3장씩 묶여 있는 색종이 24장을 가지고 있습니다. 그중에서 6장은 동생에게 주고 9장은 친구에게 주었습니다. 남은 색종이는 처음에 있던 색종이의 얼마인지 분수로 나타내 보세요.

(   )

17 조건을 만족시키는 분수는 모두 몇 개일까요?

> • 분모가 13인 가분수입니다.
> • 분자는 16보다 작습니다.

(   )

18 4장의 수 카드 중에서 3장을 한 번씩만 사용하여 분모가 8인 대분수를 만들려고 합니다. 가장 큰 대분수를 만들고, 가분수로 나타내 보세요.

1   4   8   5

대분수 (   )

가분수 (   )

19 어떤 수의 $\dfrac{2}{7}$는 16입니다. 어떤 수의 $\dfrac{3}{8}$은 얼마인지 풀이 과정을 쓰고 답을 구해 보세요.

풀이 _____

_____

_____

_____

답 _____

20 ☐ 안에 들어갈 수 있는 자연수는 모두 몇 개인지 풀이 과정을 쓰고 답을 구해 보세요.

$$4\frac{1}{4} < \frac{\square}{4} < \frac{21}{4}$$

풀이 _____

_____

_____

_____

답 _____

점수

확인

5. 들이와 무게

1 음료수병에 물을 가득 채운 후 물병에 옮겨 담았더니 그림과 같이 물이 채워졌습니다. 음료수병과 물병 중 들이가 더 많은 것은 어느 것일까요?

음료수병   물병

(   )

2 ☐ 안에 알맞은 수를 써넣으세요.

$$4000 \text{ kg} = \boxed{} \text{ t}$$

3 국어사전의 무게는 몇 kg 몇 g일까요?

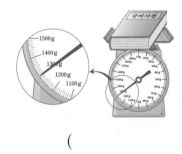

(   )

4 L 단위로 들이를 나타내기에 알맞은 것을 모두 고르세요. (   )

① 요구르트병   ② 양동이

③ 종이컵   ④ 욕조

⑤ 음료수 캔

5 저울과 클립을 사용하여 크레파스와 물감의 무게를 재어 나타낸 표입니다. 크레파스와 물감 중에서 어느 것이 더 무거울까요?

물건	크레파스	물감
클립의 수(개)	29	37

(   )

6 무게를 비교하여 ○ 안에 >, =, < 중 알맞은 것을 써넣으세요.

$$8100 \text{ g} \bigcirc 8 \text{ kg } 10 \text{ g}$$

7 계산해 보세요.

(1) $\begin{array}{r} 3\,\text{L}\ 400\,\text{mL} \\ +\ 4\,\text{L}\ 700\,\text{mL} \\ \hline \end{array}$

(2) $\begin{array}{r} 9\,\text{L}\ 300\,\text{mL} \\ -\ 2\,\text{L}\ 800\,\text{mL} \\ \hline \end{array}$

8 양동이에 물이 6020 mL 들어 있습니다. 양동이에 들어 있는 물의 양은 몇 L 몇 mL일까요?

(   )

9 저울을 사용하여 영어책과 국어책의 무게를 재었습니다. 영어책의 무게는 1 kg 870 g이고 국어책의 무게는 1530 g입니다. 어느 것이 더 무거울까요?

(   )

10 주전자에 물을 가득 채운 후 들이가 1 L인 수조에 모두 옮겨 담았더니 다음과 같았습니다. 주전자의 들이는 약 몇 L 몇 mL인지 어림해 보세요.

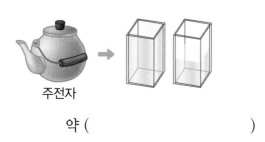

주전자

약 (   )

11 들이가 가장 많은 것을 찾아 기호를 써 보세요.

㉠ 9 L 40 mL	㉡ 940 mL
㉢ 9004 mL	㉣ 9 L 400 mL

(   )

12 실제 무게가 12 kg인 자전거의 무게를 다음과 같이 어림하였습니다. 자전거의 실제 무게에 가장 가깝게 어림한 사람은 누구일까요?

찬우	태희	지선
11 kg	12 kg 200 g	11 kg 700 g

(   )

13 그릇에 물을 가득 채우려면 ㉮, ㉯, ㉰ 컵으로 각각 다음과 같이 부어야 합니다. 들이가 많은 컵부터 차례로 기호를 써 보세요.

컵	㉮	㉯	㉰
부은 횟수(번)	13	18	10

(   )

14 성은이의 몸무게는 31 kg 650 g입니다. 성은이가 무게가 3 kg 500 g인 강아지를 안고 저울에 올라가면 무게는 몇 kg 몇 g이 될까요?

(   )

15 풀, 테이프, 지우개의 무게를 다음과 같이 비교했습니다. 1개의 무게가 무거운 것부터 차례로 써 보세요.

(   )

16 빨간색 페인트 2 L 400 mL와 파란색 페인트 3900 mL를 섞어서 보라색 페인트를 만들었습니다. 만든 보라색 페인트의 양은 모두 몇 L 몇 mL일까요?

(   )

17 들이가 4 L인 주전자에 물이 2800 mL 들어 있습니다. 이 주전자에 물을 가득 채우려면 물을 몇 L 몇 mL 더 부어야 할까요?

(   )

18 설탕은 5 kg 350 g 있고 소금은 설탕보다 3 kg 500 g 더 적게 있습니다. 설탕과 소금의 무게는 모두 몇 kg 몇 g일까요?

(   )

19 호박과 수박을 함께 저울에 올려놓았더니 무게가 7 kg 750 g이었습니다. 호박의 무게가 2900 g일 때 수박의 무게는 몇 kg 몇 g인지 풀이 과정을 쓰고 답을 구해 보세요.

풀이 _____

_____

_____

답 _____

20 포도주스가 2 L 있었습니다. 그중에서 은정이가 300 mL 들이의 컵에 가득 담아 오전에 3컵, 오후에 2컵을 마셨습니다. 남은 포도주스는 몇 mL인지 풀이 과정을 쓰고 답을 구해 보세요.

풀이 _____

_____

_____

답 _____

5. 들이와 무게

1 용준이가 가지고 있는 물통에 가득 들어 있던 물을 현우가 가지고 있는 빈 물통에 모두 부었더니 물이 흘러 넘쳤습니다. 누가 가진 물통의 들이가 더 많을까요?

( )

2 우유병과 생수병에 물을 가득 채운 후 모양과 크기가 같은 컵에 옮겨 담았습니다. 우유병과 생수병 중에서 어느 것의 들이가 더 많을까요?

( )

3 오이, 당근, 가지의 무게를 다음과 같이 비교했습니다. 가장 무거운 채소는 어느 것일까요?

( )

4 1 kg보다 가벼운 것을 모두 고르세요.

( )

① 라면 1개   ② 내 몸무게
③ 자동차 1대   ④ 냉장고 1대
⑤ 테니스공 1개

5 ☐ 안에 알맞은 수를 써넣으세요.

(1) 3 L 700 mL = ☐ mL

(2) 8020 mL = ☐ L ☐ mL

6 관계있는 것끼리 이어 보세요.

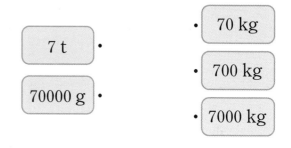

7 보기 에서 알맞은 물건을 골라 문장을 완성해 보세요.

보기
냄비   물약병   컵

(1) ☐ 의 들이는 약 30 mL입니다.

(2) ☐ 의 들이는 약 3 L입니다.

(3) ☐ 의 들이는 약 300 mL입니다.

8 계산해 보세요.

(1)   5 kg 800 g
    + 3 kg 400 g

(2)   8 kg 200 g
    − 3 kg 600 g

9 단위를 잘못 사용한 사람의 이름을 쓰고, 바르게 고쳐 보세요.

> 현수: 수박 한 개의 무게는 약 9 kg이야.
> 유정: 고구마 한 개의 무게는 약 80 kg이야.

(   )

바르게 고치기 _____

_____

10 약수터에서 지혜는 4 L 600 mL의 물을 받아 왔고 동민이는 2 L 700 mL의 물을 받아왔습니다. 지혜는 동민이보다 물을 몇 L 몇 mL 더 많이 받아왔을까요?

(   )

11 들이가 많은 것부터 차례로 기호를 써 보세요.

> ㉠ 4500 mL   ㉡ 4 L 450 mL
> ㉢ 4 L 15 mL   ㉣ 4050 mL

(   )

12 헌 종이를 수진이는 3 kg 300 g, 재훈이는 3090 g 모았습니다. 누가 헌 종이를 더 많이 모았을까요?

(   )

13 물통에 물이 450 mL 들어 있습니다. 이 중에서 150 mL의 물만 남기고 모두 덜어 내려고 합니다. 들이가 100 mL인 그릇으로 몇 번 덜어 내야 할까요?

(   )

14 냉장고에 우유 1 L 750 mL와 토마토주스 1400 mL가 있습니다. 우유와 토마토주스는 모두 몇 L 몇 mL일까요?

(   )

15 그림을 보고 빈 바구니의 무게는 몇 g인지 구해 보세요.

(   )

16 양동이에 뜨거운 물이 9 L 900 mL 들어 있습니다. 이 양동이에 찬물을 섞었더니 모두 15 L 400 mL가 되었습니다. 찬물을 몇 L 몇 mL 섞었을까요?

(   )

17 도현이의 몸무게는 35 kg 500 g이고 효린이의 몸무게는 도현이보다 250 g 더 가볍습니다. 도현이와 효린이의 몸무게의 합은 몇 kg 몇 g일까요?

(   )

18 상진이와 혜지가 캔 고구마의 무게는 모두 15 kg입니다. 상진이가 캔 고구마의 무게가 혜지가 캔 고구마의 무게보다 2 kg 400 g 더 무겁습니다. 상진이가 캔 고구마의 무게는 몇 kg 몇 g일까요?

(   )

19 항아리에 수정과가 15 L 들어 있었습니다. 그 중에서 경은이와 승현이가 각각 1 L 300 mL 씩 마셨습니다. 항아리에 남아 있는 수정과는 몇 L 몇 mL인지 풀이 과정을 쓰고 답을 구해 보세요.

풀이 _____

_____

_____

_____

답 _____

20 지영이의 몸무게는 현희의 몸무게보다 1 kg 500 g 더 가볍고 민석이의 몸무게는 지영이의 몸무게보다 2 kg 200 g 더 무겁습니다. 현희의 몸무게가 32 kg 900 g이라면 민석이의 몸무게는 몇 kg 몇 g인지 풀이 과정을 쓰고 답을 구해 보세요.

풀이 _____

_____

_____

_____

답 _____

[1~4] 마을별 약국 수를 조사하여 나타낸 그림그래프입니다. 물음에 답하세요.

마을별 약국 수

마을	약국 수
하얀	➕➕➕➕➕
반달	➕➕➕➕➕➕➕➕➕
매화	➕➕➕➕
은하	➕➕➕➕➕➕➕

➕10개
➕1개

1 그림 ➕과 ➕은 각각 몇 개를 나타낼까요?

➕ ( )

➕ ( )

2 반달 마을의 약국 수는 몇 개일까요?

( )

3 약국이 가장 많은 마을은 어느 마을일까요?

( )

4 하얀 마을의 약국 수는 은하 마을의 약국 수의 몇 배일까요?

( )

[5~8] 공원별 나무 수를 조사하여 나타낸 그림그래프입니다. 물음에 답하세요.

공원별 나무 수

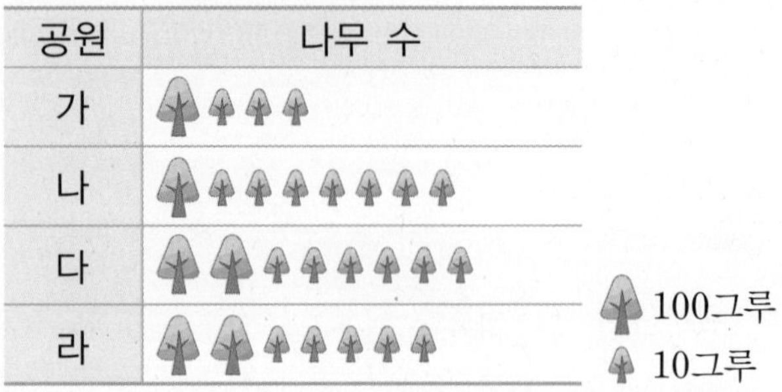

공원	나무 수
가	🌳🌲🌲🌲
나	🌳🌲🌲🌲🌲🌲🌲
다	🌳🌳🌲🌲🌲🌲🌲🌲
라	🌳🌳🌲🌲🌲🌲

🌳100그루
🌲10그루

5 나무 수가 적은 공원부터 차례로 써 보세요.

( )

6 나 공원의 나무 수를 라 공원의 나무 수와 같게 하려면 나 공원에 나무를 몇 그루 더 심어야 할까요?

( )

7 나무 수가 다 공원의 반인 공원은 어느 공원일까요?

( )

8 네 공원의 나무는 모두 몇 그루일까요?

( )

좋아하는 과목

국어	수학	사회	과학

9 조사한 자료를 보고 표로 나타내 보세요.

좋아하는 과목별 학생 수

과목	국어	수학	사회	과학	합계
학생 수(명)					

10 9의 표를 보고 그림그래프로 나타내 보세요.

과목	학생 수
국어	
수학	
사회	
과학	

☺ ☐ 명
☺ ☐ 명

11 잘못 설명한 것을 찾아 기호를 써 보세요.

> ㉠ 조사한 학생은 모두 78명입니다.
> ㉡ 둘째로 많은 학생들이 좋아하는 과목은 수학입니다.
> ㉢ 국어를 좋아하는 학생은 사회를 좋아하는 학생보다 2명 더 적습니다.

(   )

동별 자전거 수

동	1동	2동	3동	4동	합계
자전거 수(대)	35		56		165

동별 자전거 수

동	자전거 수
1동	
2동	◎◎○○○○○○○○
3동	
4동	◎◎◎◎○○○○○

◎ 10대
○ 1대

12 그림그래프를 보고 표를 완성해 보세요.

13 표를 보고 그림그래프를 완성해 보세요.

14 표를 보고 ◎는 10대, △는 5대, ○는 1대로 하여 그림그래프로 나타내 보세요.

동별 자전거 수

동	자전거 수
1동	
2동	
3동	
4동	

◎ 10대
△ 5대
○ 1대

정답과 풀이 **74**쪽

15 민호네 모둠 학생들이 모은 붙임딱지 수를 조사하여 나타낸 그림그래프입니다. 학생들이 모은 붙임딱지가 모두 114장이라면 준혁이가 모은 붙임딱지는 몇 장일까요?

학생별 모은 붙임딱지 수

이름	붙임딱지 수
민호	★ ★ ★ ★ ★ ★
연아	★ ★ ★ ★ ★ ★
준혁	

★ 10장
★ 1장

( )

[16~18] 어느 가게에서 하루 동안 팔린 음료수별 판매량을 조사하여 나타낸 표입니다. 물음에 답하세요.

음료수별 판매량

음료수	콜라	사이다	주스	우유	합계
판매량(개)	12	9	24	18	63

16 표를 보고 그림그래프로 나타내 보세요.

음료수별 판매량

음료수	판매량
콜라	
사이다	
주스	
우유	

◎ [ ]개
○ [ ]개

17 많이 팔린 음료수부터 차례로 써 보세요.

( )

18 가게 주인이 다음 날 어떤 음료수를 가장 많이 준비하면 좋을지 써 보세요.

( )

[19~20] 주변에 있는 마을에서 이번 달에 태어난 강아지의 수를 조사하여 나타낸 그림그래프입니다. 물음에 답하세요.

마을별 태어난 강아지의 수

마을	강아지의 수
가	
나	
다	
라	

10마리
5마리
1마리

19 강아지가 가장 많이 태어난 마을과 가장 적게 태어난 마을의 강아지 수의 차는 몇 마리인지 풀이 과정을 쓰고 답을 구해 보세요.

풀이 ....

....

....

답 ....

20 가 마을과 나 마을은 강의 동쪽에, 다 마을과 라 마을은 강의 서쪽에 있습니다. 강의 동쪽과 서쪽 중에서 어느 쪽에서 태어난 강아지의 수가 몇 마리 더 많은지 풀이 과정을 쓰고 답을 구해 보세요.

풀이 ....

....

....

답 ....

[1~4] 소연이네 반 학급 문고의 종류별 책 수를 조사하여 나타낸 그림그래프입니다. 물음에 답하세요.

종류별 책 수

종류	책 수
동화책	
과학책	
역사책	
위인전	

📕10권
📙1권

1 그림 📕과 📙은 각각 몇 권을 나타내는지 이어 보세요.

📕 ·　　　　　· | 1권 |

📙 ·　　　　　· | 10권 |

2 책 수가 24권인 책의 종류는 무엇일까요?

(　　　　　　　　)

3 책 수가 가장 적은 책의 종류는 무엇이고 몇 권일까요?

(　　　　　), (　　　　　)

4 책 수가 과학책 수의 2배인 책의 종류는 무엇일까요?

(　　　　　　　　)

[5~8] 제과점별 팔린 빵의 수를 조사하여 나타낸 표입니다. 물음에 답하세요.

제과점별 팔린 빵의 수

제과점	맛나	행복	기쁨	사랑	합계
빵의 수(개)	56	45	34	28	163

5 위의 표를 보고 그림그래프로 나타내려고 합니다. 그림의 단위를 🍞과 🥐으로 정할 때 각각 몇 개로 나타내면 좋을까요?

🍞 (　　　　　　　　)
🥐 (　　　　　　　　)

6 표를 보고 그림그래프로 나타내 보세요.

제과점별 팔린 빵의 수

제과점	빵의 수
맛나	
행복	
기쁨	
사랑	

🍞 [　　] 개　🥐 [　　] 개

7 빵이 가장 많이 팔린 제과점은 어디일까요?

(　　　　　　　　)

8 제과점별 팔린 빵의 수를 한눈에 비교하는 데 표와 그림그래프 중 어느 것이 더 편리할까요?

(　　　　　　　　)

[9~12] 과수원별 배나무의 수를 조사하여 나타낸 표입니다. 물음에 답하세요.

과수원별 배나무의 수

과수원	싱싱	달콤	초록	풍년	합계
배나무의 수(그루)	23	17	26	34	100

9 표를 보고 그림그래프로 나타내 보세요.

과수원	배나무의 수
싱싱	
달콤	
초록	◎ ☐ 그루
풍년	○ ☐ 그루

10 풍년 과수원의 배나무의 수는 달콤 과수원의 배나무의 수의 몇 배일까요?

( )

11 배나무의 수가 가장 많은 과수원은 어느 과수원일까요?

( )

12 싱싱 과수원의 배나무 수와 차가 가장 적은 과수원은 어느 과수원이고, 몇 그루 차이가 날까요?

( ), ( )

[13~15] 윤아네 학교 학생들이 좋아하는 운동을 조사하여 나타낸 그림그래프입니다. 물음에 답하세요.

좋아하는 운동별 학생 수

운동	학생 수
축구	☺ ☺ ☺ ☺ ☺ ☺ ☺ ☺
농구	☺ ☺
피구	☺ ☺ ☺ ☺ ☺ ☺ ☺
배구	☺ ☺ ☺ ☺ ☺ ☺
야구	

☺ 10명
☺ 1명

13 야구를 좋아하는 학생 수가 농구를 좋아하는 학생 수의 2배일 때 그림그래프를 완성해 보세요.

14 축구와 배구를 좋아하는 학생은 모두 몇 명일까요?

( )

15 가장 많은 학생들이 좋아하는 운동과 가장 적은 학생들이 좋아하는 운동의 학생 수의 차를 구해 보세요.

( )

16 공장별 인형 생산량을 조사하여 나타낸 표입니다. 공장별 인형 생산량의 합이 1140개이고, 나 공장의 인형 생산량이 다 공장의 인형 생산량보다 120개 더 많을 때, 그림그래프를 완성해 보세요.

공장별 인형 생산량

공장	인형 생산량
가	🐻🐻🐻🐻🐻
나	
다	
라	🐻🐻🐻🐻🐻🐻

🐻100개
🐻10개

[17~18] 정현이네 학교 학생들이 좋아하는 음식을 조사하여 나타낸 표입니다. 물음에 답하세요.

좋아하는 음식별 학생 수

음식	짜장면	김밥	피자	떡볶이	합계
남학생 수(명)	18	10	12	15	55
여학생 수(명)	13	15	9	25	62

17 좋아하는 음식별 학생 수의 합을 구하여 하나의 그림그래프로 나타내 보세요.

좋아하는 음식별 학생 수

음식	학생 수
짜장면	
김밥	
피자	
떡볶이	

☺10명
☺1명

18 어린이날 간식으로 어떤 음식을 준비하면 좋을까요?

( )

정답과 풀이 75쪽

서술형 문제

[19~20] 어느 지역의 목장별 기르고 있는 양의 수를 조사하여 나타낸 그림그래프입니다. 물음에 답하세요.

목장별 기르고 있는 양의 수

목장	양의 수
하늘	🐑🐑🐑🐑🐑🐑
구름	🐑🐑🐑🐑🐑🐑
별빛	🐑🐑🐑🐑🐑🐑🐑
햇살	🐑🐑🐑🐑🐑🐑

🐑10마리
🐑1마리

19 양의 수가 가장 적은 목장은 어느 목장인지 풀이 과정을 쓰고 답을 구해 보세요.

풀이

답

20 네 목장에서 기르고 있는 양은 모두 몇 마리인지 풀이 과정을 쓰고 답을 구해 보세요.

풀이

답

6

1 ☐ 안에 알맞은 수를 써넣으세요.

(1) 25를 5씩 묶으면 15는 25의 $\dfrac{\boxed{}}{5}$ 입니다.

(2) 30을 6씩 묶으면 24는 30의 $\dfrac{\boxed{}}{5}$ 입니다.

[2~3] 학교별 심은 나무 수를 조사하여 나타낸 그림그래프입니다. 물음에 답하세요.

학교별 심은 나무 수

학교	나무 수
가	🌳🌳🌳🌲
나	🌳🌳🌲🌲🌲
다	🌳🌳🌲
라	🌳🌳🌳🌲🌲

🌳 10그루
🌲 1그루

2 가 학교에 심은 나무는 몇 그루일까요?

(   )

3 나무를 가장 많이 심은 학교는 어디일까요?

(   )

4 의자의 무게를 가장 가깝게 어림한 것을 찾아 기호를 써 보세요.

㉠ 약 100 kg	㉡ 약 5 kg
㉢ 약 500 g	㉣ 약 8 g

(   )

5 가분수를 대분수로 나타냈을 때 자연수 부분이 가장 큰 분수는 어느 것일까요? (   )

① $\dfrac{13}{5}$ ② $\dfrac{7}{2}$ ③ $\dfrac{21}{10}$

④ $\dfrac{14}{3}$ ⑤ $\dfrac{25}{7}$

6 들이가 많은 것부터 차례로 기호를 써 보세요.

㉠ 4050 mL	㉡ 4 L 500 mL	㉢ 5 L

(   )

[7~8] 마을별 감자 생산량을 조사하여 나타낸 표입니다. 물음에 답하세요.

마을별 감자 생산량

마을	가	나	다	라	합계
생산량(kg)	430	520		250	1540

7 다 마을의 감자 생산량은 몇 kg인지 풀이 과정을 쓰고 답을 구해 보세요.

풀이

답

8 표를 보고 그림그래프로 나타내 보세요.

마을별 감자 생산량

마을	생산량
가	
나	
다	
라	

◯ [ ]kg
◦ [ ]kg

9 자연수 부분이 2이고 분모가 7인 대분수는 모두 몇 개일까요?

( )

10 지현이는 1시간의 $\frac{1}{4}$만큼, 유리는 1시간의 $\frac{2}{3}$만큼 동안 수학 공부를 하였습니다. 두 사람이 수학 공부를 한 시간은 모두 몇 분인지 풀이 과정을 쓰고 답을 구해 보세요.

풀이

답

11 물건을 5 kg까지 담을 수 있는 가방 안에 1 kg 300 g인 물건과 2 kg 500 g인 물건이 들어 있습니다. 더 담을 수 있는 무게는 몇 kg 몇 g인지 풀이 과정을 쓰고 답을 구해 보세요.

풀이

답

12 4장의 수 카드 중에서 2장을 골라 한 번씩만 사용하여 분모가 2인 가장 큰 가분수를 만들었습니다. 만든 가분수를 대분수로 나타내 보세요.

$$\boxed{2} \quad \boxed{4} \quad \boxed{5} \quad \boxed{7}$$

(   )

13 진호는 어제 고구마를 20 kg 500 g 캤고, 오늘은 어제보다 1 kg 400 g 더 많이 캤습니다. 진호가 어제와 오늘 캔 고구마는 모두 몇 kg 몇 g인지 풀이 과정을 쓰고 답을 구해 보세요.

풀이

답

14 ☐ 안에 들어갈 수 있는 자연수 중에서 가장 큰 수와 가장 작은 수의 합은 얼마인지 풀이 과정을 쓰고 답을 구해 보세요.

$$2\frac{3}{8} < \frac{\square}{8} < 3\frac{1}{8}$$

풀이

답

15 서진이와 재희가 산 사과주스와 딸기주스의 양입니다. 누가 산 주스가 몇 mL 더 많은지 풀이 과정을 쓰고 답을 구해 보세요.

	사과주스	딸기주스
서진	1 L 300 mL	1 L 700 mL
재희	900 mL	1 L 600 mL

풀이

답   ,

16 치킨 가게에서 하루 동안 팔린 치킨의 수를 조사하여 나타낸 그림그래프입니다. 하루 동안 팔린 치킨이 모두 95마리이고 양념치킨 수가 마늘치킨 수의 2배일 때 그림그래프를 완성해 보세요.

하루 동안 팔린 종류별 치킨의 수

종류	치킨의 수
양념치킨	
프라이드치킨	 🍗🍗🍗🍗🍗🍗
간장치킨	 🍗🍗🍗🍗🍗🍗🍗
마늘치킨	

🍗10마리 🍗1마리

17 조건을 만족시키는 가분수는 무엇인지 풀이 과정을 쓰고 답을 구해 보세요.

> • 분모와 분자의 합은 23입니다.
> • 분모와 분자의 차는 13입니다.

풀이 ......

......

......

......

답 ......

18 물이 1분 동안 2 L 500 mL씩 나오는 수도가 있습니다. 이 수도로 빈 어항에 3분 동안 물을 받았더니 700 mL의 물이 넘쳤습니다. 어항의 들이는 몇 L 몇 mL인지 풀이 과정을 쓰고 답을 구해 보세요.

풀이 ......

......

......

......

답 ......

19 무게가 똑같은 당근 7개를 그릇에 담아 무게를 재었더니 3 kg 500 g이었습니다. 이 중에서 당근 3개를 먹은 후 무게를 재었더니 2300 g이 되었습니다. 그릇만의 무게는 몇 g인지 풀이 과정을 쓰고 답을 구해 보세요.

풀이 ......

......

......

답 ......

20 나 마을의 사과 수확량은 다 마을보다 20 kg 더 많고 네 마을의 사과 수확량은 모두 700 kg입니다. 도로의 위쪽 마을의 사과 수확량은 모두 몇 kg인지 풀이 과정을 쓰고 답을 구해 보세요.

마을별 사과 수확량

100 kg
10 kg

풀이 ......

......

......

......

답 ......

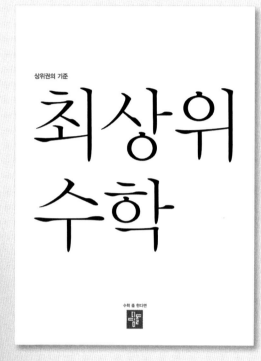

한걸음 한걸음 디딤돌을 걷다 보면
수학이 완성됩니다.

● **개념 다지기**
원리, 기본

● **문제해결력 강화**
문제유형, 응용

● **심화 완성**
최상위 수학S, 최상위 수학

● **연산 개념 다지기**
디딤돌 연산

● **개념+문제해결력 강화를 동시에**
기본+유형, 기본+응용

● **상위권의 힘, 사고력 강화**
최상위 사고력

개념 이해　　　　　**개념 응용**　　　　　**개념 확장**

학습 능력과 목표에 따라
맞춤형이 가능한 디딤돌 초등 수학

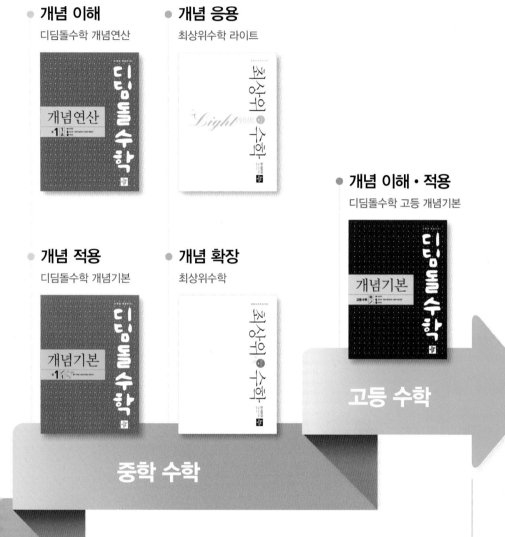

● **개념 이해**
디딤돌수학 개념연산

● **개념 응용**
최상위수학 라이트

● **개념 이해 · 적용**
디딤돌수학 고등 개념기본

● **개념 적용**
디딤돌수학 개념기본

● **개념 확장**
최상위수학

중학 수학

고등 수학

초등부터
고등까지

수학 좀 한다면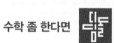

개념을 이해하고, 깨우치고, 꺼내 쓰는
올바른 중고등 개념 학습서

수능까지 연결되는 독해 로드맵

디딤돌 독해력은 수능까지 연결되는 체계적인 라인업을 통하여

수능에서 요구하는 핵심 독해 원리에 대한 이해는 물론,

단계 별로 심화되며 연결되는 학습의 과정을 통해

깊이 있고 종합적인 독해 사고의 능력까지 기를 수 있도록 도와줍니다.

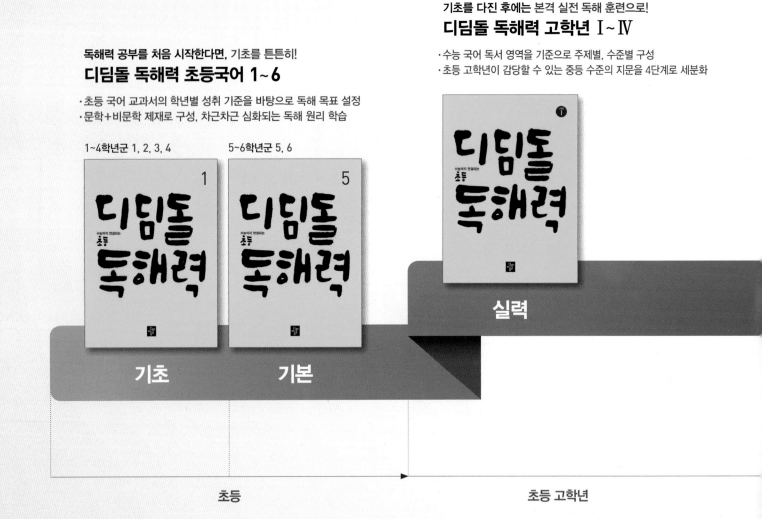

기초를 다진 후에는 본격 실전 독해 훈련으로!
디딤돌 독해력 고학년 Ⅰ~Ⅳ

· 수능 국어 독서 영역을 기준으로 주제별, 수준별 구성
· 초등 고학년이 감당할 수 있는 중등 수준의 지문을 4단계로 세분화

독해력 공부를 처음 시작한다면, 기초를 튼튼히!
디딤돌 독해력 초등국어 1~6

· 초등 국어 교과서의 학년별 성취 기준을 바탕으로 독해 목표 설정
· 문학+비문학 제재로 구성, 차근차근 심화되는 독해 원리 학습

1~4학년군 1, 2, 3, 4   5~6학년군 5, 6

기초   기본   실력

초등   초등 고학년

기본+유형 | 정답과 풀이

3
2

수학 좀 한다면
디딤돌

진도책 정답과 풀이

1 곱셈

학생들은 교실에서 사물함, 책상, 의자 등 줄을 맞춰 배열된 사물들과 묶음 단위로 판매되는 학용품이나 간식 등 곱셈 상황을 경험합니다. 이 같은 상황에서 사물의 수를 세거나 필요한 금액 등을 계산할 때 곱셈을 적용할 수 있습니다. 곱셈을 배우는 이번 단원에서는 다양한 형태의 곱셈 계산 원리와 방법을 스스로 발견할 수 있도록 지도합니다. 수 모형 놓아 보기, 모눈의 수 묶어 세기 등의 다양한 활동을 통해 곱셈의 알고리즘이 어떻게 형성되는지를 스스로 탐구할 수 있도록 합니다. 이 단원에서 학습하는 다양한 형태의 곱셈은 고학년에서 학습하게 되는 넓이, 확률 개념 등의 바탕이 됩니다.

STEP 1 교과개념 1. (세 자리 수) × (한 자리 수)(1)   7쪽

1 2, 4 / 2, 8 / 2, 6 / 4, 8, 6, 486

2 ①
	1	3	3
×			3
			9	← 3×3
		9	0	← 30×3
	3	0	0	← 100×3
	3	9	9

②
	1	3	3
×			3
	3	0	0	← 100×3
		9	0	← 30×3
			9	← 3×3
	3	9	9

3 6 / 4, 6 / 8, 4, 6

4 ① 400, 80, 4, 484
   ② 600, 90, 3, 693

1 백 모형이 4개, 십 모형이 8개, 일 모형이 6개이므로 243×2=400+80+6=486입니다.

2 계산 순서가 달라져도 계산 결과가 같습니다.

3 일의 자리, 십의 자리, 백의 자리 순서로 계산합니다.

$$\begin{array}{r} 4\;2\;3 \\ \times\quad 2 \\ \hline 6 \end{array} \Rightarrow \begin{array}{r} 4\;2\;3 \\ \times\quad 2 \\ \hline 4\;6 \end{array} \Rightarrow \begin{array}{r} 4\;2\;3 \\ \times\quad 2 \\ \hline 8\;4\;6 \end{array}$$

4 ① 121=100+20+1로 가르기하여 곱합니다.
   ② 231=200+30+1로 가르기하여 곱합니다.

STEP 1 교과개념 2. (세 자리 수) × (한 자리 수)(2)   9쪽

1 3, 6 / 3, 6 / 3, 12 / 6, 6, 12, 672

2 ① 2, 4 / 2, 5, 4 / 2, 3, 5, 4
   ② 8 / 1, 2, 8 / 1, 9, 2, 8
   ③ 4 / 2, 4 / 1, 4, 2, 4

3 ① 800, 40, 18, 858   ② 600, 210, 9, 819

1 백 모형이 6개, 십 모형이 6개, 일 모형이 12개이므로 224×3=600+60+12=672입니다.

2 ① 십의 자리의 계산 결과에 일의 자리에서 올림한 수 2를 잊지 않고 더합니다.
   ② 백의 자리의 계산 결과에 십의 자리에서 올림한 수 1을 잊지 않고 더합니다.
   ③ 백의 자리에서 올림이 있을 때는 올림한 수를 천의 자리에 바로 씁니다.

3 ① 429=400+20+9로 가르기하여 곱합니다.
   ② 273=200+70+3으로 가르기하여 곱합니다.

STEP 1 교과개념 3. (세 자리 수) × (한 자리 수)(3)   11쪽

1 3, 6 / 3, 12 / 3, 15 / 6, 12, 15, 735

2 ① 4, 5 / 3, 4, 4, 5 / 3, 4, 8, 4, 5
   ② 8 / 1, 2, 8 / 1, 1, 7, 2, 8

3

1 백 모형이 6개, 십 모형이 12개, 일 모형이 15개이므로 245×3=600+120+15=735입니다.

2 ② 십의 자리에서 올림한 수는 백의 자리의 계산 결과에 더하고, 백의 자리에서 올림한 수는 계산 결과의 천의 자리에 씁니다.

3 • 387을 어림하면 400쯤이므로 387×3을 어림하여 구하면 약 400×3=1200입니다.
   • 691을 어림하면 700쯤이므로 691×2를 어림하여 구하면 약 700×2=1400입니다.
   • 816을 어림하면 800쯤이므로 816×4를 어림하여 구하면 약 800×4=3200입니다.

STEP 1 교과개념 4. (몇십)×(몇십), (몇십몇)×(몇십) 13쪽

1 ① 540, 5400 ② 245, 2450

2 ① 42, 420 ② 140, 420

3 ① 100, 1800 ② 10, 2450

4 ① 1500 ② 2400 ③ 1360 ④ 1620

3 ① $90 \times 20 = 9 \times 2 \times 100 = 18 \times 100 = 1800$
  ② $49 \times 50 = 49 \times 5 \times 10 = 245 \times 10 = 2450$

STEP 1 교과개념 5. (몇)×(몇십몇) 15쪽

1 60 / 24 / 60, 24, 84

2

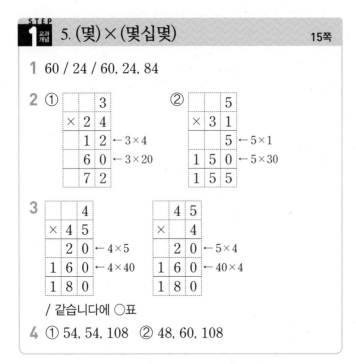

4 ① 54, 54, 108 ② 48, 60, 108

4 ① 18=9+9로 가르기하여 곱합니다.
  ② 18=8+10으로 가르기하여 곱합니다.

STEP 1 교과개념 6. (몇십몇)×(몇십몇) 17쪽

1 ① 30, 60 ② 30, 60, 1800

2 270 / 81 / 270, 81, 351

3 6, 5 / 6, 5, 5, 2, 0, 5, 8, 5

4 ①
```
    2 3
  ×   3 4
    9 2  ←23×4
  6 9 0  ←23×30
  7 8 2
```
②
```
    6 7
  ×   4 2
    1 3 4  ←67×2
  2 6 8 0  ←67×40
  2 8 1 4
```

2 $27 \times 13 = 27 \times 10 + 27 \times 3$
    $= 270 + 81 = 351$

3
```
    1 3          1 3
  × 4 5    →   × 4 5
    6 5          6 5
               5 2 0
               5 8 5
```

STEP 2 꼭 나오는 유형 18~23쪽

1 (1) 286 (2) 609 (3) 963 (4) 848

2 (왼쪽에서부터) 6, 60, 300, 366 /
  8, 80, 400, 488

3 693   **4** (1) < (2) >

5 302×3=906 (또는 302×3) / 906 km

6 고양이   **7** 예 1, 3, 4 / 268

8 (1) 852 (2) 540 (3) 966 (4) 2193

준비 (1) 6, 9, 15 (2) 60, 80, 140

9 (왼쪽에서부터) 336, 448, 784 / 260, 390, 650

10 219×4=876

11 예 일의 자리의 계산에서 올림한 수 1을 십의 자리 계산
에 더하지 않아 잘못 계산했습니다. /
```
    1
  4 3 7
  ×   2
  8 7 4
```

12 132×4=528 (또는 132×4) / 528원

13 1470장

14 102, 8 (또는 204, 4)

15 (1) 572 (2) 1419 (3) 3105 (4) 4336

16 600, 1800 / 1782

17 (1) 2, 448, 1344 (2) 3, 969, 2907

18 ㉠   **준비** 4, 3, 2

19 (1) 231 (2) 231   **20** 3150 m

21 예 애호박 / 1100 g

22 (1) 2000 (2) 560 (3) 4200 (4) 380

23 (왼쪽에서부터) 800, 800, 1600 / 1200, 400, 1600

24 (1) 2400, 2400 (2) 2800, 2800

25 60, 2940   **26** 2240, 3950

27   **28** 3600초

29 20쪽

30 (1) 78 (2) 185 (3) 276 (4) 588

31 (1) 12, 320, 332 (2) 120, 32, 152

32 (위에서부터) (1) 192, 64 (2) 192, 48

㉝ 예 아령 들기 / 196회

34 161개   **35** (1) 16 (2) 25

36 (1) 884 (2) 1944 (3) 1003 (4) 1316

37 (왼쪽에서부터) 2520, 756, 3276 /
3120, 156, 3276

준비 (왼쪽에서부터) 10, 30 / 15, 30

38 (왼쪽에서부터) 60, 480 / 120, 480

39 924, =, 924   **40** 승무원에 ○표

41 448개   **42** 37, 28에 색칠

---

2 · 122=2+20+100이므로 122×3은 2×3,
20×3, 100×3의 합과 같습니다.
· 122×4는 2×4, 20×4, 100×4의 합과 같습니다.

3 231씩 3번 뛰어 세었으므로 231×3=693입니다.

4 (1) 곱해지는 수가 같을 때 곱하는 수가 클수록 곱이 큽니다.
(2) 221×4=884, 431×2=862 ➡ 884>862

5 (3시간 동안 이동할 수 있는 거리)
=302×3=906(km)

6 212×4=848 ➡ 고, 101×9=909 ➡ 양,
233×3=699 ➡ 이

☺ 내가 만드는 문제
7 수 카드에 적힌 수를 □ 안에 써넣어 곱셈식
134×2=268, 143×2=286, 314×2=628,
341×2=682, 413×2=826, 431×2=862를 만
들 수 있습니다.

8 (1)   1
   2 1 3
 ×   4
   8 5 2

(2)   4
   1 0 8
 ×   5
   5 4 0

---

(3)   3
   1 6 1
 ×   6
   9 6 6

(4)
   7 3 1
 ×   3
 2 1 9 3

9 · 112×7 < $\begin{matrix}112×3\\112×4\end{matrix}$ · 130×5 < $\begin{matrix}130×2\\130×3\end{matrix}$
      3 4   2 3

10 219를 4번 더한 값은 219×4와 같습니다.

서술형
11

단계	문제 해결 과정
①	잘못 계산한 부분을 찾아 까닭을 썼나요?
②	바르게 계산했나요?

12 1크로나가 132원이므로 4크로나는 132×4=528(원)
입니다.

13 (7상자에 들어 있는 색종이 수)=210×7=1470(장)

14 일의 자리 곱이 6이 되는 (세 자리 수)×(한 자리 수)를
먼저 찾습니다.
102×8=816, 204×4=816을 완성할 수 있습니다.

15 (1)   1 1
   2 8 6
 ×   2
   5 7 2

(2)   2
   4 7 3
 ×   3
 1 4 1 9

(3)   1
   6 2 1
 ×   5
 3 1 0 5

(4)   3 1
   5 4 2
 ×   8
 4 3 3 6

16 594를 어림하면 600쯤이므로 594×3을 어림하여 구하
면 약 600×3=1800입니다.
   2 1
   5 9 4
 ×   3
 1 7 8 2

17 (1) 224 × ⑥ =1344
224 × 2 × 3 =1344
    448

(2) 323 × ⑨ =2907
323 × 3 × 3 =2907
    969

18 ㉠ 413×6=2478
㉡ 525×4=2100
㉢ 267×8=2136
➡ 2478>2136>2100

19 (1) $231 \times 6 = \underline{231+231+231+231+231+231}$
$\qquad\qquad\qquad\qquad 231 \times 5$

(2) $231 \times 4 = \underline{231+231+231+231+231}-231$
$\qquad\qquad\qquad\qquad 231 \times 5$

20 지구는 1초에 450 m를 움직이므로 7초 동안 움직이는 거리는 $450 \times 7 = 3150$ (m)입니다.

😊 내가 만드는 문제
21 (당근 5개의 무게)$=152 \times 5 = 760$ (g)
(애호박 5개의 무게)$=220 \times 5 = 1100$ (g)
(고구마 5개의 무게)$=324 \times 5 = 1620$ (g)

22 (3) $60 \times 70 = 4200$ (4) $19 \times 20 = 380$

23 • $80 = 40+40$이므로 20×80은 20×40과 20×40의 합과 같습니다.
• $80 = 60+20$이므로 20×80은 20×60과 20×20의 합과 같습니다.

24 곱셈과 나눗셈의 관계를 이용합니다.
● × ▲ = ■
■ ÷ ▲ = ●
(1) $80 \times 30 = 2400$
$2400 \div 30 = 80$
(2) $70 \times 40 = 2800$
$2800 \div 40 = 70$

25 곱셈에서 두 수를 바꾸어 곱해도 계산 결과는 같습니다.

26 $25 \times 30 = 750$이므로 빈칸에 양쪽의 두 수를 곱한 값을 쓰는 규칙입니다.
➡ $56 \times 40 = 2240$, $79 \times 50 = 3950$

27 • 15×40 ×2↓ ↑×2 $30 \times 20 = 20 \times 30$
• 45×80 ×2↓ ↑×2 $90 \times 40 = 40 \times 90$
• 35×60 ×2↓ ↑×2 $70 \times 30 = 30 \times 70$

서술형
28 예) 1시간은 60분이고 1분은 60초이므로
1시간은 $60 \times 60 = 3600$(초)입니다.

단계	문제 해결 과정
①	1시간은 몇 초인지 구하는 식을 세웠나요?
②	1시간은 몇 초인지 구했나요?

29 (서우가 읽은 동화책의 쪽수)$=16 \times 20 = 320$(쪽)
(더 읽어야 하는 동화책의 쪽수)$=340-320 = 20$(쪽)

30 (1) $\begin{array}{r} 1 \\ 3 \\ \times\ 2\ 6 \\ \hline 7\ 8 \end{array}$
(2) $\begin{array}{r} 3 \\ 5 \\ \times\ 3\ 7 \\ \hline 1\ 8\ 5 \end{array}$
(3) $\begin{array}{r} 3 \\ 4 \\ \times\ 6\ 9 \\ \hline 2\ 7\ 6 \end{array}$
(4) $\begin{array}{r} 2 \\ 7 \\ \times\ 8\ 4 \\ \hline 5\ 8\ 8 \end{array}$

31 (1) $83 = 80+3$이므로 4×83은 4×3과 4×80의 합과 같습니다.
(2) $38 = 30+8$이므로 4×38은 4×30과 4×8의 합과 같습니다.

32 (1) $8 \times \boxed{24} = 192$
$8 \times 8 \times 3 = 192$
$\quad 64$
(2) $8 \times \boxed{24} = 192$
$8 \times 6 \times 4 = 192$
$\quad 48$

😊 내가 만드는 문제
33 일주일은 7일이므로
$7 \times$ (선택한 운동의 하루에 하는 횟수)를 계산합니다.
윗몸 말아 올리기를 선택한 경우: $7 \times 13 = 91$(회)
아령 들기를 선택한 경우: $7 \times 28 = 196$(회)
줄넘기를 선택한 경우: $7 \times 44 = 308$(회)
훌라후프 돌리기를 선택한 경우: $7 \times 52 = 364$(회)

34 (사야 하는 가위 수)$=5 \times 13 = 65$(개)
(사야 하는 지우개 수)$=8 \times 12 = 96$(개)
➡ $65+96 = 161$(개)

35 (1) ★을 4번 더하면 64이므로 $4 \times$★$=64$입니다.
$4 \times 16 = 64$이므로 ★$=16$입니다.
(2) ●을 5번 더하면 125이므로 $5 \times$●$=125$입니다.
$5 \times 25 = 125$이므로 ●$=25$입니다.

36 (1) $\begin{array}{r} 6\ 8 \\ \times\ 1\ 3 \\ \hline 2\ 0\ 4 \\ 6\ 8\ 0 \\ \hline 8\ 8\ 4 \end{array}$
(2) $\begin{array}{r} 3\ 6 \\ \times\ 5\ 4 \\ \hline 1\ 4\ 4 \\ 1\ 8\ 0\ 0 \\ \hline 1\ 9\ 4\ 4 \end{array}$
(3) $\begin{array}{r} 5\ 9 \\ \times\ 1\ 7 \\ \hline 4\ 1\ 3 \\ 5\ 9\ 0 \\ \hline 1\ 0\ 0\ 3 \end{array}$
(4) $\begin{array}{r} 4\ 7 \\ \times\ 2\ 8 \\ \hline 3\ 7\ 6 \\ 9\ 4\ 0 \\ \hline 1\ 3\ 1\ 6 \end{array}$

37
$$\cdot 84\times39 < \begin{matrix}84\times30\\84\times\ 9\end{matrix}$$
$$\underset{30\quad 9}{\diagup}$$
$$\cdot 84\times39 < \begin{matrix}80\times39\\4\times39\end{matrix}$$
$$\underset{80\quad 4}{\diagup}$$

38 $32=4\times8=8\times4$이므로
$15\times32=15\times4\times8=15\times8\times4$입니다.

39 곱해지는 수가 커진 만큼 곱하는 수가 작아지면 곱의 결과는 같습니다.

40 비행기 탑승: 42를 40쯤으로 어림하면 $40\times13=520$ 이므로 42×13은 500보다 큽니다.
승무원: 18을 20쯤으로 어림하면 $20\times25=500$이므로 18×25는 500보다 작습니다.
우주 실험실: 31을 30쯤으로 어림하면 $30\times17=510$ 이므로 31×17은 500보다 큽니다.
따라서 방문객이 모두 체험할 수 없는 활동은 승무원 체험입니다.

41 40봉지 중 12봉지를 팔았으므로 남은 귤은
$40-12=28$(봉지)입니다.
따라서 남은 귤은 $16\times28=448$(개)입니다.

42 곱의 일의 자리 수가 6이 되는 두 수는 42와 28 또는 37과 28입니다.
$42\times28=1176,\ 37\times28=1036$

STEP 3 실수하기 쉬운 유형 24~26쪽

1 244, 366, 610
2 306, 408, 7, 714
3 669, 446, 1115
4
$$\begin{array}{r}\overset{1\ \ 2}{5\ 3\ 9}\\ \times\qquad 3\\ \hline 1\ 6\ 1\ 7\end{array}$$
5
$$\begin{array}{r}\overset{1\ 4}{4\ 2\ 7}\\ \times\qquad 6\\ \hline 2\ 5\ 6\ 2\end{array}$$
6
$$\begin{array}{r}\overset{5}{2\ 0\ 6}\\ \times\qquad 9\\ \hline 1\ 8\ 5\ 4\end{array}$$
7 3
8 38, 76
9 21, 48
10 3295

11 2590
12 5248
13 20
14 16, 64
15 25, 15
16 1395분
17 798쪽
18 366개

1 $5=2+3$이므로 122×5는 122×2와 122×3의 합과 같습니다.

2 $7=3+4$이므로 102×7은 102×3과 102×4의 합과 같습니다.

3 $223\times5 \Rightarrow$
$$\underset{3\ \ 2}{\diagup}$$
$$\begin{array}{r}223\times3=\ \ 669\\ 223\times2=\ \ 446\\ \hline 223\times5=1115\end{array}$$

4 일의 자리 계산 $9\times3=27$에서 2는 십의 자리로 올림하고, 십의 자리 계산 $3\times3+2=11$에서 1은 백의 자리로 올림합니다. 백의 자리 계산 $5\times3+1=16$에서 1은 천의 자리에 씁니다.

5 일의 자리 계산 $7\times6=42$에서 4는 십의 자리로 올림하고, 십의 자리 계산 $2\times6+4=16$에서 1은 백의 자리로 올림합니다. 백의 자리 계산 $4\times6+1=25$에서 2는 천의 자리에 씁니다.

6 일의 자리 계산 $6\times9=54$에서 5는 십의 자리로 올림하고, 십의 자리 계산 $0\times9+5=5$이므로 5는 십의 자리에 씁니다. 백의 자리 계산 $2\times9=18$에서 1은 천의 자리에 씁니다.

7 $243\times4=\underset{243\times3}{\underline{243+243+243}}+243$

8 $38\times12=\underset{38\times11}{\underline{38+38+\cdots+38+38}}+38$
$\qquad\qquad =38\times11+38$
$38\times12=\underset{38\times10}{\underline{38+38+\cdots+38}}+\underset{38\times2}{\underline{38+38}}$
$\qquad\qquad =38\times10+76$

9 $7\times53=\underset{7\times50}{\underline{7+7+\cdots+7}}+\underset{7\times3}{\underline{7+7+7}}$
$\qquad\qquad =7\times50+21$
$35=7\times5$이므로
$7\times53=\underset{7\times48}{\underline{7+7+\cdots+7}}+\underset{7\times5}{\underline{7+7+7+7+7}}$
$\qquad\qquad =7\times48+35$

10 □÷5=659

□=659×5=3295

11 □÷70=37

□=37×70=2590

12 어떤 수를 □라고 하면

□÷64=82

□=82×64=5248입니다.

13
$$\underset{\times 3}{\overset{\times 3}{13 \times 60 = 39 \times 20}}$$

13에서 39로 곱해지는 수가 3배 커진 만큼 곱하는 수가 60에서 작아지면 20입니다.

14
$$\underset{\times 2}{\overset{\times 2}{24 \times 32 = 48 \times 16}}$$

24에서 48로 곱해지는 수가 2배 커진 만큼 곱하는 수가 32에서 작아지면 16입니다.

$$\overset{\times 2}{24 \times 32 = 12 \times 64}\underset{\times 2}{}$$

24에서 12로 곱해지는 수가 작아진 만큼 곱하는 수가 32에서 2배 커지면 64입니다.

15
$$\underset{\times 3}{\overset{\times 3}{8 \times 75 = 24 \times 25}}$$

8에서 24로 곱해지는 수가 3배 커진 만큼 곱하는 수가 75에서 작아지면 25입니다.

$$\underset{\times 5}{\overset{\times 5}{8 \times 75 = 40 \times 15}}$$

8에서 40으로 곱해지는 수가 5배 커진 만큼 곱하는 수가 75에서 작아지면 15입니다.

16 10월은 31일까지 있습니다.

(10월 한 달 동안 독서를 한 시간)

=(하루의 독서 시간)×(날수)

=45×31

=1395(분)

17 3주일은 7×3=21(일)입니다.

(3주일 동안 읽은 역사책의 쪽수)

=(하루에 읽은 역사책의 쪽수)×(날수)

=38×21

=798(쪽)

18 3월은 31일, 4월은 30일까지 있으므로 3월과 4월의 날 수는 모두 61일입니다.

딸기를 하루에 6개씩 먹어야 하므로 두 달 동안 6×61=366(개)를 먹어야 합니다.

STEP 4 상위권 도전 유형 27~30쪽

1 520분

2 252개

3 585쪽

4 1720

5 754

6 883

7 8, 9

8 5

9 4, 5, 6

10 (위에서부터) 2, 6

11 (위에서부터) 7, 5

12 (위에서부터) 6, 8, 8, 7

13 465 cm

14 516 cm

15 8 cm

16 3시간 20분

17 5시간 4분

18 4시간 48분

19 1413

20 1238

21 3069

22 8, 2, 5, 4, 4428 (또는 5, 4, 8, 2, 4428)

23 3, 6, 4, 9, 1764 (또는 4, 9, 3, 6, 1764)

24 83, 75, 6225 (또는 75, 83, 6225) / 15, 37, 555 (또는 37, 15, 555)

1 월요일, 수요일, 금요일은 모두 13일입니다.
따라서 윤성이가 한 달 동안 태권도를 한 시간은 모두
$40 \times 13 = 13 \times 40 = 520$(분)입니다.

2 월요일, 화요일, 목요일은 모두 14일입니다.
따라서 아영이가 한 달 동안 외운 한자는 모두
$18 \times 14 = 252$(개)입니다.

3 수요일, 토요일, 일요일은 모두 13일입니다.
따라서 성아가 한 달 동안 읽은 과학책은 모두
$45 \times 13 = 585$(쪽)입니다.

4 어떤 수를 □라고 하면
□$+40 = 83$, □$= 83 - 40 = 43$입니다.
따라서 바르게 계산하면 $43 \times 40 = 1720$입니다.

5 어떤 수를 □라고 하면
□$-13 = 45$, □$= 45 + 13 = 58$입니다.
따라서 바르게 계산하면 $58 \times 13 = 754$입니다.

6 어떤 수를 □라고 하면
□$+27 = 62$, □$= 62 - 27 = 35$입니다.
바르게 계산하면 $35 \times 27 = 945$입니다.
따라서 바르게 계산한 값과 잘못 계산한 값의 차는
$945 - 62 = 883$입니다.

7 24를 20쯤으로 어림하면 $20 \times 90 = 1800$이므로 □ 안에 7과 8을 넣어 봅니다.
$24 \times 70 = 1680$, $24 \times 80 = 1920$
따라서 $24 \times □0$이 1800보다 커야 하므로 □ 안에 들어갈 수 있는 수는 8, 9입니다.

8 $36 \times 19 = 684$이므로 $125 \times □ < 684$입니다.
$125 \times 5 = 625$, $125 \times 6 = 750$이므로 □ 안에는 5와 같거나 5보다 작은 자연수가 들어가야 합니다.
따라서 □ 안에 들어갈 수 있는 자연수 중에서 가장 큰 수는 5입니다.

9 77을 80쯤으로 어림하면 $80 \times 30 = 2400$, $80 \times 70 = 5600$이므로 □ 안에 4, 5, 6, 7을 넣어 봅니다.
$77 \times 40 = 3080$, $77 \times 50 = 3850$,
$77 \times 60 = 4620$, $77 \times 70 = 5390$
따라서 $77 \times □0$이 3000보다 크고 5000보다 작아야 하므로 □ 안에 들어갈 수 있는 수는 4, 5, 6입니다.

10
$$\begin{array}{r} ⓛ\,1\,3 \\ \times \qquad ㉠ \\ \hline 1\,2\,7\,8 \end{array}$$
• 일의 자리 계산에서 $3 \times ㉠$의 일의 자리 수가 8이므로 $㉠ = 6$입니다.
• 백의 자리 계산에서 $ⓛ \times 6 = 12$이므로 $ⓛ = 2$입니다.

11
$$\begin{array}{r} ㉠ \\ \times \quad ⓛ\,3 \\ \hline 3\,7\,1 \end{array}$$
• 일의 자리 계산에서 $㉠ \times 3$의 일의 자리 수가 1이므로 $㉠ = 7$입니다.
• $7 \times 3 = 21$이고 십의 자리 계산에서
$7 \times ⓛ + 2 = 37$, $7 \times ⓛ = 35$, $ⓛ = 5$입니다.

12
$$\begin{array}{r} ㉠\,4 \\ \times \quad 2\,ⓛ \\ \hline 5\,1\,2 \\ 1\,2\,ⓒ\,0 \\ \hline 1\,㉣\,9\,2 \end{array}$$
• $ⓒ = 4 \times 2 = 8$, $㉠ \times 2 = 12$이므로 $㉠ = 6$입니다.
• $4 \times ⓛ$의 일의 자리 수가 2이므로 $ⓛ = 3$ 또는 $ⓛ = 8$입니다.
$ⓛ = 3$인 경우 $64 \times 3 = 192(\times)$,
$ⓛ = 8$인 경우 $64 \times 8 = 512(\bigcirc)$이므로 $ⓛ = 8$입니다.
• $㉣ = 5 + 2 = 7$입니다.

13 (색 테이프 20장의 길이의 합)$= 28 \times 20 = 560$ (cm)
겹쳐진 부분은 $20 - 1 = 19$(군데)이므로
(겹쳐진 부분의 길이의 합)$= 5 \times 19 = 95$ (cm)입니다.
➡ (이어 붙인 색 테이프의 전체 길이)
$= 560 - 95 = 465$ (cm)

14 (색 테이프 17장의 길이의 합)$= 36 \times 17 = 612$ (cm)
겹쳐진 부분은 $17 - 1 = 16$(군데)이므로
(겹쳐진 부분의 길이의 합)$= 6 \times 16 = 96$ (cm)입니다.
➡ (이어 붙인 색 테이프의 전체 길이)
$= 612 - 96 = 516$ (cm)

15 (색 테이프 25장의 길이의 합)$= 45 \times 25 = 1125$ (cm)
(겹쳐진 부분의 길이의 합)$= 1125 - 933 = 192$ (cm)
겹쳐진 부분은 $25 - 1 = 24$(군데)이므로 □cm씩 겹쳐서 이어 붙였다면 □$\times 24 = 192$입니다.
$8 \times 24 = 192$이므로 □$= 8$입니다.
따라서 8 cm씩 겹쳐서 이어 붙였습니다.

16 통나무가 11도막이 되려면 10번 잘라야 합니다.
통나무를 1번 자르는 데 20분이 걸리므로 10번 자르는
데 $20 \times 10 = 200$(분)이 걸립니다.
따라서 60분＝1시간이므로 200분은 3시간 20분입니다.

17 통나무가 20도막이 되려면 19번 잘라야 합니다.
통나무를 1번 자르는 데 16분이 걸리므로 19번 자르는
데 $16 \times 19 = 304$(분)이 걸립니다.
따라서 60분＝1시간이므로 304분은 5시간 4분입니다.

18 통나무를 3번 자르는 데 36분이 걸리고
$12 + 12 + 12 = 36$이므로 1번 자르는 데 12분이 걸립니다.
통나무가 25도막이 되려면 24번 잘라야 하므로
$12 \times 24 = 288$(분)이 걸립니다.
따라서 60분＝1시간이므로 288분은 4시간 48분입니다.

19 $157 ♥ 3 = 157 \times 3 \times 3$
$= 471 \times 3 = 1413$

20 $28 ♣ 41 = 28 \times 41 + 90$
$= 1148 + 90 = 1238$

21 ㉠＝63, ㉡＝30이므로 ㉢＝$63 + 30 = 93$,
㉣＝$63 - 30 = 33$입니다.
➡ $63 ★ 30 = 93 \times 33 = 3069$

22 ㉠＞㉡＞㉢＞㉣일 때 곱이 가장 큰
(두 자리 수)×(두 자리 수)는 ㉠㉣×㉡㉢입니다.
8＞5＞4＞2이므로 곱이 가장 큰 곱셈식은
$82 \times 54 = 4428$입니다.

23 ㉠＜㉡＜㉢＜㉣일 때 곱이 가장 작은
(두 자리 수)×(두 자리 수)는 ㉠㉢×㉡㉣입니다.
3＜4＜6＜9이므로 곱이 가장 작은 곱셈식은
$36 \times 49 = 1764$입니다.

24 • 곱이 가장 큰 경우: 가장 작은 수인 1을 빼면
8＞7＞5＞3이므로 곱이 가장 큰 곱셈식은
$83 \times 75 = 6225$입니다.
• 곱이 가장 작은 경우: 가장 큰 수인 8을 빼면
1＜3＜5＜7이므로 곱이 가장 작은 곱셈식은
$15 \times 37 = 555$입니다.

수시 평가 대비 Level ❶ 31~33쪽

1 603

2 3, 339, 1017

3 (1) 217 (2) 217

4 940, 47

5 2600, 195, 2795

6

7
$$\begin{array}{r} 4\ 3 \\ \times\ 7\ 2 \\ \hline 8\ 6 \\ 3\ 0\ 1\ 0\ \ \\ \hline 3\ 0\ 9\ 6 \end{array}$$

8 $310 \times 7 = 2170$ (또는 310×7) / 2170번

9 84

10 ㉣, ㉡, ㉢, ㉠

11 81

12 984

13 720시간

14 1291

15 875 cm

16 8

17 5, 6, 9, 4, 2276

18 1, 2, 3

19 438 cm

20 5400원

---

1 201을 3번 더하는 것이므로 $201 \times 3 = 603$입니다.

2 $9 = 3 \times 3$이므로 113×9는 113×3을 계산한 값에 3을
곱한 것과 같습니다.

3 (1) 217×7
$= \underbrace{217 + 217 + 217 + 217 + 217 + 217}_{217 \times 6} + 217$
(2) 217×5
$= \underbrace{217 + 217 + 217 + 217 + 217 + 217}_{217 \times 6} - 217$

5 $43 = 40 + 3$이므로 65×43은 65×40과 65×3의 합
과 같습니다.

6 $9 \times 54 = 486$, $7 \times 68 = 476$, $6 \times 76 = 456$

7 43×70의 계산에서 자리를 잘못 맞추어 썼습니다.

8 일주일은 7일입니다.
(일주일 동안 한 줄넘기 횟수)＝$310 \times 7 = 2170$(번)

9 $4 \times 71 = 284$, $8 \times 25 = 200$
➡ $284 - 200 = 84$

10 ㉠ $60 \times 30 = 1800$ ㉡ $94 \times 20 = 1880$
㉢ $37 \times 50 = 1850$ ㉣ $50 \times 40 = 2000$
$2000 > 1880 > 1850 > 1800$이므로 곱이 큰 것부터
차례로 기호를 쓰면 ㉣, ㉡, ㉢, ㉠입니다.

11 $18 \times 45 = 810$이므로 $810 = \square \times 10$, $\square = 81$입니다.

12 100이 3개, 10이 2개, 1이 8개인 수는 328입니다.
➡ $328 \times 3 = 984$

13 6월 한 달은 30일입니다. 하루는 24시간이므로 30일은
모두 $24 \times 30 = 720$(시간)입니다.

14 민지: $215 \times 5 = 1075$, 은호: $6 \times 36 = 216$
➡ $1075 + 216 = 1291$

15 삼각형의 세 변과 사각형의 네 변의 길이가 모두 같습니다.
삼각형의 변은 3개, 사각형의 변은 4개이므로 변은 모두
7개입니다. ➡ $125 \times 7 = 875$ (cm)

16 $\square \times 6$의 일의 자리 수가 8이므로 $\square = 3$ 또는 $\square = 8$입
니다. $\square = 3$인 경우 $23 \times 6 = 138$,
$\square = 8$인 경우 $28 \times 6 = 168$이므로 $\square$ 안에 알맞은 수
는 8입니다.

17 곱이 가장 작은 곱셈식은 한 자리 수에 가장 작은 수를 놓
고 나머지 세 수로 가장 작은 세 자리 수를 만듭니다.
수 카드의 수의 크기를 비교하면 $4 < 5 < 6 < 9$이므로
곱이 가장 작은 곱셈식은 $569 \times 4 = 2276$입니다.

18 $63 \times 26 = 1638$이므로 $1638 > 459 \times \square$입니다.
$459 \times 1 = 459$, $459 \times 2 = 918$, $459 \times 3 = 1377$,
$459 \times 4 = 1836$이므로 $\square$ 안에 들어갈 수 있는 수는
1, 2, 3입니다.

서술형
19 예 (색 테이프 14장의 길이의 합)$= 35 \times 14 = 490$ (cm)
겹쳐진 부분은 $14 - 1 = 13$(군데)이므로
(겹쳐진 부분의 길이의 합)$= 4 \times 13 = 52$ (cm)입니다.
➡ (이어 붙인 색 테이프의 전체 길이)
$= 490 - 52 = 438$ (cm)

평가 기준	배점
색 테이프 14장의 길이의 합과 겹쳐진 부분의 길이의 합을 각 각 구했나요?	3점
이어 붙인 색 테이프의 전체 길이를 구했나요?	2점

서술형
20 예 (지우개 4개의 값)$= 450 \times 4 = 1800$(원)
(연필 5자루의 값)$= 720 \times 5 = 3600$(원)
(내야 하는 돈)$= 1800 + 3600 = 5400$(원)

평가 기준	배점
지우개 4개와 연필 5자루의 값을 각각 구했나요?	3점
내야 하는 돈은 얼마인지 구했나요?	2점

수시 평가 대비 Level ❷
34~36쪽

1 4, 808	**2** (1) 975 (2) 4167
3 444, 888, 6, 1332	**4** 760, 1520
5 (위에서부터) 900, 100	

6
$$\begin{array}{r} 7\ 3 \\ \times\ 2\ 3 \\ \hline 2\ 1\ 9 \\ 1\ 4\ 6\ 0 \\ \hline 1\ 6\ 7\ 9 \end{array}$$

7 (1) $<$ (2) $>$

8 (1) 245, 5 (2) 528, 8	**9** ㉠
10 $27 \times 20 = 540$ (또는 27×20) / 540개	
11 3개	**12** (1) 60 (2) 40
13 ㉡, ㉢, ㉠	**14** (1) 12 (2) 23
15 312, 936	**16** 350개
17 1, 2, 3, 4	**18** (위에서부터) 6, 7, 2
19 1978	**20** 290원

1 202를 4번 더했으므로 202×4로 나타냅니다.
➡ $202 \times 4 = 808$

2 (1)
$$\begin{array}{r} \overset{1}{3}\ 2\ 5 \\ \times\quad\ 3 \\ \hline 9\ 7\ 5 \end{array}$$
(2)
$$\begin{array}{r} \overset{5}{4}\ \overset{2}{6}\ 3 \\ \times\quad\ 9 \\ \hline 4\ 1\ 6\ 7 \end{array}$$

3 $6 = 2 + 4$이므로 222×6은 222×2와 222×4의 합
과 같습니다.

4 $38 \times 20 = 760$
$\times 2 \downarrow \qquad \downarrow \times 2$
$38 \times 40 = 1520$

5 $25 \times 36 = 900$
$\underline{25 \times 4 \times 9} = 900$
100

6 73×2는 실제로 73×20을 나타내므로
73×20=1460을 자리에 맞추어 써야 합니다.

주의 | 73×20의 곱 1460에서 0을 생략하여 146으로 쓸 때 6을 십의 자리부터 써서 위의 자리로 차례로 써야 합니다.

7 (1) 8×97=776, 40×20=800
➡ 776<800
(2) 7×68=476, 21×21=441
➡ 476>441

8 곱셈에서 두 수를 바꾸어 곱해도 계산 결과는 같습니다.

9 ㉠ 274×3=822
㉡ 416×2=832
㉢ 208×4=832
따라서 곱이 다른 하나는 ㉠입니다.

10 (전체 고구마의 수)
=(한 봉지에 들어 있는 고구마의 수)×(봉지의 수)
=27×20=540(개)

11 14×32=448, 113×4=452
448과 452 사이에 있는 자연수는 449, 450, 451로 모두 3개입니다.

12 (1) 60×80=4800
(2) 17×40=680

13 ㉠ 809+809+809=809×3=2427
㉡ 73×40=2920
㉢ 32×90=2880
2920>2880>2427이므로 계산 결과가 큰 것부터 차례로 기호를 쓰면 ㉡, ㉢, ㉠입니다.

14 (1) 6×84=42×12
곱해지는 수가 6에서 42로 7배 커진 만큼 곱하는 수가 84에서 작아지면 12입니다.
(2) 9×92=36×23
곱해지는 수가 9에서 36으로 4배 커진 만큼 곱하는 수가 92에서 작아지면 23입니다.

15 312×8
$=\underbrace{312+312+312+312+312+312+312+312}_{312×7}$
=312×7+312
312×8
$=\underbrace{312+312+312+312+312}_{312×5}+\underbrace{312+312+312}_{312×3}$
=312×5+936

16 월요일, 수요일, 금요일은 모두 14일입니다.
따라서 윤지가 한 달 동안 외운 영어 단어는 모두
25×14=350(개)입니다.

17 52×34=1768이므로 1768>418×□입니다.
418을 400쯤으로 어림하면 400×4=1600이므로
□ 안에 4, 5를 넣어 봅니다.
418×4=1672, 418×5=2090
따라서 418×□가 1768보다 작아야 하므로 □ 안에 들어갈 수 있는 수는 1, 2, 3, 4입니다.

18
$$\begin{array}{r} 4\ ㉠ \\ \times\ ㉡\ 3 \\ \hline 1\ 3\ 8 \\ 3\ ㉢\ 2\ 0 \\ \hline 3\ 3\ 5\ 8 \end{array}$$
• ㉠×3의 일의 자리 수가 8이므로 ㉠=6입니다.
• 6×㉡의 일의 자리 수가 2이므로 ㉡=2 또는 ㉡=7입니다.
㉡=2인 경우 46×2=92(×),
㉡=7인 경우 46×7=322(○)이므로 ㉡=7이고 ㉢=2입니다.

서술형
19 예 8>6>3>2이므로 만들 수 있는 가장 큰 두 자리 수는 86, 가장 작은 두 자리 수는 23입니다.
따라서 만든 두 수의 곱은 86×23=1978입니다.

평가 기준	배점
만들 수 있는 가장 큰 두 자리 수와 가장 작은 두 자리 수를 각각 구했나요?	2점
만든 두 수의 곱을 구했나요?	3점

서술형
20 예 (도화지 24장의 값)=40×24=960(원)
(구슬 5개의 값)=150×5=750(원)
(받아야 할 거스름돈)=2000−960−750=290(원)

평가 기준	배점
도화지와 구슬의 값을 각각 구했나요?	3점
받아야 할 거스름돈은 얼마인지 구했나요?	2점

2 나눗셈

우리는 일상생활 속에서 많은 양의 물건을 몇 개의 그릇에 나누어 담거나 일정한 양을 몇 사람에게 똑같이 나누어 주어야 하는 경우를 종종 경험하게 됩니다. 이렇게 나눗셈이 이루어지는 실생활에서 나눗셈의 의미를 이해하고 식을 세워 문제를 해결할 수 있어야 합니다. 이 단원에서는 이러한 나눗셈 상황의 문제를 해결하기 위해 수 모형으로 조작해 보고 계산 원리를 발견하게 됩니다. 또한 나눗셈의 몫과 나머지의 의미를 바르게 이해하고 구하는 과정을 학습합니다. 이때 단순히 나눗셈 알고리즘의 훈련만으로 학습하는 것이 아니라 실생활의 문제 상황을 적절히 도입하여 곱셈과 나눗셈의 학습이 자연스럽게 이루어지도록 합니다.

STEP 1 교과개념 1. (몇십)÷(몇)   39쪽

1 ① 30 ② 25

2 ① 1, 10 ② 4, 40

3 ① (위에서부터) 5 / 6, 10 / 3, 0 / 3, 0, 5
  ② (위에서부터) 2 / 5, 10 / 1, 0 / 1, 0, 2

4 ① 10 ② 15

---

1 ① 십 모형 9개를 똑같이 3묶음으로 나누면 한 묶음에는 십 모형이 3개 있습니다.
  ➡ $90 \div 3 = 30$
  ② 십 모형 5개 중 1개를 일 모형 10개로 바꾸고 똑같이 2묶음으로 나누면 한 묶음에는 십 모형이 2개, 일 모형이 5개 있습니다.
  ➡ $50 \div 2 = 25$

2 ① $5 \div 5 = 1$ ➡ $50 \div 5 = 10$
  ② $8 \div 2 = 4$ ➡ $80 \div 2 = 40$

4 ① $7 \div 7 = 1$ ➡ $70 \div 7 = 10$
  ②
```
      1 5
   2)3 0
     2 0
     1 0
     1 0
        0
```

STEP 1 교과개념 2. (몇십몇)÷(몇)(1)   41쪽

1 + / 60, 60, 20
  (수직선 40 50 60 70 80)

2 ① 24 ② 14

3 ① (위에서부터) 2, 1 / 8, 20 / 4 / 4, 1
  ② (위에서부터) 2, 4 / 6, 20 / 1, 2 / 1, 2, 4

4 ① 14 ② 16

---

3 ①
```
      2 1
   4)8 4
     8 0   ← 4×20
       4
       4   ← 4×1
       0
```
②
```
      2 4
   3)7 2
     6 0   ← 3×20
     1 2
     1 2   ← 3×4
       0
```

4 ①
```
      1 4
   2)2 8
     2 0
       8
       8
       0
```
②
```
      1 6
   6)9 6
     6 0
     3 6
     3 6
       0
```

STEP 1 교과개념 3. (몇십몇)÷(몇)(2)   43쪽

1 몫, 나머지

2 4, 1 / 4, 2 / 5, 0 / 0, 1, 2

3 ① (위에서부터) 1, 2 / 3, 10 / 7 / 6, 2 / 1
  ② (위에서부터) 1, 2 / 5, 10 / 1, 2 / 1, 0, 2 / 2

4 ① (위에서부터) 13, 39 / 39, 2, 41
  ② (위에서부터) 17, 68 / 68, 3, 71

---

2 나머지는 항상 나누는 수보다 작습니다.

4 ① 나누어지는 수: 41, 나누는 수: 3, 몫: 13, 나머지: 2
  확인 $3 \times 13 = 39$, $39 + 2 = 41$
  ② 나누어지는 수: 71, 나누는 수: 4, 몫: 17, 나머지: 3
  확인 $4 \times 17 = 68$, $68 + 3 = 71$

STEP 1 교과개념 4. (세 자리 수)÷(한 자리 수)(1) 45쪽

1 ① (위에서부터) 2, 4, 5 / 6, 200 / 1, 3, 5 / 1, 2, 40 / 1, 5 / 1, 5, 5 / 0

② (위에서부터) 1, 9, 3 / 2, 100 / 1, 8, 7 / 1, 8, 90 / 7 / 6, 3 / 1

2 ① 180, 0 / 3×180=540

② 126, 5 / 6×126=756, 756+5=761

3 ㉢

2 ①
```
     1 8 0 ← 몫
 3 ) 5 4 0
     3 0 0
     2 4 0
     2 4 0
           0 ← 나머지
```
확인 3×180=540

②
```
     1 2 6 ← 몫
 6 ) 7 6 1
     6 0 0
     1 6 1
     1 2 0
       4 1
       3 6
         5 ← 나머지
```
확인 6×126=756, 756+5=761

3 ㉠ 650÷5=130에서 몫은 130이므로 150보다 작습니다.
㉡ 나누어지는 수는 650이고, 나누는 수는 5입니다.
㉢ 나머지가 0이므로 나누어떨어집니다.

STEP 1 교과개념 5. (세 자리 수)÷(한 자리 수)(2) 47쪽

1 ① (위에서부터) 8, 2 / 5, 6, 80 / 1, 4 / 1, 4, 2 / 0
② (위에서부터) 4, 4 / 1, 6, 40 / 1, 9 / 1, 6, 4 / 3

2 (위에서부터) 1, 0, 0 / 3 / 3
          9, 8 / 2, 7 / 2, 4 / 2, 4 / 0

3 49, 4 / 57, 1

4 (　　) (○) (　　)

4 • 600÷5에서 6>5이므로 몫은 세 자리 수입니다.
• 476÷7에서 4<7이므로 몫은 두 자리 수입니다.
• 604÷4에서 6>4이므로 몫은 세 자리 수입니다.

STEP 2 꼭 나오는 유형 48~54쪽

1 (1) 4, 40 (2) 3, 30   2 (1) 20 (2) 14

준비 6, 6   3 35, 35

4 (1) 15, 30 (2) 15, 45

5 ㉡

6 40÷4=10 (또는 40÷4) / 10개

❼ (1) 예 4, 0, 2 (2) 예 6, 0, 4

8 14개   9 (1) 21 (2) 12

10 (1) 1, 30, 31 (2) 2, 10, 12

11 (1) 33, 22, 11 (2) 12, 22, 32

12 44, 11   13 ㉡

14 63, 63   15 21 cm

16 서하

17 (1) 26 (2) 14

18
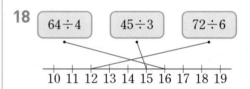

준비 (위에서부터) 3, 9

19 (위에서부터) 14, 42

20 (1) 2 (2) 6

21
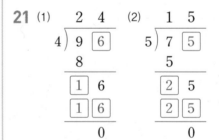

22 54, 2, 27   23 16명

24 (1) 21…3 (2) 11…4

25 7, 8에 ×표   26 5

27 (1) 9, 4 (2) 11, 2

28 52÷9=5…7 / 52−9−9−9−9−9=7

29 23개   30 6

31 (1) 25…2 (2) 12…5

32 (1) 10 / 5, 2 / 15, 2 (2) 30 / 7, 1 / 37, 1

33

②	③	①
$\begin{array}{r} 1\,2 \\ 5\overline{\smash{)}6\,2} \\ 5 \\ \hline 1\,2 \\ 1\,0 \\ \hline 2 \end{array}$	$\begin{array}{r} 1\,4 \\ 4\overline{\smash{)}5\,7} \\ 4 \\ \hline 1\,7 \\ 1\,6 \\ \hline 1 \end{array}$	$\begin{array}{r} 1\,3 \\ 7\overline{\smash{)}9\,6} \\ 7 \\ \hline 2\,6 \\ 2\,1 \\ \hline 5 \end{array}$

34 14다발 **35** 31

36 (예) 9, 5, 4, 23, 3 **준비** 52 cm

37 16 cm, 1 cm **38** (1) 112 (2) 87…1

39 (1) > (2) <

40

124	208	152	260
31	52	38	65

÷4 ×4

41 (예) ├──┼──┼──┼──┼──┼──┼──┼── / 34, 2
      120   130   ↑140

42 (예)
$$\begin{array}{r} 300\div 6=50 \\ 18\div 6=3 \\ \hline 318\div 6=53 \end{array}$$

43 294

44 2, 4에 ○표 **45** 35마리

46 (1) 240 (2) 528 **47** ㉮

준비 36÷4에 ○표 **48** ㉠

49 190 **50** 181

51 32 **52** (예) 4 / (예) 3, 65

---

1 나누는 수가 같을 때 나누어지는 수가 10배가 되면 몫도 10배가 됩니다.

2 (1) $\begin{array}{r} 2\,0 \\ 4\overline{\smash{)}8\,0} \\ 8 \\ \hline 0 \end{array}$ (2) $\begin{array}{r} 1\,4 \\ 5\overline{\smash{)}7\,0} \\ 5 \\ \hline 2\,0 \\ 2\,0 \\ \hline 0 \end{array}$

3 70÷2=35 ➡ 2×35=70

4 나누는 수가 같을 때 나누어지는 수가 2배, 3배가 되면 몫도 2배, 3배가 됩니다.

5 ㉠ 60÷4=15 ㉡ 80÷5=16 ㉢ 90÷6=15
따라서 몫이 다른 하나는 ㉡입니다.

6 (전체 잎의 수)÷(네잎클로버 한 개의 잎의 수)
   =40÷4=10(개)

---

7 (1) 20÷1=20, 40÷2=20, 60÷3=20, 80÷4=20
   (2) 30÷2=15, 60÷4=15, 90÷6=15

8 (준서와 연우가 캔 고구마 수)=34+36=70(개)
   (한 상자에 담아야 하는 고구마 수)=70÷5=14(개)

9 (1) $\begin{array}{r} 2\,1 \\ 3\overline{\smash{)}6\,3} \\ 6 \\ \hline 3 \\ 3 \\ \hline 0 \end{array}$ (2) $\begin{array}{r} 1\,2 \\ 4\overline{\smash{)}4\,8} \\ 4 \\ \hline 8 \\ 8 \\ \hline 0 \end{array}$

10 (1) 62=2+60이므로 62÷2의 몫은 2÷2와 60÷2의 몫의 합과 같습니다.
   (2) 36=6+30이므로 36÷3의 몫은 6÷3과 30÷3의 몫의 합과 같습니다.

11 (1) 나누어지는 수가 같고 나누는 수가 커지면 몫은 작아집니다.
   (2) 나누는 수가 같고 나누어지는 수가 커지면 몫도 커집니다.

12 88÷2=44, 44÷4=11

서술형
13 (예) ㉠ 46÷2=23 ㉡ 93÷3=31 ㉢ 77÷7=11
따라서 몫이 30보다 큰 것은 ㉡입니다.

단계	문제 해결 과정
①	나눗셈의 몫을 각각 구했나요?
②	몫이 30보다 큰 것을 찾아 기호를 썼나요?

14 3×21=63 ➡ 63÷3=21

15 점과 점을 이은 선분이 4개이므로 선분 한 개의 길이는 84÷4=21 (cm)입니다.

16 서하: (한 칸에 꽂아야 하는 책 수)=69÷3=23(권)
   은호: (나누어 줄 수 있는 사람 수)=48÷2=24(명)
   따라서 몫이 23이 되는 나눗셈 문제를 만든 사람은 서하입니다.

17 (1) $\begin{array}{r} 2\,6 \\ 3\overline{\smash{)}7\,8} \\ 6 \\ \hline 1\,8 \\ 1\,8 \\ \hline 0 \end{array}$ (2) $\begin{array}{r} 1\,4 \\ 4\overline{\smash{)}5\,6} \\ 4 \\ \hline 1\,6 \\ 1\,6 \\ \hline 0 \end{array}$

18 $64 \div 4 = 16$, $45 \div 3 = 15$, $72 \div 6 = 12$

19 $6 = 2 \times 3$이므로 $84 \div 6$은 84를 2로 나눈 후 그 몫을 3으로 나눈 것과 같습니다.

20 (1) 나누어지는 수가 반이 되면 나누는 수도 반이 되어야 몫이 같습니다.
(2) 나누어지는 수가 2배가 되면 나누는 수도 2배가 되어야 몫이 같습니다.

21 (1)
```
    2 4
 4)9 ㉠
   8
   ㉡6
   ㉢㉣
     0
```
㉠=㉣=6입니다.
㉡=9−8=1, 4×4=16에서 ㉢=1입니다.

(2)
```
    1 5
 5)7 ㉠
   5
   ㉡5
   ㉢㉣
     0
```
㉠=㉣=5입니다.
㉡=7−5=2, 5×5=25에서 ㉢=2입니다.

22 몫이 가장 크려면 가장 큰 두 자리 수를 가장 작은 한 자리 수로 나누어야 합니다.
주사위의 눈의 수 4, 2, 5로 만들 수 있는 가장 큰 두 자리 수는 54이므로 $54 \div 2 = 27$입니다.

23 (포장한 묶음 수)$= 96 \div 2 = 48$(묶음)
(나누어 줄 수 있는 사람 수)$= 48 \div 3 = 16$(명)

24 (1)
```
    2 1
 4)8 7
   8
   7
   4
   3
```
(2)
```
    1 1
 5)5 9
   5
   9
   5
   4
```

25 어떤 수를 7로 나누면 나올 수 있는 나머지는 7보다 작은 수입니다.

26 $45 \div 2 = 22 \cdots 1$, $45 \div 4 = 11 \cdots 1$, $45 \div 5 = 9$, $45 \div 7 = 6 \cdots 3$
따라서 나누어떨어지는 나눗셈은 $45 \div 5$입니다.

27 (1) ♥$\div$▲$= 76 \div 8 = 9 \cdots 4$
(2) ★$\div$●$= 57 \div 5 = 11 \cdots 2$

28 $52 \div 9 = 5 \cdots 7$이므로 52에서 9를 5번 빼면 7이 남습니다.

29 지우가 처음에 가지고 있던 호두과자 수를 □개라고 하면 □$\div 4 = 5 \cdots 3$입니다.
$4 \times 5 = 20$, $20 + 3 = 23$이므로 지우가 처음에 가지고 있던 호두과자는 23개였습니다.

서술형
30 예 나눗셈식으로 나타내면 $44 \div ■ = 7 \cdots 2$입니다.
$■ \times 7 = 44 - 2$이므로 $■ \times 7 = 42$입니다.
따라서 $■ = 42 \div 7 = 6$입니다.

단계	문제 해결 과정
①	나눗셈식으로 나타냈나요?
②	■에 알맞은 수를 구했나요?

31 (1)
```
    2 5
 3)7 7
   6
   1 7
   1 5
     2
```
(2)
```
    1 2
 7)8 9
   7
   1 9
   1 4
     5
```

32 (1) $47 = 30 + 17$이므로 $47 \div 3$의 몫과 나머지는 $30 \div 3$과 $17 \div 3$의 몫과 나머지의 합과 같습니다.
(2) $75 = 60 + 15$이므로 $75 \div 2$의 몫과 나머지는 $60 \div 2$와 $15 \div 2$의 몫과 나머지의 합과 같습니다.

34 $87 \div 6 = 14 \cdots 3$이므로 장미를 14다발까지 팔 수 있습니다.

서술형
35 예 $65 \div 4 = 16 \cdots 1$이므로 몫은 16입니다.
$78 \div 5 = 15 \cdots 3$이므로 몫은 15입니다.
따라서 두 나눗셈의 몫의 합은 $16 + 15 = 31$입니다.

단계	문제 해결 과정
①	두 나눗셈의 몫을 각각 구했나요?
②	두 나눗셈의 몫의 합을 구했나요?

내가 만드는 문제
36 나머지가 있는 여러 가지 나눗셈식을 만들 수 있습니다.
$49 \div 5 = 9 \cdots 4$, $59 \div 4 = 14 \cdots 3$, $94 \div 5 = 18 \cdots 4$

준비 정사각형의 네 변의 길이는 모두 같으므로 네 변의 길이의 합은 $13 \times 4 = 52$ (cm)입니다.

37 $65 \div 4 = 16 \cdots 1$이므로 정사각형의 한 변의 길이는 16 cm이고, 남은 철사의 길이는 1 cm입니다.

38 (1)
```
    1 1 2
  7)7 8 4
    7
    ─────
      8
      7
    ─────
      1 4
      1 4
    ─────
        0
```
(2)
```
      8 7
  9)7 8 4
    7 2
    ─────
      6 4
      6 3
    ─────
        1
```

39 (1) 나누어지는 수가 같을 때 나누는 수가 작을수록 몫이 큽니다.
(2) 나누는 수가 같을 때 나누어지는 수가 클수록 몫이 큽니다.

40 위의 수를 4로 나눈 몫을 아래에 쓴 것입니다.
$208 \div 4 = 52$
$\square \div 4 = 38, \square = 4 \times 38 = 152$
$260 \div 4 = 65$

☺ 내가 만드는 문제
㊶ 수직선에서 작은 눈금 한 칸의 크기는 2입니다.
㉐ 138을 고른다면 $138 \div 4 = 34 \cdots 2$에서 몫은 34, 나머지는 2입니다.

42 계산하기 편한 방법으로 가르기하여 계산할 수 있습니다.

43 147 : $147 \div 3 = 49$
49 ➡: $49 \times 6 = 294$

44 $164 \div 2 = 82$, $164 \div 3 = 54 \cdots 2$, $164 \div 4 = 41$,
$164 \div 5 = 32 \cdots 4$, $164 \div 6 = 27 \cdots 2$
따라서 ♥에 알맞은 수는 2, 4입니다.

45 판다의 다리는 4개이므로 판다는 모두
$140 \div 4 = 35$(마리)입니다.

46 나누는 수가 2배가 되면 나누어지는 수도 2배가 되어야 몫이 같습니다.

47 ㉮ $114 \div 3 = 38$이므로 한 칸에 38켤레씩 넣으면 남김 없이 넣을 수 있습니다.
㉯ $114 \div 4 = 28 \cdots 2$이므로 한 칸에 28켤레씩 넣으면 2켤레가 남습니다.
따라서 ㉮ 서랍장에 넣어야 합니다.

48 나누어지는 수가 같을 때 나누는 수가 작을수록 몫이 큽니다. $2 < 4 < 5 < 7$이므로 몫이 가장 크게 되는 수는 ㉠입니다.

49 색 테이프를 똑같이 5도막으로 나눈 것 중의 한 도막의 길이는 $475 \div 5 = 95$ (cm)입니다.
따라서 두 도막의 길이는 $95 \times 2 = 190$ (cm)입니다.

서술형
50 ㉐ $\square \div 7 = 25 \cdots 6$에서 $7 \times 25 = 175$, $175 + 6 = 181$입니다.
따라서 $\square$ 안에 알맞은 수는 181입니다.

단계	문제 해결 과정
①	나누어지는 수를 구하는 방법을 알았나요?
②	□ 안에 알맞은 수를 구했나요?

51 $130 \div 4 = 32 \cdots 2$에서 $4 \times 32 = 128$, $4 \times 33 = 132$이므로 $\square$ 안에 들어갈 수 있는 가장 큰 자연수는 32입니다.

☺ 내가 만드는 문제
㊵ ㉐ $780 \div 4 = 195$
➡ $195 \div 3 = 65$이므로 $3 \times 65 = 195$인 곱셈을 만들 수 있습니다.

STEP 3 실수하기 쉬운 유형
55~57쪽

1 4, 2에 ○표
2 ㉠, ㉢
3 8
4 ㉠
5 ㉢
6 84, 336
7 11 g
8 14 g
9 15 g
10
```
        6
  8)5 2
    4 8
    ─────
      4
```
11
```
      2 7
  2)5 4
    4
    ─────
      1 4
      1 4
    ─────
        0
```

12 ⓔ 나머지 8이 나누는 수 5보다 크므로 잘못 계산했습니다. /

```
      1 7
  5 ) 8 8
      5
      3 8
      3 5
        3
```

13 144

14 94

15 204

16 12봉지

17 11상자

18 22일

1 나머지는 나누는 수보다 항상 작아야 합니다.
따라서 어떤 수를 6으로 나누었을 때 나머지가 될 수 있는 수는 6보다 작은 수입니다.

2 나머지가 5가 될 수 있는 식은 나누는 수가 5보다 큰 ㉠ □÷6과 ㉡ □÷8입니다.

3 나머지는 나누는 수보다 항상 작아야 합니다.
따라서 9로 나누었을 때 나머지가 될 수 있는 수 중에서 가장 큰 자연수는 8입니다.

4 ㉠ $68 \div 4 = 17$ ㉡ $78 \div 4 = 19 \cdots 2$
따라서 나누어떨어지는 나눗셈은 ㉠입니다.

5 ㉠ $46 \div 6 = 7 \cdots 4$
㉡ $141 \div 9 = 15 \cdots 6$
㉢ $98 \div 7 = 14$
따라서 나누어떨어지는 나눗셈은 ㉢입니다.

6 $172 \div 7 = 24 \cdots 4$, $84 \div 7 = 12$, $198 \div 7 = 28 \cdots 2$, $336 \div 7 = 48$
따라서 7로 나누어떨어지는 수는 84, 336입니다.

7 (구슬 한 개의 무게) $= 55 \div 5 = 11$ (g)

8 (구슬 한 개의 무게) $= 84 \div 6 = 14$ (g)

9 전체 무게에서 ◯의 무게를 빼면
$79 - 4 = 75$ (g)입니다.
따라서 ● 한 개의 무게는 $75 \div 5 = 15$ (g)입니다.

10 나머지 12가 나누는 수 8보다 크므로 몫을 1만큼 크게 하여 계산합니다.

11 십의 자리를 나누고 남은 수 1은 내림하여 일의 자리와 함께 계산합니다.

12 나머지는 나누는 수보다 항상 작아야 하므로 몫을 1만큼 크게 하여 계산합니다.

13 □÷6=24에서 □=6×24=144입니다.

14 $4 \times 23 = 92$, $92 + 2 = 94$
따라서 □ 안에 알맞은 수는 94입니다.

15 어떤 수를 □라고 하면 □÷9=22…6입니다.
$9 \times 22 = 198$, $198 + 6 = 204$이므로 어떤 수는 204입니다.

16 $77 \div 6 = 12 \cdots 5$이므로 12봉지가 되고 5개가 남습니다.
따라서 팔 수 있는 귤은 12봉지입니다.

17 $95 \div 8 = 11 \cdots 7$이므로 11상자가 되고 7개가 남습니다.
따라서 팔 수 있는 호박은 11상자입니다.

18 $192 \div 9 = 21 \cdots 3$이므로 하루에 9쪽씩 21일 동안 읽으면 3쪽이 남습니다. 남은 3쪽을 읽는 데도 하루가 걸리므로 동화책을 다 읽는 데 $21 + 1 = 22$(일)이 걸립니다.

STEP 4 상위권 도전 유형
58~61쪽

1 12

2 35

3 3

4 (위에서부터) 6 / 7 / 4, 2

5 (위에서부터) 6 / 9 / 5, 4

6 (위에서부터) 4 / 2 / 3 / 2

7 2, 5, 8

8 2개

9 3, 7

10 16그루

11 18그루

12 66그루

13 31, 1

14 3, 4

15 246, 1

16 143

17 83

18 174, 169

19 4자루

20 3개

21 2송이

22 52, 59

23 61, 70

24 46, 54

1 ■÷3=16에서 ■=3×16=48입니다.

■÷4=♥에서 48÷4=12이므로 ♥=12입니다.

2 ●÷5=14에서 ●=5×14=70입니다.

●÷2=■에서 70÷2=35이므로 ■=35입니다.

3 ■÷5=24…3에서 5×24=120, 120+3=123이므로 ■=123입니다.

■÷4=●…★에서 123÷4=30…3이므로 ★=3입니다.

4
$$
\begin{array}{r}
\ \ \bigcirc \\
\bigcirc)\overline{4\ 8} \\
\overline{\bigcirc\bigcirc} \\
6
\end{array}
$$

48−ⓒⓔ=6이므로 ⓒⓔ=48−6=42입니다.

➡ ⓒ=4, ⓔ=2

ⓛ×⊙=42이므로 ⓛ=7, ⊙=6 또는 ⓛ=6, ⊙=7입니다. 이때 나머지가 6이므로 나누는 수는 6보다 큰 7입니다.

➡ ⓛ=7, ⊙=6

5
$$
\begin{array}{r}
\ \ \bigcirc \\
\bigcirc)\overline{6\ 1} \\
\overline{\bigcirc\bigcirc} \\
7
\end{array}
$$

61−ⓒⓔ=7이므로 ⓒⓔ=61−7=54입니다.

➡ ⓒ=5, ⓔ=4

ⓛ×⊙=54이므로 ⓛ=6, ⊙=9 또는 ⓛ=9, ⊙=6입니다. 이때 나머지가 7이므로 나누는 수는 7보다 큰 9입니다.

➡ ⓛ=9, ⊙=6

6
$$
\begin{array}{r}
\ \bigcirc 1 \\
\bigcirc)\overline{8\ 3} \\
\underline{8} \\
\bigcirc \\
\underline{\bigcirc} \\
1
\end{array}
$$

ⓒ=3이고 ⓒ−ⓔ=3−ⓔ=1이므로 ⓔ=2입니다.

ⓛ×1=2이므로 ⓛ=2입니다.

ⓛ×⊙=8에서 2×⊙=8이므로 ⊙=4입니다.

7
$$
\begin{array}{r}
2\ \bullet \\
3)\overline{7\ \square} \\
\underline{6} \\
1\square
\end{array}
$$

1□÷3이 나누어떨어져야 합니다.

3×4=12, 3×5=15, 3×6=18이므로 □ 안에 들어갈 수 있는 수는 2, 5, 8입니다.

8
$$
\begin{array}{r}
1\ \bullet \\
5)\overline{6\ \square} \\
\underline{5} \\
1\square
\end{array}
$$

1□÷5가 나누어떨어져야 합니다.

5×2=10, 5×3=15이므로 □ 안에 들어갈 수 있는 수는 0, 5입니다.

따라서 □ 안에 들어갈 수 있는 수는 모두 2개입니다.

9
$$
\begin{array}{r}
1\ \bullet \\
4)\overline{7\ \square} \\
\underline{4} \\
3\square
\end{array}
$$

3□÷4=●…1에서

4×8=32, 32+1=33 ➡ □=3

4×9=36, 36+1=37 ➡ □=7

따라서 □ 안에 들어갈 수 있는 수는 3, 7입니다.

10 도로의 처음과 끝에도 나무를 심으므로
(나무 수)=(간격 수)+1입니다.
(간격 수)=75÷5=15(군데)이므로 필요한 나무는 15+1=16(그루)입니다.

11 (나무 수)=(간격 수)이므로 필요한 나무는 108÷6=18(그루)입니다.

12 (간격 수)=256÷8=32(군데)이므로 도로의 한쪽에 필요한 나무는 32+1=33(그루)입니다.
따라서 도로의 양쪽에 필요한 나무는 모두 33×2=66(그루)입니다.

13 몫이 가장 크려면 가장 큰 두 자리 수를 가장 작은 한 자리 수로 나누어야 합니다.
만들 수 있는 가장 큰 두 자리 수는 94이므로 94÷3=31…1입니다.

14 몫이 가장 작으려면 가장 작은 두 자리 수를 가장 큰 한 자리 수로 나누어야 합니다.
만들 수 있는 가장 작은 두 자리 수는 25이므로 25÷7=3…4입니다.

15 몫이 가장 크려면 가장 큰 세 자리 수를 가장 작은 한 자리 수로 나누어야 합니다.
만들 수 있는 가장 큰 세 자리 수는 985이므로 985÷4=246…1입니다.

16 나머지가 가장 클 때 ■가 가장 큽니다.
나머지는 나누는 수보다 항상 작아야 하므로 나머지 ♥가 될 수 있는 가장 큰 수는 8입니다.
■÷9=15…8에서 9×15=135, 135+8=143입니다.
따라서 ■에 알맞은 가장 큰 자연수는 143입니다.

17 나머지가 가장 클 때 어떤 수가 가장 큽니다.

나머지는 나누는 수보다 항상 작아야 하므로 나머지가 될 수 있는 가장 큰 수는 5입니다.

(어떤 수)$\div 6 = 13 \cdots 5$에서 $6 \times 13 = 78$, $78 + 5 = 83$입니다.

따라서 어떤 수가 될 수 있는 가장 큰 자연수는 83입니다.

18 나머지는 나누는 수보다 항상 작아야 하므로 나머지가 될 수 있는 가장 큰 수는 6, 가장 작은 수는 1입니다.

나머지가 6일 때 어떤 수가 가장 큽니다.

(어떤 수)$\div 7 = 24 \cdots 6$에서 $7 \times 24 = 168$, $168 + 6 = 174$이므로 가장 큰 자연수는 174입니다.

나머지가 1일 때 어떤 수가 가장 작습니다.

(어떤 수)$\div 7 = 24 \cdots 1$에서 $7 \times 24 = 168$, $168 + 1 = 169$이므로 가장 작은 자연수는 169입니다.

19 $92 \div 8 = 11 \cdots 4$이므로 연필을 11자루씩 나누어 주고 4자루가 남습니다.

따라서 연필을 한 자루씩 더 나누어 주려면 8자루가 있어야 하므로 연필은 적어도 $8 - 4 = 4$(자루) 더 필요합니다.

20 $150 \div 9 = 16 \cdots 6$이므로 쿠키를 16개씩 나누어 담고 6개가 남습니다.

따라서 쿠키를 한 개씩 더 담으려면 9개가 있어야 하므로 쿠키를 적어도 $9 - 6 = 3$(개) 더 구워야 합니다.

21 튤립은 모두 $35 + 41 = 76$(송이)입니다.

$76 \div 6 = 12 \cdots 4$이므로 튤립을 12송이씩 꽂고 4송이가 남습니다.

따라서 튤립을 한 송이씩 더 꽂으려면 6송이가 있어야 하므로 튤립은 적어도 $6 - 4 = 2$(송이) 더 필요합니다.

22 7단 곱셈구구의 곱보다 3만큼 더 큰 수를 구합니다.

$7 \times 6 = 42$, $42 + 3 = 45(\times)$

$7 \times 7 = 49$, $49 + 3 = 52(\bigcirc)$

$7 \times 8 = 56$, $56 + 3 = 59(\bigcirc)$

$7 \times 9 = 63$, $63 + 3 = 66(\times)$

이 중에서 50보다 크고 65보다 작은 수는 52, 59입니다.

23 9단 곱셈구구의 곱보다 7만큼 더 큰 수를 구합니다.

$9 \times 5 = 45$, $45 + 7 = 52(\times)$

$9 \times 6 = 54$, $54 + 7 = 61(\bigcirc)$

$9 \times 7 = 63$, $63 + 7 = 70(\bigcirc)$

$9 \times 8 = 72$, $72 + 7 = 79(\times)$

이 중에서 60보다 크고 75보다 작은 수는 61, 70입니다.

24 8단 곱셈구구의 곱보다 6만큼 더 큰 수를 구합니다.

$8 \times 4 = 32$, $32 + 6 = 38(\times)$

$8 \times 5 = 40$, $40 + 6 = 46(\bigcirc)$

$8 \times 6 = 48$, $48 + 6 = 54(\bigcirc)$

$8 \times 7 = 56$, $56 + 6 = 62(\times)$

이 중에서 45보다 크고 60보다 작은 수는 46, 54입니다.

수시 평가 대비 Level ❶
62~64쪽

1 3, 30
2 44, 22, 11
3 7, 1 / 5, 7 / 1, 36
4 6, 20, 26
5 90, 90
6 8, 16
7
8 <
9 8
10 ㉢
11 ③
12 1, 2, 3, 4
13 4, 8
14 19 cm
15 14개
16 73칸
17 (위에서부터) 2, 3, 5, 3
18 7, 5, 4, 18, 3
19 15명
20 27

1 나누어지는 수가 10배가 되면 몫도 10배가 됩니다.

2 나누어지는 수가 같고 나누는 수가 커지면 몫은 작아집니다.

3 나누는 수와 몫의 곱에 나머지를 더하면 나누어지는 수가 되어야 합니다.

4 $78 = 18 + 60$이므로 $78 \div 3$의 몫은 $18 \div 3$과 $60 \div 3$의 몫의 합과 같습니다.

5 $\square \div 5 = 18 \Rightarrow \square = 5 \times 18 = 90$

6 나누어지는 수가 2배가 되면 몫도 2배가 됩니다.

7 $32 \div 2 = 16$, $57 \div 3 = 19$, $52 \div 4 = 13$

8 $96 \div 8 = 12$, $189 \div 9 = 21 \Rightarrow 12 < 21$

9 $64 \div 2 = 32$이므로 $4 \times \square = 32$, $\square = 8$입니다.

10 ㉠ $95 \div 6 = 15 \cdots 5$ ㉡ $87 \div 4 = 21 \cdots 3$
㉢ $68 \div 5 = 13 \cdots 3$
따라서 몫이 15보다 작은 것은 ㉢입니다.

11 ① $42 \div 4 = 10 \cdots \underline{2}$ ② $74 \div 5 = 14 \cdots \underline{4}$
③ $77 \div 6 = 12 \cdots \underline{5}$ ④ $80 \div 7 = 11 \cdots \underline{3}$
⑤ $97 \div 8 = 12 \cdots \underline{1}$

12 나머지는 나누는 수보다 항상 작아야 합니다.
따라서 나머지가 될 수 있는 수는 나누는 수 5보다 작은
1, 2, 3, 4입니다.

13 $272 \div \underline{4} = 68$, $272 \div 5 = 54 \cdots 2$, $272 \div 6 = 45 \cdots 2$,
$272 \div 7 = 38 \cdots 6$, $272 \div \underline{8} = 34$
따라서 ●에 알맞은 수는 4, 8입니다.

14 정사각형의 네 변의 길이는 모두 같습니다.
(정사각형의 한 변의 길이) $= 76 \div 4 = 19$ (cm)

15 $99 \div 7 = 14 \cdots 1$
남은 1 cm로는 고리를 만들 수 없으므로 색 테이프
99 cm로는 고리를 14개까지 만들 수 있습니다.

16 $653 \div 9 = 72 \cdots 5$
9권씩 72칸에 꽂고 5권이 남습니다.
남은 동화책 5권도 책꽂이에 꽂아야 하므로 책꽂이는 적
어도 $72 + 1 = 73$(칸) 필요합니다.

17
```
      ㉠ 1
  ㉡) 6 5
      6
     ㉢
     ㉣
      2
```
㉢ $= 5$이고 ㉢ $-$ ㉣ $= 2$이므로
㉣ $= 3$입니다.
㉡ $\times 1 =$ ㉣ $= 3$이므로 ㉡ $= 3$입니다.
㉡ $\times$ ㉠ $= 6$에서 $3 \times$ ㉠ $= 6$이므로
㉠ $= 2$입니다.

18 몫이 가장 크려면 가장 큰 수를 가장 작은 수로 나누어야
합니다.
가장 큰 두 자리 수는 75, 가장 작은 한 자리 수는 4이므
로 $75 \div 4 = 18 \cdots 3$입니다.

19 ⑩ 전체 초콜릿은 $10 \times 6 = 60$(개)입니다.
따라서 초콜릿을 한 사람에게 4개씩 나누어 주면
$60 \div 4 = 15$(명)에게 나누어 줄 수 있습니다.

평가 기준	배점
전체 초콜릿은 몇 개인지 구했나요?	2점
몇 명에게 나누어 줄 수 있는지 구했나요?	3점

20 ⑩ 어떤 수를 □라고 하면 □ $\div 6 = 22 \cdots 3$입니다.
$6 \times 22 = 132$, $132 + 3 = 135$이므로 □ $= 135$입니다.
따라서 어떤 수를 5로 나누면 $135 \div 5 = 27$입니다.

평가 기준	배점
어떤 수를 구했나요?	3점
어떤 수를 5로 나눈 몫을 구했나요?	2점

수시 평가 대비 Level ❷
65~67쪽

1 (1) 3, 30   (2) 2, 20

2 (1) 1, 20, 21   (2) 3, 10, 13

3 (1) 17   (2) 36

4 13, 2 / 13, 65 / 65, 2, 67

5 12, 24   **6** ㉢

7    **8** ㉡

9 (1) >   (2) <   **10** 36 cm

11 (1) 136, 136   (2) 168, 168

12 6, 3   **13** 89

14 45   **15** 12개

16 (위에서부터) 2 / 8 / 8 / 1, 8 / 6

17 6   **18** 291, 1

19 29, 6   **20** 56그루

1 나누는 수가 같을 때 나누어지는 수가 10배가 되면 몫도
10배가 됩니다.

2 (1) $63 = 3 + 60$이므로 $63 \div 3$의 몫은 $3 \div 3$과 $60 \div 3$의
몫의 합과 같습니다.
(2) $52 = 12 + 40$이므로 $52 \div 4$의 몫은 $12 \div 4$와
$40 \div 4$의 몫의 합과 같습니다.

3 (1)
```
      1 7
  4) 6 8
     4
     2 8
     2 8
       0
```
(2)
```
        3 6
  5) 1 8 0
     1 5
       3 0
       3 0
         0
```

4 나누는 수와 몫의 곱에 나머지를 더하면 나누어지는 수가 되는지 확인합니다.

5 나누는 수가 같을 때 나누어지는 수가 2배가 되면 몫도 2배가 됩니다.

6 나머지는 나누는 수보다 항상 작아야 하므로 나머지가 5가 될 수 없는 것은 ⓒ □÷4입니다.

7 $78÷6=13$, $48÷4=12$, $70÷5=14$

8 ㉠ $88÷6=14⋯4$
㉡ $81÷5=16⋯1$
㉢ $115÷8=14⋯3$
따라서 몫이 15보다 큰 것은 ㉡입니다.

9 (1) $78÷5=15⋯3$, $92÷6=15⋯2$
➡ $3>2$
(2) $74÷4=18⋯2$, $125÷7=17⋯6$
➡ $2<6$

10 정사각형은 네 변의 길이가 같습니다.
(정사각형의 한 변의 길이)$=144÷4=36$ (cm)

11 (1) □$÷8=17$에서 □$=8×17=136$입니다.
(2) □$÷6=28$에서 □$=6×28=168$입니다.

12 일주일은 7일입니다.
$45÷7=6⋯3$이므로 미라의 생일은 오늘부터 6주 3일 후입니다.

13 $7×12=84$, $84+5=89$
따라서 □ 안에 알맞은 수는 89입니다.

14 ●$÷6=15$에서 ●$=6×15=90$입니다.
●$÷2=$■에서 $90÷2=45$이므로 ■$=45$입니다.

15 (전체 귤의 수)$=18×4=72$(개)
(한 상자에 담을 귤의 수)$=72÷6=12$(개)

16
```
    ㉠4
  4)9㉡
    ㉢
   ㉣㉤
    1㉥
    2
```
$4×4=16$이므로 ㉥$=6$입니다.
㉣㉤$-16=2$이므로 ㉣$=1$, ㉤$=㉡=8$입니다.
$9-㉢=㉣㉤$에서 $9-㉢=1$이므로 ㉢$=8$입니다.
$4×㉠=㉢$에서 $4×㉠=8$이므로 ㉠$=2$입니다.

17
```
   1●
 8)9□
   8
   1□
```
1□$÷8$이 나누어떨어져야 합니다.
$8×2=16$이므로 □ 안에 들어갈 수 있는 수는 6입니다.

18 몫이 가장 크려면 가장 큰 세 자리 수를 가장 작은 한 자리 수로 나누어야 합니다.
만들 수 있는 가장 큰 세 자리 수는 874이므로
$874÷3=291⋯1$입니다.

서술형
19 예 어떤 수를 □라고 하면 □$÷5=47⋯3$입니다.
$5×47=235$, $235+3=238$이므로 □$=238$입니다.
따라서 바르게 계산하면 $238÷8=29⋯6$이므로 몫은 29, 나머지는 6입니다.

평가 기준	배점
어떤 수를 구했나요?	3점
바르게 계산했을 때의 몫과 나머지를 구했나요?	2점

서술형
20 예 (간격 수)$=162÷6=27$(군데)이므로
도로의 한쪽에 필요한 나무는 $27+1=28$(그루)입니다.
따라서 도로의 양쪽에 필요한 나무는 모두
$28×2=56$(그루)입니다.

평가 기준	배점
간격 수를 구하여 도로의 한쪽에 심을 나무 수를 구했나요?	3점
도로의 양쪽에 심을 나무 수를 구했나요?	2점

💡 **사고력이 반짝**   68쪽

31

삼각형의 각 꼭짓점에 놓인 수를 ㉡, ㉢, ㉣이라고 하면 삼각형 안에 있는 수는 ㉡$÷$㉢을 계산한 값에 ㉣을 더하는 규칙입니다.

따라서 ㉠에 알맞은 수는 $132÷6=22$, $22+9=31$입니다.

3 원

학생들은 2학년 1학기에 기본적인 평면도형과 입체도형의 구성과 함께 원을 배웠습니다. 일상생활에서 둥근 모양의 물체를 찾아보고 그러한 모양을 원이라고 학습하였으므로 학생들은 원을 찾아보고 본뜨는 활동을 통해 원을 이해하고 있습니다. 이 단원은 원을 그리는 방법을 통하여 원의 의미를 이해하는 데 중점을 두고 있습니다. 정사각형 안에 꽉 찬 원 그리기, 띠 종이를 이용하여 원 그리기, 컴퍼스를 이용하여 원 그리기 활동 등을 통하여 원의 의미를 이해할 수 있을 것입니다. 또한 원의 지름과 반지름의 성질, 원의 지름과 반지름 사이의 관계를 이해함으로써 6학년 2학기 원의 넓이의 학습을 준비합니다.

STEP 1 교과개념 1. 원의 중심, 반지름, 지름 알아보기   71쪽

1 ① 중심 ② 반지름 ③ 지름

2 ① 점 ㄷ ② 1개

3 ㄹ

4 ① 예   ② 예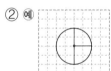

1 ① 점 ㅇ에서 원 위의 한 점까지의 길이는 모두 같습니다.

3 누름 못이 꽂힌 곳에서 가장 먼 ㄹ에 연필을 넣고 원을 그려야 가장 큰 원을 그릴 수 있습니다.

4 원의 중심과 원 위의 한 점을 곧게 이어 원의 반지름을 그립니다. 원의 중심을 지나게 원 위의 두 점을 이어 원의 지름을 그립니다.

STEP 1 교과개념 2. 원의 성질 알아보기   73쪽

1 ① 선분 ㄹㅈ(또는 선분 ㅈㄹ)
   ② 선분 ㄹㅈ(또는 선분 ㅈㄹ)

2 ① ○ ② ○ ③ ×

3 ① 2 ② 7, 7

4 ① 6 ② 2

1 ② 원의 지름은 원 위의 두 점을 이은 선분 중 가장 깁니다.

2 ③ 한 원에서 반지름과 지름은 셀 수 없이 많습니다.

3 한 원에서 반지름의 길이는 모두 같고, 지름의 길이도 모두 같습니다.

4 ① (원의 지름)＝(원의 반지름)×2＝3×2＝6 (cm)
   ② (원의 반지름)＝(원의 지름)÷2＝4÷2＝2 (cm)

STEP 1 교과개념 3. 컴퍼스를 이용하여 원 그리기, 여러 가지 모양 그리기   75쪽

1 ㄷ

2

3 ㄴ

4 꼭짓점, 4

1 컴퍼스의 침이 자의 눈금 0에 위치하고 연필심의 끝이 자의 눈금 2에 위치하도록 컴퍼스를 벌린 것을 찾습니다.

3 ㉠ 원의 중심은 다르게, 반지름은 같게 하여 그렸습니다.
   ㉡ 원의 중심은 같게, 반지름은 다르게 하여 그렸습니다.

4 컴퍼스의 침을 정사각형의 꼭짓점에 꽂고 컴퍼스를 모눈 3칸만큼 벌린 후 원의 일부분 4개를 그립니다.

STEP 2 꼭 나오는 유형   76~82쪽

준비 원

1 반지름

2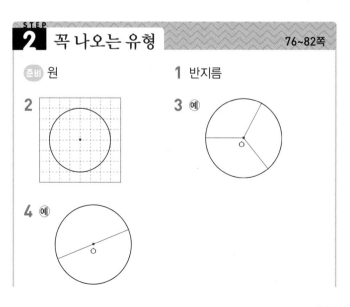

3 예

4 예

5 예

원의 반지름 / 원의 중심

6 (1) ㅁ (2) ㄱ   **7** 태인

8 예 선분이 원의 중심을 지나지 않습니다.

9 선분 ㅇㄴ (또는 선분 ㄴㅇ), 선분 ㅇㄷ (또는 선분 ㄷㅇ)

10 12 cm   **11** (1) 5 cm (2) 8 cm

12 20 cm, 40 cm   **13** 7 cm

14 예 6, 4 / ㄱ   **15** (1) ㄷ (2) ㄷ

16 예

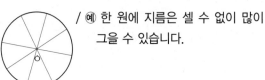

/ 예 한 원에 지름은 셀 수 없이 많이 그을 수 있습니다.

17 선분 ㄴㅁ (또는 선분 ㅁㄴ) **18** (1) 5, 10 (2) 6, 12

19 예 (위에서부터) 6, 12 / 9, 18 / 15, 30

20 (1) 5 (2) 8   **21** ㄴ, ㄹ

22 가   **23** ㄷ

24 ㄴ   **25** 20 cm

26 2 cm   **27** 56 cm

28 2, 3, 1   **29** ( ) (○) ( )

30

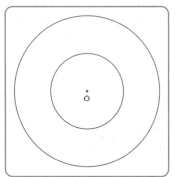

31 예

준비

32 예

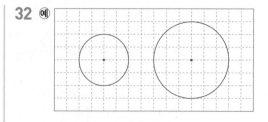

33 10 cm

34

35 예

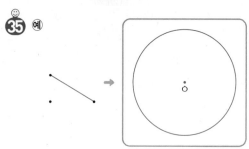

36

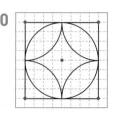

37 ㄱ   **38** ㄹ

준비

39 2에 ○표, 같은에 ○표   **40**

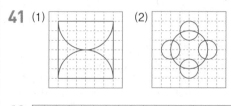

41 (1)   (2)

42

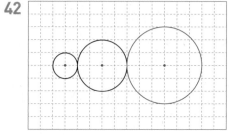

43 ㉠ 원의 중심은 오른쪽으로 모눈 2칸, 3칸, ... 옮겨 가고, 원의 반지름은 모눈 1칸씩 늘어나는 규칙입니다. /

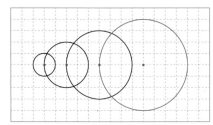

44 ㉠
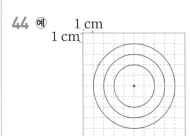

45 ㉠
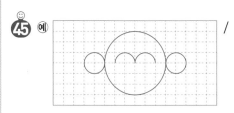

㉠ 큰 원과 작은 원으로 원숭이의 얼굴을 그리고 반원으로 원숭이의 눈을 그렸습니다.

2 원의 중심은 원을 그릴 때 누름 못을 꽂았던 점으로 원의 한가운데 있는 점입니다.

3 원의 중심과 원 위의 한 점을 이은 선분을 3개 긋습니다.

4 원 위의 두 점을 이은 선분이 원의 중심을 지나도록 긋습니다.

6 (1) 가장 큰 원을 그리려면 누름 못에서 가장 멀리 있는 구멍에 연필심을 넣어야 하므로 ㉤입니다.
(2) 가장 작은 원을 그리려면 누름 못에서 가장 가까이 있는 구멍에 연필심을 넣어야 하므로 ㉠입니다.

7 태인: 원의 반지름은 원의 중심과 원 위의 한 점을 이은 선분입니다.

8 원의 지름은 원 위의 두 점을 이은 선분 중 원의 중심을 지나는 선분입니다.

9 원의 반지름은 원의 중심 ㅇ과 원 위의 한 점을 이은 선분입니다.

10 원의 중심을 지나고 원 위의 두 점을 이은 선분이 원의 지름이므로 12 cm입니다.

11 (1) 원의 중심과 원 위의 한 점을 이은 선분이 5 cm이므로 원의 반지름은 5 cm입니다.
(2) 원의 중심과 원 위의 한 점을 이은 선분이 8 cm이므로 원의 반지름은 8 cm입니다.

12 모눈 한 칸이 5 cm이고 바퀴의 반지름은 모눈 4칸이므로 20 cm, 바퀴의 지름은 모눈 8칸이므로 40 cm입니다.

서술형
13 ㉠ 왼쪽 원의 반지름은 3 cm, 오른쪽 원의 반지름은 4 cm입니다.
따라서 두 원의 반지름의 합은 3+4=7 (cm)입니다.

단계	문제 해결 과정
①	두 원의 반지름을 각각 구했나요?
②	두 원의 반지름의 합을 구했나요?

내가 만드는 문제
14 원의 중심과 원 위의 한 점을 이은 선분은 원의 반지름입니다. 반지름이 길수록 큰 원입니다.

15 (1) 길이가 가장 긴 선분은 원의 중심을 지나는 선분이므로 ㉢입니다.
(2) 원의 지름은 원 위의 두 점을 이은 선분 중 가장 깁니다.

17 선분 ㄱㄹ은 원의 지름입니다.
한 원에서 지름의 길이는 모두 같으므로 선분 ㄱㄹ과 길이가 같은 선분은 또 다른 지름인 선분 ㄴㅁ입니다.

18 한 원에서 지름은 반지름의 2배입니다.
한 원에서 반지름은 지름의 반입니다.

내가 만드는 문제
19 한 원에서 지름은 반지름의 2배입니다.

20 (1) 원의 지름이 10 cm이므로 반지름은
10÷2=5 (cm)입니다.
(2) 원의 반지름이 4 cm이므로 지름은 4×2=8 (cm)입니다.

21 ㉠ 한 원에서 지름의 길이는 모두 같습니다.
㉢ 한 원에서 지름은 반지름의 2배입니다.

서술형
22 (예) 가: 반지름이 $3\,cm$이므로 지름은 $3 \times 2 = 6\,(cm)$입니다.
따라서 가와 나의 지름을 비교하면 $6\,cm > 5\,cm$이므로 가의 크기가 더 큽니다.

단계	문제 해결 과정
①	지름 또는 반지름으로 같게 나타낸 후 길이를 비교했나요?
②	크기가 더 큰 원의 기호를 썼나요?

23 지름이 $8\,cm$인 원은 반지름이 $8 \div 2 = 4\,(cm)$이므로 누름 못과 연필심 사이의 길이가 $4\,cm$가 되어야 합니다.
따라서 구멍이 $2\,cm$마다 있으므로 누름 못에서 $4\,cm$ 떨어진 ㉢에 연필심을 넣어야 합니다.

24 ㉠ 지름이 $12 \times 2 = 24\,(cm)$이므로 한 변의 길이가 $20\,cm$인 상자 안에 넣을 수 없습니다.
㉢ 지름이 $20 \times 2 = 40\,(cm)$이므로 한 변의 길이가 $20\,cm$인 상자 안에 넣을 수 없습니다.

25 선분 ㄴㄷ의 길이가 $5\,cm$이므로 작은 원의 지름은 $5 \times 2 = 10\,(cm)$입니다.
따라서 큰 원의 반지름이 $10\,cm$이므로 큰 원의 지름은 $10 \times 2 = 20\,(cm)$입니다.

26 큰 원의 지름이 $14\,cm$이므로 큰 원의 반지름은 $14 \div 2 = 7\,(cm)$입니다.
따라서 작은 원의 반지름은 $7 - 5 = 2\,(cm)$입니다.

27 정사각형의 한 변의 길이는 원의 지름과 같으므로 $7 \times 2 = 14\,(cm)$입니다.
따라서 정사각형의 네 변의 길이의 합은 $14 \times 4 = 56\,(cm)$입니다.

28 ① 원의 중심이 되는 점 ㅇ을 정합니다.
② 컴퍼스를 원의 반지름만큼 벌립니다.
③ 컴퍼스의 침을 점 ㅇ에 꽂고 컴퍼스를 돌려 원을 그립니다.

29 컴퍼스의 침이 자의 눈금 0에 위치하고 연필심이 자의 눈금 2에 위치하도록 컴퍼스를 벌린 것을 찾습니다.

30 컴퍼스를 원의 반지름만큼 벌린 후 컴퍼스의 침을 점 ㅇ에 꽂고 원을 각각 그립니다.

31 컴퍼스의 침을 자전거 바퀴의 중심에 꽂고 원을 그립니다.

33 컴퍼스의 침과 연필심 사이의 길이가 원의 반지름이므로 반지름은 $5\,cm$입니다.
따라서 원의 지름은 $5 \times 2 = 10\,(cm)$입니다.

☺ 내가 만드는 문제
35 그은 선분만큼 컴퍼스를 벌린 후 컴퍼스의 침을 점 ㅇ에 꽂고 원을 그립니다.

36 원의 중심을 정하고 컴퍼스를 주어진 원의 반지름($1\,cm$)만큼 벌린 다음 원의 중심에 컴퍼스의 침을 꽂고 원을 그립니다.

37 ㉠ 원의 중심은 같고 반지름은 다르게 하여 그린 모양
㉡, ㉢ 원의 중심은 다르고 반지름은 같게 하여 그린 모양
㉣ 원의 중심과 반지름을 모두 다르게 하여 그린 모양

40 원 또는 원의 일부분을 그릴 때 원의 중심이 되는 점을 찾습니다.

41 (1) 한 변이 모눈 6칸인 정사각형을 그리고, 정사각형의 가로의 가운데를 원의 중심으로 하고 반지름이 모눈 3칸인 반원을 2개 그립니다.
(2) 반지름이 모눈 2칸인 큰 원을 그리고, 네 방향으로 반지름이 모눈 1칸인 작은 원을 4개 그립니다.

42 원의 지름이 모눈 2칸만큼 더 늘어나므로 원의 반지름은 모눈 1칸만큼 더 늘어납니다.
따라서 원이 맞닿도록 원의 반지름이 모눈 3칸인 원을 그립니다.

서술형
43

단계	문제 해결 과정
①	규칙을 찾아 설명했나요?
②	규칙에 따라 원을 1개 더 그렸나요?

44 모눈 한 칸의 길이가 $1\,cm$이므로 원의 중심은 같고 반지름이 모눈 2칸, 3칸, 4칸인 원을 그립니다.

STEP 3 실수하기 쉬운 유형 83~85쪽

1 선분 ㄷㅅ (또는 선분 ㅅㄷ)

2 선분 ㅈㄹ (또는 선분 ㄹㅈ)

3 $6\,cm$ **4** ㉡

5 ㉢ **6** ㉠

7 ㉣   **8** ㉠

9 ㉠, ㉢, ㉡

10
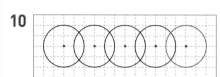

11 예 원의 중심은 오른쪽으로 모눈 2칸씩 옮겨 가고, 원의 반지름은 모눈 1칸씩 늘어나는 규칙입니다. /

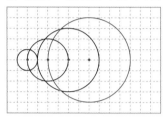

12
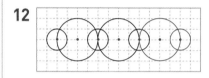

13 3개   **14** 6개

15 ㉡   **16** 20 cm

17 128 cm   **18** 36 cm

---

1 원 위의 두 점을 이은 선분 중 길이가 가장 긴 선분은 원의 중심을 지나는 원의 지름이므로 선분 ㄷㅅ입니다.

2 원 위의 두 점을 이은 선분 중 길이가 가장 긴 선분은 원의 중심을 지나는 원의 지름이므로 선분 ㅈㄹ입니다.

3 길이가 가장 긴 선분은 원의 지름인 선분 ㄱㄷ이고, 원의 반지름인 선분 ㅇㄹ의 길이가 3 cm이므로 원의 지름은 $3 \times 2 = 6$ (cm)입니다.

4 더 큰 원을 그리려면 누름 못에서 더 먼 구멍에 연필심을 넣어야 하므로 ㉡입니다.

5 가장 작은 원을 그리려면 누름 못에서 가장 가까운 구멍에 연필심을 넣어야 하므로 ㉢입니다.

6 가장 큰 원을 그리려면 누름 못에서 가장 먼 구멍에 연필심을 넣어야 하므로 ㉠입니다.

7 원의 지름을 각각 구해 봅니다.
㉠ $4 \times 2 = 8$ (cm)   ㉣ $5 \times 2 = 10$ (cm)
지름이 길수록 큰 원이므로 가장 큰 원은 ㉣입니다.

8 원의 지름을 각각 구해 봅니다.
㉡ $6 \times 2 = 12$ (cm)   ㉢ $8 \times 2 = 16$ (cm)
지름이 짧을수록 작은 원이므로 가장 작은 원은 ㉠입니다.

9 원의 지름을 각각 구해 봅니다.
㉠ $7 \times 2 = 14$ (cm)
㉢ 반지름: 6 cm ➡ 지름: $6 \times 2 = 12$ (cm)
지름이 길수록 큰 원이므로 크기가 큰 원부터 차례로 기호를 쓰면 ㉠, ㉢, ㉡입니다.

10 원의 중심은 오른쪽으로 모눈 3칸씩 옮겨 가고, 원의 반지름이 같은 규칙입니다.

12 원의 중심은 오른쪽으로 모눈 2칸씩 옮겨 가고, 원의 반지름은 모눈 1칸, 2칸이 반복되는 규칙입니다.

13
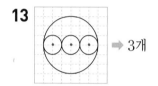

14
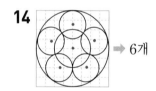

15
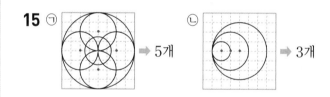

16 직사각형의 가로는 원의 지름의 2배입니다.
원의 반지름이 5 cm이므로 원의 지름은
$5 \times 2 = 10$ (cm)입니다.
따라서 직사각형의 가로는 $10 \times 2 = 20$ (cm)입니다.

17 직사각형의 가로는 원의 반지름의 6배이므로
$8 \times 6 = 48$ (cm), 직사각형의 세로는 원의 반지름의 2배이므로 $8 \times 2 = 16$ (cm)입니다.
따라서 직사각형의 네 변의 길이의 합은
$48 + 16 + 48 + 16 = 128$ (cm)입니다.

18 삼각형 ㄱㄴㄷ은 한 변의 길이가 원의 반지름의 2배와 같고 세 변의 길이가 같은 삼각형입니다.

(삼각형 ㄱㄴㄷ의 한 변의 길이)=6×2=12 (cm)
➡ (삼각형 ㄱㄴㄷ의 세 변의 길이의 합)
　=12×3=36 (cm)

STEP 4 상위권 도전 유형　　　　86~88쪽

1 5 cm	**2** 9 cm
3 7 cm	**4** 22 cm
5 14 cm	**6** 11 cm
7 18 cm	**8** 20 cm
9 40 cm	**10** 24 cm
11 42 cm	**12** 16 cm
13 9개	**14** 13개
15 15개	**16** 31 cm
17 22 cm	**18** 43 cm

1 작은 원의 지름은 큰 원의 반지름과 같고, 큰 원의 반지름은 20÷2=10 (cm)입니다.
따라서 작은 원의 반지름은 10÷2=5 (cm)입니다.

2 작은 원의 지름은 큰 원의 반지름과 같고, 큰 원의 반지름은 36÷2=18 (cm)입니다.
따라서 작은 원의 반지름은 18÷2=9 (cm)입니다.

3 중간 크기의 원의 지름은 가장 큰 원의 반지름과 같으므로 56÷2=28 (cm)입니다.
가장 작은 원의 지름은 중간 크기의 원의 반지름과 같으므로 28÷2=14 (cm)입니다.
따라서 가장 작은 원의 반지름은 14÷2=7 (cm)입니다.

4 선분 ㄱㅁ의 길이는 두 원의 지름을 합한 것과 같습니다.
(큰 원의 지름)=8×2=16 (cm)
(작은 원의 지름)=3×2=6 (cm)
➡ (선분 ㄱㅁ)=16+6=22 (cm)

5 선분 ㄱㄴ의 길이는 두 원의 반지름을 합한 것과 같습니다.
➡ (선분 ㄱㄴ)=5+9=14 (cm)

6 (선분 ㄱㅁ)
=(중간 크기의 원의 반지름)
　+(가장 작은 원의 지름)+(가장 큰 원의 반지름)
=3+4+4=11 (cm)

7 가장 작은 원의 반지름은 6÷2=3 (cm)입니다.
가장 큰 원의 반지름은 가장 작은 원의 반지름의 3배이므로 3×3=9 (cm)입니다.
따라서 가장 큰 원의 지름은 9×2=18 (cm)입니다.

8 반지름이 2 cm씩 커지는 규칙으로 원을 5개 그렸으므로 가장 큰 원의 반지름은 2×5=10 (cm)입니다.
따라서 가장 큰 원의 지름은 10×2=20 (cm)입니다.

9 가장 큰 원의 반지름은 반지름이 2 cm인 원에서부터 반지름이 3 cm씩 4번, 2 cm씩 3번 커진 것입니다.
(가장 큰 원의 반지름)=2+12+6=20 (cm)
➡ (가장 큰 원의 지름)=20×2=40 (cm)

10 선분 ㄱㄴ의 길이는 원의 반지름의 4배이므로
(선분 ㄱㄴ)=6×4=24 (cm)입니다.

11 선분 ㄱㄴ의 길이는 원의 반지름의 6배이고, 원의 반지름은 14÷2=7 (cm)이므로
(선분 ㄱㄴ)=7×6=42 (cm)입니다.

12 선분 ㄱㄴ의 길이는 원의 반지름의 8배이므로 원의 반지름은 64÷8=8 (cm)입니다.
따라서 원의 지름은 8×2=16 (cm)입니다.

13 원의 지름은 직사각형의 세로와 같으므로 5 cm입니다.
직사각형의 가로는 원의 지름의 45÷5=9(배)이므로 원을 9개까지 그릴 수 있습니다.

14 원의 지름은 직사각형의 세로와 같으므로 6 cm입니다.
직사각형의 가로는 원의 지름의 78÷6=13(배)이므로 원을 13개까지 그릴 수 있습니다.

15 직사각형의 가로는 지름의 24÷3=8(배)이므로 원을 겹치지 않게 그릴 때 8개 그릴 수 있습니다.
원 2개 위에 원 1개가 겹쳐진 것과 같으므로 원을 8-1=7(개) 더 그릴 수 있습니다.
따라서 원을 모두 8+7=15(개)까지 그릴 수 있습니다.

16 (선분 ㄱㄷ)=10 cm, (선분 ㄴㄷ)=7 cm
(선분 ㄱㄴ)=10+7-3=14 (cm)
➡ (삼각형 ㄱㄴㄷ의 세 변의 길이의 합)
　=10+14+7=31 (cm)

17 (선분 ㄱㄷ)=8 cm, (선분 ㄴㄷ)=4 cm
(선분 ㄱㄴ)=8+4−2=10 (cm)
➡ (삼각형 ㄱㄴㄷ의 세 변의 길이의 합)
   =8+10+4=22 (cm)

18 (선분 ㄱㄷ)=9 cm, (선분 ㄴㄷ)=15 cm
(선분 ㄱㄴ)=9+15−5=19 (cm)
➡ (삼각형 ㄱㄴㄷ의 세 변의 길이의 합)
   =19+9+15=43 (cm)

수시 평가 대비 Level ❶
89~91쪽

1 점 ㄷ

2 선분 ㄴㅇ (또는 선분 ㅇㄴ), 선분 ㅁㅇ (또는 선분 ㅇㅁ)

3 예
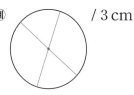 / 3 cm

4 4, 4

5

6 6 cm

7 16 cm

8

9 14 cm

10
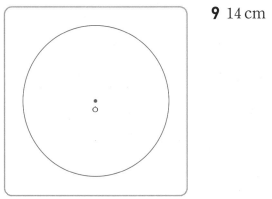

11 ㉢, ㉡, ㉣, ㉠

12 20 cm

13

14 4 cm

15 7군데

16 18 cm

17 13 cm

18 18 cm

19 14 cm

20 4 cm

1 원의 중심은 원의 한가운데에 있는 점입니다.

2 반지름은 원의 중심과 원 위의 한 점을 이은 선분이므로 선분 ㄴㅇ, 선분 ㅁㅇ입니다.

3 원 위의 두 점을 이은 선분이 원의 중심을 지나도록 선분을 긋습니다. 한 원에서 지름의 길이는 모두 같습니다.

4 한 원에서 반지름의 길이는 모두 같습니다.

5 컴퍼스를 주어진 원의 반지름만큼 벌린 다음 컴퍼스의 침을 주어진 점에 꽂아 원을 그립니다.

6 12÷2=6 (cm)

7 8×2=16 (cm)

8 반지름이 4÷2=2 (cm)이므로 컴퍼스를 2 cm만큼 벌린 다음 컴퍼스의 침을 점 ㅇ에 꽂아 원을 그립니다.

9 (큰 원의 반지름)=2+5=7 (cm)
➡ (큰 원의 지름)=7×2=14 (cm)

10 컴퍼스를 모눈 4칸만큼 벌려 원 1개와 원의 일부분 4개를 그립니다.

11 원의 지름을 알아봅니다.
㉠ 3×2=6 (cm) ㉡ 4 cm ㉢ 1×2=2 (cm)
㉣ 5 cm
2<4<5<6이므로 크기가 작은 원부터 차례로 기호를 쓰면 ㉢, ㉡, ㉣, ㉠입니다.

12 원의 반지름은 10 cm입니다.
정사각형의 한 변은 원의 지름과 같으므로
10×2=20 (cm)입니다.

13 원의 중심이 오른쪽으로 모눈 1칸씩 옮겨 가고 원의 반지름이 모눈 1칸씩 늘어나는 규칙입니다.

정답과 풀이 **27**

14 선분 ㄱㄴ의 길이는 큰 원의 지름과 같습니다.
큰 원의 지름은 작은 원 3개의 지름의 합과 같으므로 작은 원의 지름은 $12 \div 3 = 4$ (cm)입니다.

15

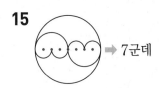 ➡ 7군데

16 원의 반지름은 3 cm입니다.
따라서 선분 ㄱㄴ의 길이는 원의 반지름의 6배이므로 $3 \times 6 = 18$ (cm)입니다.

17 가장 큰 원의 지름은 큰 원 안에 있는 두 원의 지름의 합과 같습니다.
가장 큰 원의 지름은 $5 + 5 + 8 + 8 = 26$ (cm)이므로 가장 큰 원의 반지름은 $26 \div 2 = 13$ (cm)입니다.

18 삼각형 ㄱㅇㄴ의 세 변의 길이의 합이 30 cm이므로
(선분 ㅇㄱ)+(선분 ㅇㄴ)$= 30 - 12 = 18$ (cm)입니다.
선분 ㅇㄱ과 선분 ㅇㄴ은 원의 반지름으로 길이가 같으므로 원의 반지름은 $18 \div 2 = 9$ (cm)입니다.
따라서 원의 지름은 $9 \times 2 = 18$ (cm)입니다.

서술형
19 ⑩ 큰 원의 반지름은 $18 \div 2 = 9$ (cm)이고 작은 원의 반지름은 $10 \div 2 = 5$ (cm)입니다.
따라서 선분 ㄱㄴ의 길이는 $9 + 5 = 14$ (cm)입니다.

평가 기준	배점
큰 원과 작은 원의 반지름을 각각 구했나요?	3점
선분 ㄱㄴ의 길이를 구했나요?	2점

서술형
20 ⑩ 삼각형 ㄱㄴㄷ의 세 변의 길이는 각각 크기가 같은 원의 반지름이므로 길이가 모두 같습니다.
따라서 원의 반지름은 삼각형의 한 변과 길이가 같으므로 $12 \div 3 = 4$ (cm)입니다.

평가 기준	배점
삼각형 ㄱㄴㄷ의 세 변의 길이가 모두 같음을 알았나요?	2점
원의 반지름을 구했나요?	3점

수시 평가 대비 Level ❷
92~94쪽

1 점 ㄷ

2 선분 ㅇㄱ (또는 선분 ㄱㅇ),
선분 ㅇㄹ (또는 선분 ㄹㅇ)

3 ①

4 ⑩ / 2 cm

5 선분 ㄷㄹ (또는 선분 ㄹㄷ)

6 ㉢   **7** 16

8 ㉡

9

반지름 1 cm	/	지름 2 cm
(ㅜ)		(ㄴ)

10 ③   **11** ④

12 5군데   **13**

14

15 9 cm   **16** 48 cm

17 10 cm   **18** 24 cm

19 8 cm   **20** 31개

---

1 원에서 한가운데 있는 점을 찾으면 점 ㄷ입니다.

2 반지름은 원의 중심과 원 위의 한 점을 이은 선분입니다.

3 누름 못이 꽂힌 곳에서 가장 먼 ①에 연필심을 넣어야 가장 큰 원을 그릴 수 있습니다.

4 원의 반지름은 원 위의 한 점의 위치에 따라 셀 수 없이 많이 그을 수 있습니다.

원의 중심과 원 위의 한 점을 이은 선분의 길이를 재어 보면 2 cm입니다.

5 선분 ㄱㄴ은 원의 지름입니다.
한 원에서 지름의 길이는 모두 같으므로 다른 지름을 찾습니다.

6 ⓒ 원을 똑같이 둘로 나누는 것은 원의 지름입니다.

7 원의 반지름은 8 cm입니다.
한 원에서 지름은 반지름의 2배이므로 지름은
$8 \times 2 = 16$ (cm)입니다.

8 컴퍼스를 원의 반지름만큼 벌려서 원을 그리므로
$2 \div 2 = 1$ (cm)만큼 벌린 것을 찾으면 ⓒ입니다.

9 반지름이 1 cm인 원은 컴퍼스를 1 cm만큼 벌린 후 컴퍼스의 침을 점 ㄱ에 꽂고 원을 그립니다.
지름이 2 cm인 원은 반지름이 $2 \div 2 = 1$ (cm)이므로 같은 방법으로 컴퍼스를 1 cm만큼 벌린 후 컴퍼스의 침을 점 ㄴ에 꽂고 원을 그립니다.

10 원의 지름을 각각 구해 봅니다.
① $6 \times 2 = 12$ (cm)
③ $9 \times 2 = 18$ (cm)
⑤ $8 \times 2 = 16$ (cm)
지름이 길수록 큰 원이므로 가장 큰 원은 ③입니다.

11 ①, ③, ⑤ 원의 중심은 다르고 반지름은 같습니다.
② 원의 중심은 같고 반지름은 다릅니다.
④ 원의 중심과 반지름이 모두 다릅니다.

12 컴퍼스의 침을 꽂아야 할 곳은 원의 중심입니다.

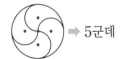 ➡ 5군데

13 한 변이 모눈 4칸인 정사각형을 그린 다음 반지름이 모눈 4칸인 원의 일부분 2개와 반지름이 모눈 2칸인 원의 일부분을 그립니다.

14 원의 중심은 오른쪽으로 모눈 3칸씩 옮겨 가고, 원의 반지름은 모눈 1칸, 3칸이 반복되는 규칙입니다.

15 삼각형의 한 변의 길이는 원의 지름과 같고 세 변의 길이는 같습니다.

(원의 지름)=(삼각형의 한 변의 길이)
$= 54 \div 3 = 18$ (cm)
➡ (원의 반지름)=$18 \div 2 = 9$ (cm)

16 (원의 지름)=$3 \times 2 = 6$ (cm)
빨간색 선의 길이는 원의 지름의 8배이므로
$6 \times 8 = 48$ (cm)입니다.

17 (선분 ㄱㄷ)
=(가장 큰 원의 반지름)+(가장 작은 원의 지름)
     +(중간 크기의 원의 반지름)
=$5 + 2 + 3 = 10$ (cm)

18

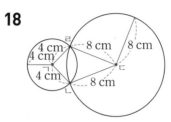

(사각형 ㄱㄴㄷㄹ의 네 변의 길이의 합)
=(선분 ㄱㄴ)+(선분 ㄴㄷ)+(선분 ㄷㄹ)+(선분 ㄹㄱ)
=$4 + 8 + 8 + 4 = 24$ (cm)

^{서술형}
19 예 작은 원의 지름은 큰 원의 반지름과 같으므로
$32 \div 2 = 16$ (cm)입니다.
따라서 작은 원의 반지름은 $16 \div 2 = 8$ (cm)입니다.

평가 기준	배점
작은 원의 지름을 구했나요?	2점
작은 원의 반지름을 구했나요?	3점

^{서술형}
20 예 직사각형의 가로는 원의 지름의 $64 \div 4 = 16$(배)이므로 원을 겹치지 않게 그릴 때 16개 그릴 수 있습니다.
원 2개 위에 원 1개가 겹쳐진 것과 같으므로 원을
$16 - 1 = 15$(개) 더 그릴 수 있습니다.
따라서 원을 모두 $16 + 15 = 31$(개)까지 그릴 수 있습니다.

평가 기준	배점
원을 겹치지 않게 그릴 때 그릴 수 있는 원의 수를 구했나요?	2점
직사각형 안에 원을 몇 개까지 그릴 수 있는지 구했나요?	3점

4 분수

분수는 전체에 대한 부분, 비, 몫 등과 같이 여러 가지 의미를 가지고 있어 초등학생에게 어려운 개념입니다. 3-1에서 학생들은 원, 직사각형, 삼각형과 같은 영역을 등분할 하는 경험을 통하여 분수를 도입하였습니다. 이 단원에서는 이산량에 대한 분수를 알아봅니다. 이산량을 분수로 표현하는 것은 영역을 등분할 하여 분수로 표현하는 것보다 어렵습니다. 그것은 전체를 어떻게 부분으로 묶는가에 따라 표현되는 분수가 달라지기 때문입니다. 따라서 이 단원에서는 영역을 이용하여 분수를 처음 도입하는 것과 같은 방법으로 이산량을 등분할 하고 부분을 세어 보는 과정을 통해 이산량에 대한 분수를 도입하도록 합니다.

STEP 1 교과개념 1. 분수로 나타내기 　97쪽

1 $5, 2, \dfrac{2}{5}$

2 ① $\dfrac{3}{4}$　② $\dfrac{2}{3}$

3 ① 7　② $\dfrac{1}{7}, \dfrac{1}{7}$　③ $\dfrac{3}{7}, \dfrac{3}{7}$

1 10을 똑같이 5묶음으로 나누면 4는 5묶음으로 나눈 것 중의 2묶음입니다.
따라서 5묶음으로 나눈 것 중에서 2묶음이므로 전체의 $\dfrac{2}{5}$ 입니다.

2 ① 8을 똑같이 4묶음으로 나누면 6은 전체 4묶음 중에서 3묶음이므로 8의 $\dfrac{3}{4}$ 입니다.
② 9를 똑같이 3묶음으로 나누면 6은 전체 3묶음 중에서 2묶음이므로 9의 $\dfrac{2}{3}$ 입니다.

3 ① 21개를 3개씩 묶으면 7묶음이 됩니다.
② 1묶음은 전체의 $\dfrac{1}{7}$ 이므로 3은 21의 $\dfrac{1}{7}$ 입니다.
③ 3묶음은 전체의 $\dfrac{3}{7}$ 이므로 9는 21의 $\dfrac{3}{7}$ 입니다.

STEP 1 교과개념 2. 분수만큼은 얼마인지 알아보기 　99쪽

1 ① $3, 3$　② $9, 9$

2 예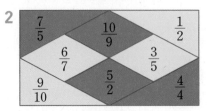
／① 2　② 4　③ 6　④ 8

3 ① 3　② 15

1 ① 팽이 12개를 똑같이 4묶음으로 나눈 것 중의 1묶음은 3개이므로 12의 $\dfrac{1}{4}$ 은 3입니다.
② 팽이 12개를 똑같이 4묶음으로 나눈 것 중의 3묶음은 9개이므로 12의 $\dfrac{3}{4}$ 은 9입니다.

2 피망 10개를 똑같이 5묶음으로 나누면 1묶음에는 피망이 2개 있습니다.
10의 $\dfrac{1}{5}$ 은 2이고, 10의 $\dfrac{2}{5}$ 는 $2 \times 2 = 4$ 입니다.
10의 $\dfrac{3}{5}$ 은 $2 \times 3 = 6$ 이고, 10의 $\dfrac{4}{5}$ 는 $2 \times 4 = 8$ 입니다.

3 ① 18 cm를 똑같이 6부분으로 나누면 1부분은 $18 \div 6 = 3$ (cm)입니다.
➡ 18 cm의 $\dfrac{1}{6}$ 은 3 cm입니다.
② 18 cm의 $\dfrac{5}{6}$ 는 18 cm의 $\dfrac{1}{6}$ 의 5배이므로 $3 \times 5 = 15$ (cm)입니다.

STEP 1 교과개념 3. 여러 가지 분수 알아보기 　101쪽

1 $\dfrac{3}{3}, \dfrac{4}{3}, \dfrac{6}{3}, \dfrac{8}{3}, \dfrac{9}{3}$

2
$\dfrac{7}{5}$	$\dfrac{10}{9}$		$\dfrac{1}{2}$
	$\dfrac{6}{7}$		$\dfrac{3}{5}$
$\dfrac{9}{10}$		$\dfrac{5}{2}$	$\dfrac{4}{4}$

3 $3\dfrac{1}{6}$, 3과 6분의 1

4 ① $\dfrac{5}{3}$　② $1\dfrac{3}{5}$

1 작은 눈금 한 칸의 크기는 $\frac{1}{3}$이고, $\frac{1}{3}$이 ■개이면 $\frac{■}{3}$입니다.

2 • 분자가 분모보다 작은 분수를 진분수라고 합니다.
 • 분자가 분모와 같거나 분모보다 큰 분수를 가분수라고 합니다.

3 3과 $\frac{1}{6}$만큼은 $3\frac{1}{6}$이라고 씁니다.

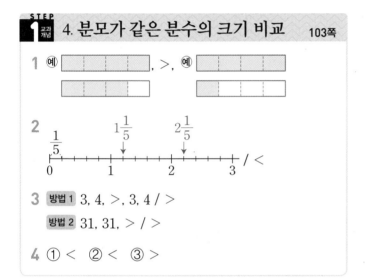

1 예 [   ] , > , 예 [   ]

2 예 $\frac{1}{5}$, $1\frac{1}{5}$, $2\frac{1}{5}$ / <

3 방법1 3, 4, >, 3, 4 / >
 방법2 31, 31, > / >

4 ① < ② < ③ >

1 $\frac{7}{4}$이 $\frac{5}{4}$보다 색칠한 칸이 더 많으므로 $\frac{7}{4}$ > $\frac{5}{4}$입니다.

2 수직선에서 오른쪽에 있을수록 더 큰 분수이므로 $1\frac{1}{5}$ < $2\frac{1}{5}$입니다.

3 방법1 $\frac{7}{8}$ > $\frac{4}{8}$이므로 $3\frac{7}{8}$ > $3\frac{4}{8}$ ➡ $3\frac{7}{8}$ > $\frac{28}{8}$입니다.

 방법2 31 > 28이므로 $\frac{31}{8}$ > $\frac{28}{8}$ ➡ $3\frac{7}{8}$ > $\frac{28}{8}$입니다.

4 ① 8 < 9이므로 $\frac{8}{7}$ < $\frac{9}{7}$
 ② 2 < 3이므로 $2\frac{7}{9}$ < $3\frac{5}{9}$
 ③ $2\frac{1}{2}$ = $\frac{5}{2}$이므로 $\frac{7}{2}$ > $\frac{5}{2}$ ➡ $\frac{7}{2}$ > $2\frac{1}{2}$

 다른 풀이
 $\frac{7}{2}$ = $3\frac{1}{2}$이므로 $3\frac{1}{2}$ > $2\frac{1}{2}$ ➡ $\frac{7}{2}$ > $2\frac{1}{2}$

준비 (1) $\frac{2}{6}$ (2) $\frac{5}{8}$ **1** $\frac{3}{5}$

2 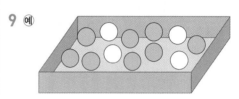 / 1 / 2

3 (1) $\frac{2}{5}$ (2) $\frac{3}{4}$ **4** $\frac{4}{7}$, $\frac{3}{7}$

5 민호 / 예 56을 8씩 묶으면 32는 56의 $\frac{4}{7}$야.

6 $\frac{6}{9}$ **7** (1) 6 (2) 3

8 (1) 32÷8, 3 (2) 27÷9, 5

9 예

10 예 3, 예 2 / 딸기 쿠키

11 16개, 6개 **12** (1) 54 (2) 35

준비 (1) 예 [   ] (2) 예 [   ]

13 예 0 1 2 3 4 5 6 7 8 9 10 11 12 (cm)
 [   ]
 (1) 2 (2) 10

14 (1) 100 (2) 160 **15** <

16 (1) × (2) ○ **17** 6 km

18 이서 **19** 40 cm

20 (1) 예 [   ] / 가
 (2) 예 [   ] / 진

21 $2\frac{4}{6}$, 2와 6분의 4 **22** (1) $\frac{16}{8}$ (2) $\frac{15}{5}$

23 서하 / 예 가분수는 1과 같거나 1보다 커.

24

진분수	가분수	대분수
$\frac{5}{9}$, $\frac{3}{8}$	$\frac{11}{3}$, $\frac{7}{7}$, $\frac{6}{5}$	$1\frac{4}{6}$, $5\frac{1}{2}$

25 (1) $\frac{1}{3}$, $\frac{2}{3}$ (2) 예 $\frac{3}{3}$, $\frac{4}{3}$, $\frac{5}{3}$, $\frac{6}{3}$, $\frac{7}{3}$
 (3) $4\frac{1}{3}$, $4\frac{2}{3}$

26 7, 8, 9

27 예 $\frac{2}{5}$ / 예 $\frac{4}{3}$ / 예 $3\frac{1}{5}$

28 $\frac{7}{3}$

29 1, $\frac{4}{6}$ / $1\frac{4}{6}$

30 (1) 5, 1, 11 (2) 6, 3, 27

31 (1) 8, 1, 8, 1 (2) 4, 5, 4, 5

32 (1) $\frac{13}{3}$ (2) $\frac{21}{8}$ (3) $3\frac{3}{5}$ (4) $2\frac{6}{7}$

33 $\frac{21}{8}$

34 $\frac{19}{2}$

준비 (1) 예 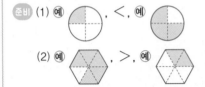 , < , 예

(2) 예 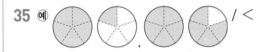 , > , 예

35 예 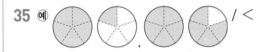 / <

36 (1) > (2) < (3) < (4) >

37 (1) 1, 2, 3, 4에 ○표 (2) 3, 4, 5에 ○표

38 은행

39 $\frac{11}{8}$, $\frac{12}{8}$, $\frac{13}{8}$, $\frac{14}{8}$

40 ㉠

41 예 2, 예 26

---

1 색칠한 부분은 전체 5묶음 중에서 3묶음이므로 전체의 $\frac{3}{5}$입니다.

2 · 18개를 6개씩 묶으면 6은 전체 3묶음 중의 1묶음이므로 18의 $\frac{1}{3}$입니다.

· 18개를 6개씩 묶으면 12는 전체 3묶음 중의 2묶음이므로 18의 $\frac{2}{3}$입니다.

3 (1) 20을 4씩 묶으면 5묶음이고, 8은 전체 5묶음 중의 2묶음이므로 20의 $\frac{2}{5}$입니다.

(2) 20을 5씩 묶으면 4묶음이고, 15는 전체 4묶음 중의 3묶음이므로 20의 $\frac{3}{4}$입니다.

4 아침: 전체 7개 중 4개를 분수로 나타내면 $\frac{4}{7}$입니다.

저녁: 전체 7개 중 3개를 분수로 나타내면 $\frac{3}{7}$입니다.

5 윤아: 24를 4씩 묶으면 6묶음이고, 12는 전체 6묶음 중의 3묶음이므로 24의 $\frac{3}{6}$입니다.

진수: 35를 7씩 묶으면 5묶음이고, 14는 전체 5묶음 중의 2묶음이므로 35의 $\frac{2}{5}$입니다.

민호: 56을 8씩 묶으면 7묶음이고, 32는 전체 7묶음 중의 4묶음이므로 56의 $\frac{4}{7}$입니다.

따라서 잘못 말한 사람은 민호입니다.

6 ^{서술형} 예 10은 45의 $\frac{2}{9}$이므로 전체 9묶음 중의 2묶음입니다.
45를 5씩 묶으면 9묶음입니다.
따라서 30은 전체 9묶음 중의 6묶음이므로 45의 $\frac{6}{9}$입니다.

단계	문제 해결 과정
①	45를 몇씩 묶었는지 구했나요?
②	30은 45의 몇 분의 몇인지 구했나요?

7 (1) 18을 똑같이 3묶음으로 나눈 것 중의 1묶음은 6입니다.

(2) 18을 똑같이 6묶음으로 나눈 것 중의 1묶음은 3입니다.

9 전체 공은 12개입니다. 12의 $\frac{4}{6}$는 12를 똑같이 6묶음으로 나눈 것 중의 4묶음이므로 8입니다.
따라서 공 8개를 색칠합니다.

10 ^{내가 만드는 문제} 예 딸기 쿠키: 24의 $\frac{1}{8}$이 3이므로 24의 $\frac{3}{8}$은 $3 \times 3 = 9$입니다. ➡ 9개

딸기 음료: 24의 $\frac{1}{6}$이 4이므로 24의 $\frac{2}{6}$는 $4 \times 2 = 8$입니다. ➡ 8개

따라서 만드는 데 딸기가 더 많이 필요한 음식은 딸기 쿠키입니다.

11 선우: 20의 $\frac{1}{5}$이 4이므로 20의 $\frac{4}{5}$는 16입니다.
➡ 16개

수빈: 16의 $\frac{1}{8}$이 2이므로 16의 $\frac{3}{8}$은 6입니다. ➡ 6개

12 (1) □를 똑같이 6묶음으로 나눈 것 중의 1묶음이 9이므로 □=9×6=54입니다.

(2) □의 $\frac{3}{5}$이 21이므로 □의 $\frac{1}{5}$은 21÷3=7입니다.
따라서 □는 7씩 5묶음이므로 □=7×5=35입니다.

13 (1) $12\,cm$의 $\dfrac{1}{6}$은 $12\,cm$를 똑같이 6부분으로 나눈 것 중의 1부분이므로 $2\,cm$입니다.

(2) $12\,cm$의 $\dfrac{5}{6}$는 $12\,cm$를 똑같이 6부분으로 나눈 것 중의 5부분이므로 $2 \times 5 = 10\,(cm)$입니다.

14 (1) $2\,m$의 $\dfrac{1}{2}$은 $2\,m = 200\,cm$를 똑같이 2부분으로 나눈 것 중의 1부분이므로 $100\,cm$입니다.

(2) $2\,m$의 $\dfrac{4}{5}$는 $2\,m = 200\,cm$를 똑같이 5부분으로 나눈 것 중의 4부분이므로 $160\,cm$입니다.

15 $15\,cm$의 $\dfrac{2}{3}$는 $15\,cm$를 똑같이 3부분으로 나눈 것 중의 2부분이므로 $10\,cm$이고, $20\,cm$의 $\dfrac{3}{5}$은 $20\,cm$를 똑같이 5부분으로 나눈 것 중의 3부분이므로 $12\,cm$입니다.

➡ $10\,cm < 12\,cm$

16 (1) 1시간의 $\dfrac{1}{4}$은 1시간 $= 60$분을 똑같이 4부분으로 나눈 것 중의 1부분이므로 15분입니다.

(2) 2시간의 $\dfrac{2}{3}$는 2시간 $= 120$분을 똑같이 3부분으로 나눈 것 중의 2부분이므로 80분입니다.

17 연우네 집에서 도서관까지의 거리는 $21\,km$의 $\dfrac{5}{7}$이므로 $15\,km$입니다.

따라서 도서관에서 박물관까지의 거리는
$21 - 15 = 6\,(km)$입니다.

18 민지: 6시간, 지우: 8시간, 이서: 9시간

따라서 $9 > 8 > 6$이므로 잠을 가장 많이 잔 사람은 이서입니다.

서술형
19 예 $1\,m = 100\,cm$이므로 $100\,cm$의 $\dfrac{3}{5}$은 $60\,cm$입니다. 따라서 은채에게 남은 리본은 $100 - 60 = 40\,(cm)$입니다.

단계	문제 해결 과정
①	사용한 리본의 길이를 구했나요?
②	남은 리본의 길이를 구했나요?

20 (1) $\dfrac{3}{2}$은 $\dfrac{1}{2}$이 3개이고, 분자가 분모보다 크므로 가분수입니다.

(2) $\dfrac{2}{3}$는 $\dfrac{1}{3}$이 2개이고, 분자가 분모보다 작으므로 진분수입니다.

22 (1) $\dfrac{1}{8}$이 16개 색칠되어 있으므로 $2 = \dfrac{16}{8}$입니다.

(2) $\dfrac{1}{5}$이 15개 색칠되어 있으므로 $3 = \dfrac{15}{5}$입니다.

23 가분수는 분자가 분모와 같거나 분모보다 큰 분수입니다. 분자가 분모와 같은 분수는 1과 크기가 같습니다.

24 진분수는 분자가 분모보다 작은 분수이므로 $\dfrac{5}{9}$, $\dfrac{3}{8}$입니다.

가분수는 분자가 분모와 같거나 분모보다 큰 분수이므로 $\dfrac{11}{3}$, $\dfrac{7}{7}$, $\dfrac{6}{5}$입니다.

대분수는 자연수와 진분수로 이루어진 분수이므로 $1\dfrac{4}{6}$, $5\dfrac{1}{2}$입니다.

25 (1) 분모가 3인 진분수의 분자는 3보다 작아야 합니다.

(2) 분모가 3인 가분수의 분자는 3과 같거나 3보다 커야 합니다.

(3) 자연수 부분이 4이고 분모가 3인 대분수의 분자는 3보다 작아야 합니다.

26 $\dfrac{\square}{6}$가 가분수일 때 $\square = 6, 7, 8, 9, \dots$

$\dfrac{9}{\square}$가 가분수일 때 $\square = 9, 8, 7, 6, \dots$

$\dfrac{\square}{7}$가 가분수일 때 $\square = 7, 8, 9, \dots$

따라서 $\square$ 안에 공통으로 들어갈 수 있는 자연수는 7, 8, 9입니다.

😊 내가 만드는 문제
27 1, 2, 3, 4, 5의 수를 사용하여 분자가 분모보다 작은 진분수, 분자가 분모와 같거나 분모보다 큰 가분수, 자연수와 진분수로 이루어진 대분수를 각각 자유롭게 만듭니다.

28 $2\dfrac{1}{3}$에서 자연수 2를 가분수 $\dfrac{6}{3}$으로 나타내면 $\dfrac{1}{3}$이 모두 7개이므로 $2\dfrac{1}{3} = \dfrac{7}{3}$입니다.

29 $\frac{10}{6}$에서 $\frac{6}{6}=1$이므로 $\frac{10}{6}=1\frac{4}{6}$입니다.

31 가분수의 분자를 분모로 나누었을 때 몫이 대분수의 자연수 부분이 되고 나머지가 대분수의 분자가 됩니다.

32 (1) $4\frac{1}{3}$은 $4\left(=\frac{12}{3}\right)$와 $\frac{1}{3}$이므로 $\frac{13}{3}$입니다.

(2) $2\frac{5}{8}$는 $2\left(=\frac{16}{8}\right)$와 $\frac{5}{8}$이므로 $\frac{21}{8}$입니다.

(3) $\frac{18}{5}$은 $\frac{15}{5}(=3)$와 $\frac{3}{5}$이므로 $3\frac{3}{5}$입니다.

(4) $\frac{20}{7}$은 $\frac{14}{7}(=2)$와 $\frac{6}{7}$이므로 $2\frac{6}{7}$입니다.

33 $\frac{19}{5}=3\frac{4}{5}$, $\frac{17}{4}=4\frac{1}{4}$, $\frac{21}{8}=2\frac{5}{8}$

따라서 자연수 부분이 가장 작은 가분수는 $\frac{21}{8}$입니다.

서술형
34 예 자연수 부분이 9이고 분모가 2인 대분수의 분자는 2보다 작은 수인 1이므로 대분수는 $9\frac{1}{2}$입니다.

$9\frac{1}{2}$은 $9\left(=\frac{18}{2}\right)$와 $\frac{1}{2}$이므로 가분수는 $\frac{19}{2}$입니다.

단계	문제 해결 과정
①	주어진 조건에 알맞은 대분수를 구했나요?
②	대분수를 가분수로 나타냈나요?

36 (1) 분자의 크기를 비교하면 $13>9$이므로 $\frac{13}{8}>\frac{9}{8}$입니다.

(2) 자연수의 크기를 비교하면 $2<3$이므로 $2\frac{5}{6}<3\frac{2}{6}$입니다.

(3) 자연수가 같으므로 진분수의 크기를 비교합니다.
$\frac{4}{9}<\frac{7}{9}$이므로 $5\frac{4}{9}<5\frac{7}{9}$입니다.

(4) 대분수를 가분수로 나타내면 $7\frac{1}{3}=\frac{22}{3}$이므로 $\frac{23}{3}>7\frac{1}{3}$입니다.

37 (1) 분자의 크기를 비교하면 $\square<5$이므로 $\square$ 안에 들어갈 수 있는 수는 1, 2, 3, 4입니다.

(2) 자연수가 같으므로 진분수의 크기를 비교합니다.
$\frac{\square}{6}>\frac{2}{6}$이므로 $\square$ 안에는 2보다 크고 6보다 작은 수가 들어가야 합니다.
따라서 $\square$ 안에 들어갈 수 있는 수는 3, 4, 5입니다.

38 $1\frac{2}{8}=\frac{10}{8}$이므로 $\frac{9}{8}$ km $<\frac{10}{8}$ km $<\frac{11}{8}$ km입니다. 따라서 유하네 집에서 가장 가까운 곳은 은행입니다.

39 $1\frac{7}{8}=\frac{15}{8}$이므로 $\frac{10}{8}<\frac{\square}{8}<\frac{15}{8}$입니다.
따라서 $\square$ 안에 들어갈 수 있는 자연수는 11, 12, 13, 14이므로 $\frac{10}{8}$보다 크고 $1\frac{7}{8}$보다 작은 가분수는 $\frac{11}{8}$, $\frac{12}{8}$, $\frac{13}{8}$, $\frac{14}{8}$입니다.

서술형
40 예 ⓒ $\frac{1}{9}$이 13개인 수는 $\frac{13}{9}$이고 ⓒ $1\frac{5}{9}=\frac{14}{9}$입니다.
따라서 $\frac{17}{9}>\frac{14}{9}>\frac{13}{9}$이므로 가장 큰 분수는 ⊙ $\frac{17}{9}$입니다.

단계	문제 해결 과정
①	분수의 표현을 같게 나타냈나요?
②	가장 큰 분수를 찾아 기호를 썼나요?

😊 내가 만드는 문제
41 ① 대분수의 분자를 정합니다.
② 대분수를 가분수로 나타냈을 때의 분자보다 큰 수를 가분수의 분자로 정합니다.

STEP
3 실수하기 쉬운 유형   110~112쪽

1 $3\frac{2}{4}$, $5\frac{6}{7}$에 ○표   **2** 3개

3 5개   **4** 2, 3, 4, 5

5 1, 2, 3   **6** 10개

7 $\frac{7}{4}$ **8** $1\frac{2}{6}$

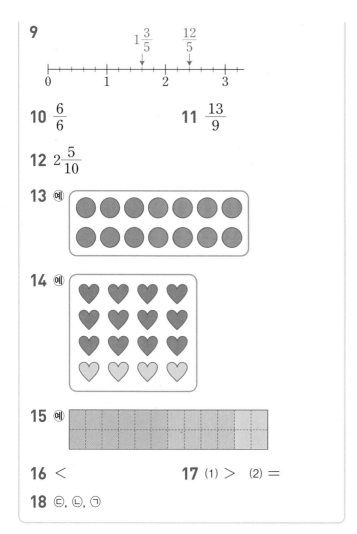

9

(수직선: 0, 1, 2, 3 / $1\frac{3}{5}$와 $\frac{12}{5}$ 위치에 화살표 표시)

10 $\dfrac{6}{6}$ **11** $\dfrac{13}{9}$

12 $2\dfrac{5}{10}$

13 (예)

14 (예)

15 (예)

16 $<$ **17** (1) $>$ (2) $=$

18 ㉢, ㉡, ㉠

---

1 $\dfrac{6}{6}$은 분자와 분모가 같은 분수이므로 가분수입니다.

참고 | $1\dfrac{4}{3}$와 $2\dfrac{8}{5}$은 자연수와 가분수로 이루어진 분수이므로 대분수라고 할 수 없습니다.

2 대분수는 자연수와 진분수로 이루어진 분수이므로 $2\dfrac{5}{9}$, $6\dfrac{1}{3}$, $1\dfrac{7}{8}$로 모두 3개입니다.

참고 | $5\dfrac{4}{4}$와 $7\dfrac{3}{2}$은 자연수와 가분수로 이루어진 분수이므로 대분수라고 할 수 없습니다.

3 분모가 6인 진분수는 $\dfrac{1}{6}$, $\dfrac{2}{6}$, $\dfrac{3}{6}$, $\dfrac{4}{6}$, $\dfrac{5}{6}$이므로 자연수 부분이 3이고 분모가 6인 대분수는 $3\dfrac{1}{6}$, $3\dfrac{2}{6}$, $3\dfrac{3}{6}$, $3\dfrac{4}{6}$, $3\dfrac{5}{6}$로 모두 5개입니다.

4 가분수는 분자가 분모와 같거나 분모보다 큰 분수이므로 □ 안에는 5와 같거나 5보다 작은 수가 들어가야 합니다.
따라서 □ 안에 들어갈 수 있는 수는 2, 3, 4, 5입니다.

5 진분수는 분자가 분모보다 작은 분수이므로 □ 안에는 4보다 작은 수가 들어가야 합니다.
따라서 □ 안에 들어갈 수 있는 자연수는 1, 2, 3입니다.

6 대분수는 자연수와 진분수로 이루어진 분수이므로 □ 안에는 11보다 작은 수가 들어가야 합니다.
따라서 □ 안에 들어갈 수 있는 자연수는 1, 2, 3, ..., 10으로 모두 10개입니다.

7 수직선에서 작은 눈금 한 칸의 크기는 $\dfrac{1}{4}$입니다.
화살표 ↓가 나타내는 분수는 $\dfrac{1}{4}$이 7개이므로 $\dfrac{7}{4}$입니다.

8 수직선에서 작은 눈금 한 칸의 크기는 $\dfrac{1}{6}$입니다.
화살표 ↓가 나타내는 분수는 1에서 $\dfrac{2}{6}$만큼 더 간 곳이므로 대분수로 나타내면 $1\dfrac{2}{6}$입니다.

9 작은 눈금 한 칸의 크기는 $\dfrac{1}{5}$입니다.
$1\dfrac{3}{5}$은 1에서 3칸 더 간 곳에 나타내고, $\dfrac{12}{5}$는 $\dfrac{1}{5}$이 12개이므로 0에서 12칸 간 곳에 나타냅니다.

10 분자의 크기를 비교하면 $3<4<5<7$이므로 작은 분수부터 차례로 놓으면 $\dfrac{3}{6}$, $\dfrac{4}{6}$, $\dfrac{5}{6}$, $\dfrac{7}{6}$입니다.
따라서 중간에 빠진 분수는 $\dfrac{6}{6}$입니다.

11 분자의 크기를 비교하면 $10<11<12<14<15$이므로 작은 분수부터 차례로 놓으면 $\dfrac{10}{9}$, $\dfrac{11}{9}$, $\dfrac{12}{9}$, $\dfrac{14}{9}$, $\dfrac{15}{9}$입니다.
따라서 중간에 빠진 분수는 $\dfrac{13}{9}$입니다.

12 자연수가 모두 같으므로 진분수의 크기를 비교합니다.
$\dfrac{3}{10}<\dfrac{4}{10}<\dfrac{6}{10}<\dfrac{7}{10}<\dfrac{8}{10}$이므로 작은 분수부터 차례로 놓으면 $2\dfrac{3}{10}$, $2\dfrac{4}{10}$, $2\dfrac{6}{10}$, $2\dfrac{7}{10}$, $2\dfrac{8}{10}$입니다.
따라서 중간에 빠진 분수는 $2\dfrac{5}{10}$입니다.

13 전체는 14개입니다.

14의 $\frac{3}{7}$은 14를 똑같이 7묶음으로 나눈 것 중의 3묶음이므로 6이고, 14의 $\frac{4}{7}$는 14를 똑같이 7묶음으로 나눈 것 중의 4묶음이므로 8입니다.

따라서 빨간색은 6개, 파란색은 8개 색칠합니다.

14 전체는 16개입니다.

16의 $\frac{6}{8}$은 16을 똑같이 8묶음으로 나눈 것 중의 6묶음이므로 12이고, 16의 $\frac{2}{8}$는 16을 똑같이 8묶음으로 나눈 것 중의 2묶음이므로 4입니다.

따라서 보라색은 12개, 노란색은 4개 색칠합니다.

15 전체는 24칸입니다.

24의 $\frac{1}{2}$은 12, 24의 $\frac{1}{3}$은 8, 24의 $\frac{1}{6}$은 4입니다.

따라서 주황색은 12칸, 초록색은 8칸, 노란색은 4칸 색칠합니다.

16 대분수를 가분수로 나타내면 $4\frac{2}{5}=\frac{22}{5}$이므로

$\frac{22}{5}<\frac{24}{5}$입니다. ➡ $4\frac{2}{5}<\frac{24}{5}$

17 대분수를 가분수로 나타내거나 가분수를 대분수로 나타내 크기를 비교합니다.

(1) $\frac{17}{7}=2\frac{3}{7}$이므로 $2\frac{4}{7}>2\frac{3}{7}$입니다. ➡ $2\frac{4}{7}>\frac{17}{7}$

(2) $3\frac{6}{8}=\frac{30}{8}$이므로 $\frac{30}{8}=3\frac{6}{8}$입니다.

18 ⓒ $\frac{33}{6}=5\frac{3}{6}$이므로 $5\frac{5}{6}>5\frac{3}{6}>5\frac{2}{6}$입니다.

따라서 크기가 큰 분수부터 차례로 기호를 쓰면 ⓒ, ⓛ, ㉠입니다.

STEP 4 상위권 도전 유형 113~115쪽

1 $\frac{2}{5}$, $\frac{2}{6}$, $\frac{5}{6}$, $\frac{2}{9}$, $\frac{5}{9}$, $\frac{6}{9}$

2 $\frac{4}{3}$, $\frac{5}{3}$, $\frac{8}{3}$, $\frac{5}{4}$, $\frac{8}{4}$, $\frac{8}{5}$

3 $\frac{65}{7}$ **4** 1, 2, 3, 4, 5, 6

5 4개   **6** 38, 39, 40

7 $\frac{11}{14}$, $\frac{12}{14}$, $\frac{13}{14}$ **8** $\frac{6}{6}$, $\frac{7}{6}$, $\frac{8}{6}$, $\frac{9}{6}$

9 6개   **10** 11권

11 4 m   **12** 12장

13 6   **14** 10

15 32   **16** $\frac{4}{8}$

17 $\frac{17}{9}$ **18** $3\frac{6}{11}$

---

1 진분수는 분자가 분모보다 작은 분수입니다.

• 분모가 2인 경우: 진분수를 만들 수 없습니다.

• 분모가 5인 경우: $\frac{2}{5}$

• 분모가 6인 경우: $\frac{2}{6}$, $\frac{5}{6}$

• 분모가 9인 경우: $\frac{2}{9}$, $\frac{5}{9}$, $\frac{6}{9}$

2 가분수는 분자가 분모와 같거나 분모보다 큰 분수입니다.

• 분모가 3인 경우: $\frac{4}{3}$, $\frac{5}{3}$, $\frac{8}{3}$

• 분모가 4인 경우: $\frac{5}{4}$, $\frac{8}{4}$

• 분모가 5인 경우: $\frac{8}{5}$

• 분모가 8인 경우: 가분수를 만들 수 없습니다.

3 가장 큰 대분수를 만들려면 자연수 부분에 가장 큰 수를 놓고 나머지 두 수로 진분수를 만들어야 하므로 $9\frac{2}{7}$입니다. 따라서 $9\frac{2}{7}$를 가분수로 나타내면 $9\frac{2}{7}=\frac{65}{7}$입니다.

4 $1\frac{1}{6}=\frac{7}{6}$이므로 $\frac{\square}{6}<\frac{7}{6}$에서 $\square<7$입니다.

따라서 $\square$ 안에 들어갈 수 있는 자연수는 1, 2, 3, 4, 5, 6입니다.

5 $\dfrac{23}{9}=2\dfrac{5}{9}$이므로 $2\dfrac{5}{9}>2\dfrac{\square}{9}$에서 $5>\square$입니다.

따라서 $\square$ 안에 들어갈 수 있는 자연수는 1, 2, 3, 4로 모두 4개입니다.

6 $4\dfrac{5}{8}=\dfrac{37}{8}$이므로 $\dfrac{37}{8}<\dfrac{\square}{8}<\dfrac{41}{8}$에서 $37<\square<41$ 입니다.

따라서 $\square$ 안에 들어갈 수 있는 자연수는 37보다 크고 41보다 작은 수이므로 38, 39, 40입니다.

7 분모가 14인 진분수의 분자는 14보다 작은 수입니다. 이 중 10보다 큰 수는 11, 12, 13이므로 구하는 진분수는 $\dfrac{11}{14}$, $\dfrac{12}{14}$, $\dfrac{13}{14}$입니다.

8 분모가 6인 가분수는 $\dfrac{6}{6}$, $\dfrac{7}{6}$, $\dfrac{8}{6}$, $\dfrac{9}{6}$, $\dfrac{10}{6}$, $\dfrac{11}{6}$, …이 고 이 중에서 분자가 한 자리 수인 분수는 $\dfrac{6}{6}$, $\dfrac{7}{6}$, $\dfrac{8}{6}$, $\dfrac{9}{6}$입니다.

9 분자가 21인 분수 중에서 분모가 15보다 크고 25보다 작은 분수는 $\dfrac{21}{16}$, $\dfrac{21}{17}$, $\dfrac{21}{18}$, $\dfrac{21}{19}$, $\dfrac{21}{20}$, $\dfrac{21}{21}$, $\dfrac{21}{22}$, $\dfrac{21}{23}$, $\dfrac{21}{24}$입니다. 이 중에서 가분수는 $\dfrac{21}{16}$, $\dfrac{21}{17}$, $\dfrac{21}{18}$, $\dfrac{21}{19}$, $\dfrac{21}{20}$, $\dfrac{21}{21}$로 모두 6개입니다.

10 지호에게 준 공책은 20권의 $\dfrac{1}{4}$이므로 5권입니다.

은서에게 준 공책은 20권의 $\dfrac{1}{5}$이므로 4권입니다.

따라서 하윤이에게 남은 공책은 $20-5-4=11$(권)입니다.

11 모자를 뜨는 데 사용한 털실은 36 m의 $\dfrac{1}{3}$이므로 12 m 입니다.

장갑을 뜨는 데 사용한 털실은 36 m의 $\dfrac{5}{9}$이므로 20 m 입니다.

따라서 민선이에게 남은 털실은 $36-12-20=4$ (m) 입니다.

12 종이꽃을 접는 데 사용한 색종이는 56장의 $\dfrac{3}{7}$이므로 24장이고, 종이꽃을 접고 남은 색종이는 $56-24=32$(장)입니다.

종이학을 접는 데 사용한 색종이는 32장의 $\dfrac{5}{8}$이므로 20 장입니다.

따라서 윤호에게 남은 색종이는 $32-20=12$(장)입니다.

13 어떤 수의 $\dfrac{1}{3}$이 8이므로 어떤 수는 $8\times3=24$입니다.

따라서 24의 $\dfrac{1}{4}$은 6입니다.

14 어떤 수의 $\dfrac{1}{5}$은 $18\div3=6$이므로 어떤 수는 $6\times5=30$입니다.

따라서 30의 $\dfrac{2}{6}$는 10입니다.

15 어떤 수의 $\dfrac{1}{12}$은 $21\div7=3$이므로 어떤 수는 $3\times12=36$입니다.

따라서 36의 $\dfrac{8}{9}$은 32입니다.

16 분모와 분자의 차가 4인 진분수이므로 분자를 $\square$라고 하면 분모는 $\square+4$입니다.

분모와 분자의 합이 12이므로 $\square+4+\square=12$, $\square+\square=8$, $\square=4$입니다.

따라서 분자가 4이고 분모가 $4+4=8$인 진분수는 $\dfrac{4}{8}$입니다.

17 분모와 분자의 차가 8인 가분수이므로 분자를 $\square$라고 하면 분모는 $\square-8$입니다.

분모와 분자의 합이 26이므로 $\square-8+\square=26$, $\square+\square=34$, $\square=17$입니다.

따라서 분자가 17이고 분모가 $17-8=9$인 가분수는 $\dfrac{17}{9}$입니다.

18 3보다 크고 4보다 작은 대분수이므로 자연수 부분은 3입 니다.

분모와 분자의 차가 5이므로 진분수의 분자를 $\square$라고 하면 분모는 $\square+5$입니다.

분모와 분자의 합이 17이므로 $\square+5+\square=17$, $\square+\square=12$, $\square=6$입니다.

진분수의 분자가 6이고 분모가 $6+5=11$이므로 조건을 모두 만족시키는 대분수는 $3\dfrac{6}{11}$입니다.

수시 평가 대비 Level ❶
116~118쪽

1 (예) / (1) $\dfrac{2}{4}$ (2) $\dfrac{3}{4}$

2 (1) 12 (2) 25

3 $\dfrac{14}{5}$, $2\dfrac{4}{5}$

4 (1) $\dfrac{11}{4}$ (2) $4\dfrac{1}{6}$

5 (1) 60 (2) 120

6 3, 4, 5에 ○표

7 (선 연결)

8 (1) 15 (2) 50

9 11

10 (1) > (2) <

11 7개

12 ④

13 $4\dfrac{5}{9}$, $4\dfrac{6}{9}$

14 ©, ㉠, ㉣, ㉡

15 6개

16 9명

17 $\dfrac{29}{9}$

18 $1\dfrac{3}{4}$

19 16

20 45

---

1 (1) 12개를 3개씩 묶으면 6은 전체 4묶음 중의 2묶음이므로 12의 $\dfrac{2}{4}$입니다.

(2) 12개를 3개씩 묶으면 9는 전체 4묶음 중의 3묶음이므로 12의 $\dfrac{3}{4}$입니다.

2 (1) 20의 $\dfrac{3}{5}$은 20을 똑같이 5묶음으로 나눈 것 중의 3묶음이므로 $4 \times 3 = 12$입니다.

(2) 45의 $\dfrac{5}{9}$는 45를 똑같이 9묶음으로 나눈 것 중의 5묶음이므로 $5 \times 5 = 25$입니다.

3 $\dfrac{1}{5}$이 14개이므로 $\dfrac{14}{5}$이고, 2와 $\dfrac{4}{5}$만큼이므로 $2\dfrac{4}{5}$입니다.

4 (1) $2\dfrac{3}{4}$은 $2\left(=\dfrac{8}{4}\right)$와 $\dfrac{3}{4}$이므로 $\dfrac{11}{4}$입니다.

(2) $\dfrac{25}{6}$는 $\dfrac{24}{6}(=4)$와 $\dfrac{1}{6}$이므로 $4\dfrac{1}{6}$입니다.

5 (1) $2\,m = 200\,cm$를 똑같이 10부분으로 나눈 것 중의 3부분은 $20 \times 3 = 60\,(cm)$입니다.

(2) $2\,m = 200\,cm$를 똑같이 5부분으로 나눈 것 중의 3부분은 $40 \times 3 = 120\,(cm)$입니다.

6 대분수는 자연수와 진분수로 이루어진 분수이므로 □ 안에 들어갈 수 있는 수는 6보다 작습니다.

7 · $4\dfrac{2}{7}$는 $4\left(=\dfrac{28}{7}\right)$와 $\dfrac{2}{7}$이므로 $\dfrac{30}{7}$입니다.

· $3\dfrac{5}{7}$는 $3\left(=\dfrac{21}{7}\right)$과 $\dfrac{5}{7}$이므로 $\dfrac{26}{7}$입니다.

8 (1) 1시간$=60$분의 $\dfrac{1}{4}$은 15분입니다.

(2) 1시간$=60$분의 $\dfrac{1}{6}$이 10분이므로 $\dfrac{5}{6}$는 50분입니다.

9 · 54를 9씩 묶으면 6묶음이고 36은 전체 6묶음 중의 4묶음이므로 54의 $\dfrac{4}{6}$입니다. ➡ ㉠$=6$

· 40을 5씩 묶으면 8묶음이고 25는 전체 8묶음 중의 5묶음이므로 40의 $\dfrac{5}{8}$입니다. ➡ ㉡$=5$

따라서 ㉠과 ㉡에 알맞은 수의 합은 $6+5=11$입니다.

10 (1) 분자의 크기를 비교하면 9>7이므로 $\dfrac{9}{7} > \dfrac{7}{7}$입니다.

(2) 가분수를 대분수로 나타내면 $\dfrac{16}{5} = 3\dfrac{1}{5}$이므로 $2\dfrac{3}{5} < 3\dfrac{1}{5}$입니다.

11 진분수는 분자가 분모보다 작은 분수이므로 □ 안에는 8보다 작은 수가 들어갈 수 있습니다.

따라서 □ 안에 들어갈 수 있는 자연수는 1, 2, 3, 4, 5, 6, 7로 모두 7개입니다.

12 ①, ②, ③, ⑤ 12 ④ 20

13 가분수를 대분수로 나타내면 $\dfrac{40}{9} = 4\dfrac{4}{9}$입니다.

$4\dfrac{4}{9}$보다 크고 $4\dfrac{7}{9}$보다 작은 대분수는 $4\dfrac{5}{9}$, $4\dfrac{6}{9}$입니다.

14 © $2\dfrac{2}{5} = \dfrac{12}{5}$ ㉣ $\dfrac{7}{5}$

➡ $\dfrac{12}{5} > \dfrac{9}{5} > \dfrac{7}{5} > \dfrac{5}{5}$

15 ·분모가 3인 가분수: $\dfrac{5}{3}$, $\dfrac{6}{3}$, $\dfrac{7}{3}$

·분모가 5인 가분수: $\dfrac{6}{5}$, $\dfrac{7}{5}$

·분모가 6인 가분수: $\dfrac{7}{6}$

따라서 만들 수 있는 가분수는 모두 6개입니다.

16 24의 $\dfrac{1}{8}$이 3이므로 24의 $\dfrac{5}{8}$는 $3 \times 5 = 15$입니다.

성욱이네 반에서 동생이 있는 학생이 15명이므로 동생이 없는 학생은 $24 - 15 = 9$(명)입니다.

17 만들 수 있는 대분수 중에서 자연수 부분이 3인 대분수는 $3\dfrac{2}{9}$입니다.

따라서 $3\dfrac{2}{9}$를 가분수로 나타내면 $\dfrac{29}{9}$입니다.

18 가분수의 분모를 □라고 하면 분모와 분자의 차가 3이므로 분자는 □＋3입니다.

분모와 분자의 합이 11이므로 □＋□＋3＝11, □＋□＝8, □＝4입니다.

분모가 4, 분자가 7인 가분수는 $\dfrac{7}{4}$입니다.

따라서 $\dfrac{7}{4}$을 대분수로 나타내면 $1\dfrac{3}{4}$입니다.

서술형
19 ⑩ $2\dfrac{3}{7}$을 가분수로 나타내면 $\dfrac{17}{7}$입니다.

$\dfrac{□}{7} < \dfrac{17}{7}$에서 □＜17이므로 □ 안에 들어갈 수 있는 자연수 중에서 가장 큰 수는 16입니다.

평가 기준	배점
$2\dfrac{3}{7}$을 가분수로 나타냈나요?	2점
□ 안에 들어갈 수 있는 자연수 중에서 가장 큰 수를 구했나요?	3점

서술형
20 ⑩ 어떤 수의 $\dfrac{7}{9}$이 35이므로 어떤 수의 $\dfrac{1}{9}$은 $35 \div 7 = 5$입니다.

따라서 어떤 수는 5씩 9묶음이므로 $5 \times 9 = 45$입니다.

평가 기준	배점
어떤 수의 $\dfrac{1}{9}$을 구했나요?	2점
어떤 수를 구했나요?	3점

수시 평가 대비 Level ❷ 119~121쪽

1 (1) 4 (2) 16

2 ⑩

/ $\dfrac{5}{9}$

3 (1) 14 (2) 18   **4** 3개

5 ③   **6** (1) $4\dfrac{3}{8}$ (2) $\dfrac{31}{9}$

7 $\dfrac{4}{6}$ **8** 10

9 (1) ＞ (2) ＜   **10** ㉡

11 45분   **12** 윤서, 현아, 효주

13 (1) 42 (2) 72   **14** 4, 5, 6

15 $\dfrac{1}{3}$, $\dfrac{1}{6}$, $\dfrac{3}{6}$, $\dfrac{1}{7}$, $\dfrac{3}{7}$, $\dfrac{6}{7}$

16 6   **17** 45

18 24   **19** 20개

20 $5\dfrac{8}{14}$

---

1 (1) 20의 $\dfrac{1}{5}$은 20을 똑같이 5묶음으로 나눈 것 중의 1묶음이므로 4입니다.

(2) 20의 $\dfrac{4}{5}$는 20을 똑같이 5묶음으로 나눈 것 중의 4묶음이므로 $4 \times 4 = 16$입니다.

2 18을 2씩 묶으면 9묶음이고, 10은 전체 9묶음 중의 5묶음이므로 18의 $\dfrac{5}{9}$입니다.

3 (1) 21 cm의 $\dfrac{2}{3}$는 21 cm를 똑같이 3부분으로 나눈 것 중의 2부분이므로 14 cm입니다.

(2) 21 cm의 $\dfrac{6}{7}$은 21 cm를 똑같이 7부분으로 나눈 것 중의 6부분이므로 18 cm입니다.

4 가분수는 분자가 분모와 같거나 분모보다 큰 분수이므로 $\dfrac{10}{9}$, $\dfrac{5}{5}$, $\dfrac{8}{3}$로 모두 3개입니다.

정답과 풀이 **39**

5 ③ $5 = \dfrac{25}{5}$

6 (1) $\dfrac{35}{8}$는 $\dfrac{32}{8}(=4)$와 $\dfrac{3}{8}$이므로 $4\dfrac{3}{8}$입니다.

(2) $3\dfrac{4}{9}$는 $3\left(=\dfrac{27}{9}\right)$과 $\dfrac{4}{9}$이므로 $\dfrac{31}{9}$입니다.

7 30을 5씩 묶으면 6묶음이 됩니다.

20은 전체 6묶음 중의 4묶음이므로 20명은 전체의 $\dfrac{4}{6}$입니다.

8 진분수는 분자가 분모보다 작은 분수이므로 분자는 11보다 작아야 합니다.

따라서 11보다 작은 수 중 가장 큰 자연수는 10입니다.

9 (1) 자연수의 크기를 비교하면 $3>2$이므로

$3\dfrac{2}{7}>2\dfrac{5}{7}$입니다.

(2) 대분수를 가분수로 나타내면 $6\dfrac{3}{4}=\dfrac{27}{4}$이므로

$\dfrac{26}{4}<\dfrac{27}{4}$입니다.

10 ㉠ 16의 $\dfrac{6}{8}$ ➡ 12

㉡ 25의 $\dfrac{3}{5}$ ➡ 15

㉢ 42의 $\dfrac{2}{6}$ ➡ 14

따라서 나타내는 수가 가장 큰 것은 ㉡입니다.

11 1시간의 $\dfrac{3}{4}$은 1시간$=60$분을 똑같이 4부분으로 나눈 것 중의 3부분이므로 45분입니다.

12 $2\dfrac{5}{8}=\dfrac{21}{8}$이므로 $\dfrac{25}{8}$ m$>\dfrac{23}{8}$ m$>\dfrac{21}{8}$ m입니다.

따라서 긴 끈을 가지고 있는 사람부터 차례로 쓰면 윤서, 현아, 효주입니다.

13 (1) □의 $\dfrac{4}{6}$가 28이므로 □의 $\dfrac{1}{6}$은 $28\div4=7$입니다.

따라서 □$=7\times6=42$입니다.

(2) □의 $\dfrac{5}{9}$가 40이므로 □의 $\dfrac{1}{9}$은 $40\div5=8$입니다.

따라서 □$=8\times9=72$입니다.

14 $\dfrac{22}{7}=3\dfrac{1}{7}$, $\dfrac{46}{7}=6\dfrac{4}{7}$이므로 $3\dfrac{1}{7}$과 $6\dfrac{4}{7}$ 사이에 있는 자연수는 4, 5, 6입니다.

15 진분수는 분자가 분모보다 작은 분수입니다.

• 분모가 1인 경우: 진분수를 만들 수 없습니다.

• 분모가 3인 경우: $\dfrac{1}{3}$

• 분모가 6인 경우: $\dfrac{1}{6}$, $\dfrac{3}{6}$

• 분모가 7인 경우: $\dfrac{1}{7}$, $\dfrac{3}{7}$, $\dfrac{6}{7}$

16 $2\dfrac{4}{\bullet}$에서 자연수 2를 가분수 $\dfrac{\bullet+\bullet}{\bullet}$로 나타내면 $2\dfrac{4}{\bullet}$는 $\dfrac{1}{\bullet}$이 $(\bullet+\bullet+4)$개이므로 $2\dfrac{4}{\bullet}=\dfrac{\bullet+\bullet+4}{\bullet}$입니다.

$\dfrac{16}{\bullet}=\dfrac{\bullet+\bullet+4}{\bullet}$에서 $\bullet+\bullet+4=16$이므로

$\bullet+\bullet=12$, $\bullet=6$입니다.

17 $6\dfrac{4}{7}=\dfrac{46}{7}$이므로 $\dfrac{\square}{7}<\dfrac{46}{7}$에서 $\square<46$입니다.

따라서 □ 안에 들어갈 수 있는 가장 큰 자연수는 45입니다.

18 어떤 수의 $\dfrac{1}{8}$은 $45\div5=9$이므로 어떤 수는

$9\times8=72$입니다.

따라서 72의 $\dfrac{3}{9}$은 24입니다.

19 서술형 ⑩ 32의 $\dfrac{3}{8}$은 12이므로 지민이가 먹은 딸기는 12개입니다.

따라서 지민이가 먹고 남은 딸기는 $32-12=20$(개)입니다.

평가 기준	배점
지민이가 먹은 딸기의 수를 구했나요?	3점
지민이가 먹고 남은 딸기의 수를 구했나요?	2점

20 서술형 ⑩ 5보다 크고 6보다 작은 대분수이므로 자연수 부분은 5입니다. 진분수의 분자를 □라고 하면 분모는 □$+6$이므로 □$+6+$□$=22$, □$+$□$=16$, □$=8$입니다.

진분수의 분자가 8이고 분모가 $8+6=14$이므로 조건을 모두 만족시키는 대분수는 $5\dfrac{8}{14}$입니다.

평가 기준	배점
대분수의 자연수 부분과 분자, 분모를 구했나요?	4점
조건을 모두 만족시키는 대분수를 구했나요?	1점

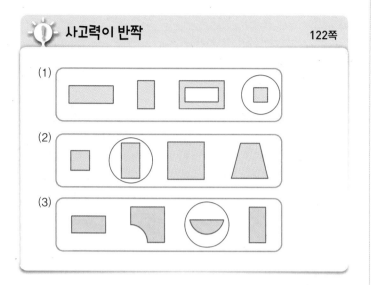

보이지 않는 면의 모양은 마주 보고 있는 면의 모양을 통해 유추할 수 있습니다.

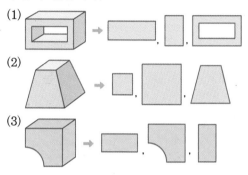

5 들이와 무게

들이와 무게는 측정 영역에서 학생들이 다루게 되는 핵심적인 속성입니다. 들이와 무게는 실생활과 직접적으로 연결되어 있기 때문에 들이와 무게의 측정 능력을 기르는 것은 실제 생활의 문제를 해결하는 데 필수적입니다. 따라서 들이와 무게를 지도할 때에는 다음과 같은 사항에 중점을 둡니다. 첫째, 측정의 필요성이 강조되어야 합니다. 둘째, 실제 측정 경험이 제공되어야 합니다. 셋째, 어림과 양감 형성에 초점을 두어야 합니다. 넷째, 실생활 및 타 교과와의 연계가 이루어져야 합니다. 이 단원은 초등학교에서 들이와 무게를 다루는 마지막 단원이므로 이러한 점을 강조하여 들이와 무게를 정확히 이해할 수 있도록 지도합니다.

STEP 1 교과개념 1. 들이 비교하기　　　125쪽

1 주전자에 ○표

2 냄비에 ○표

3 두유병

4 가, 나, 3

---

1 주스병에 가득 채운 물을 주전자에 모두 옮겨 담았을 때 물이 가득 차지 않았으므로 들이가 더 많은 것은 주전자입니다.

참고 | 크기는 '크다', '작다'로 비교하지만 들이는 '많다', '적다'로 비교합니다.

2 컵의 물이 넘쳤으므로 들이가 더 많은 것은 냄비입니다.

3 물을 부은 그릇의 모양과 크기가 같으므로 물의 높이가 낮을수록 들이가 더 적습니다.

4 가 그릇은 컵 6개만큼, 나 그릇은 컵 3개만큼 물이 들어갑니다.
따라서 가 그릇이 나 그릇보다 컵 $6-3=3$(개)만큼 들이가 더 많습니다.

주의 | 모양과 크기가 다른 컵을 사용하면 들이를 비교하기 어려우므로 반드시 모양과 크기가 같은 컵을 사용합니다.

STEP 1 교과 개념 2. 들이의 단위, 들이를 어림하고 재어 보기   127쪽

1 ① L에 ○표, mL에 ○표   ② 1000

2 ① 3   ② 1, 400

3 ① 2000, 2100   ② 1000, 1, 500

4 (   ) (○) (   ) (○)

5 600

---

1 ① 1 리터 ➡ 1 L, 1 밀리리터 ➡ 1 mL
   ② 1 L=1000 mL

2 ① 물이 눈금 3까지 채워져 있으므로 3 L입니다.
   ② 작은 눈금 한 칸이 100 mL를 나타내므로
      1 L 400 mL입니다.

3 ② 1000 mL=1 L임을 이용합니다.

4 우유갑의 들이와 음료수 캔의 들이는 1 L보다 더 적습니다.

5 음료수병의 들이는 200 mL의 3배쯤이므로
   약 600 mL입니다.

STEP 1 교과 개념 3. 들이의 덧셈과 뺄셈   129쪽

1 2, 900

2 3, 200

3 ① 4, 900   ② 5, 100

4 ① 1, 200   ② 1, 300

---

1 1 L가 2개, 100 mL가 9개이므로 2 L 900 mL입니다.

2 4 L 300 mL에서 1 L 100 mL만큼 지우면
   3 L 200 mL가 남습니다.

3 ②
$$\begin{array}{r} 1 \\ 3\,L \quad 400\,mL \\ +\,1\,L \quad 700\,mL \\ \hline 5\,L \quad 100\,mL \end{array}$$

---

4 ②
$$\begin{array}{r} 7 \qquad 1000 \\ 8\,L \quad 200\,mL \\ -\,6\,L \quad 900\,mL \\ \hline 1\,L \quad 300\,mL \end{array}$$

STEP 1 교과 개념 4. 무게 비교하기   131쪽

1 ① 예 가위에 ○표   ② 가위

2 ① 40   ② 50   ③ 양파, 피망, 10

3 복숭아에 ○표

---

1 ② 저울이 내려간 쪽이 더 무거우므로 가위가 더 무겁습니다.

2 ③ 양파가 피망보다 클립 50−40=10(개)만큼 더 무겁습니다.

3 토마토는 귤보다 무겁고, 복숭아는 토마토보다 무겁습니다. 따라서 가장 무거운 것은 복숭아입니다.

STEP 1 교과 개념 5. 무게의 단위, 무게를 어림하고 재어 보기   133쪽

1 ① kg에 ○표, g에 ○표, t에 ○표
   ② 1000, 1000

2 ① 900   ② 1, 800

3 ① 1000, 1900   ② 5000, 5, 400

4 (   ) (○) (○) (   )

5 4

---

1 ① 1 킬로그램 ➡ 1 kg, 1 그램 ➡ 1 g, 1 톤 ➡ 1 t
   ② 1 kg=1000 g, 1 t=1000 kg

2 ① 저울의 바늘 끝이 900 g을 가리키므로 900 g입니다.
   ② 저울의 작은 눈금 한 칸이 100 g을 나타내므로
      1 kg 800 g입니다.

4 필통과 야구공은 1 kg보다 더 가볍습니다.

5 호박의 무게는 1 kg의 4배쯤이므로 약 4 kg입니다.

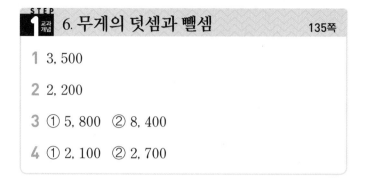

STEP 1 교과개념 6. 무게의 덧셈과 뺄셈 135쪽

1 3, 500

2 2, 200

3 ① 5, 800 ② 8, 400

4 ① 2, 100 ② 2, 700

1 1 kg이 3개, 100 g이 5개이므로 3 kg 500 g입니다.

2 4 kg 500 g에서 2 kg 300 g만큼 지우면 2 kg 200 g 이 남습니다.

3 ②
$$
\begin{array}{r}
1\\
6\,\text{kg}\ \ 500\,\text{g}\\
+\,1\,\text{kg}\ \ 900\,\text{g}\\
\hline
8\,\text{kg}\ \ 400\,\text{g}
\end{array}
$$

4 ②
$$
\begin{array}{r}
3\ \ 1000\\
\cancel{4}\,\text{kg}\ \ 100\,\text{g}\\
-\,1\,\text{kg}\ \ 400\,\text{g}\\
\hline
2\,\text{kg}\ \ 700\,\text{g}
\end{array}
$$

STEP 2 꼭 나오는 유형 136~141쪽

1 꽃병

준비 ( )( )(○)

2 ⓒ, ⓔ, ㉠

3 가 그릇, 2개

4 3배

5 예 7 / 가

6

L	mL
㉠, ⓔ	ⓒ, ⓓ, ⓐ, ⓑ

7 300, 2300

8 <

9 4번

10 서아 / 예 내 컵의 들이는 약 300 mL야.

11 예 2 L

12 200 mL / 3 L / 500 mL

준비 (1) 6 m 20 cm (2) 3 m 50 cm

13 (1) 6 L 200 mL (2) 3 L 500 mL

14 4, 100

15 3 L 600 mL

16 2 L 100 mL

17 ⓒ

18 예 1200 / 6, 300

19 사과주스

준비 5 g

20 필통, 수첩, 3

21 예 탁상시계

22 예 같은 단위로 무게를 비교해야 하는데 서로 다른 단위로 무게를 비교했습니다.

23 배

24 파란색 구슬

25 (1) 3500 (2) 5, 600 (3) 8

26 1 kg 600 g

27 (1) 농구공 (2) 자동차 (3) 세탁기

28 멜론 1통에 ○표

29 ⓒ, ⓔ, ㉠

30 2

준비 (1) 2.5 (2) 2500

31 (1) 2200 (2) 1700

32 (1) 8 kg 200 g (2) 3 kg 300 g

33 2 kg 400 g

34 4 kg 700 g

35 예 물안경, 보트, 구명조끼 / 6 kg 375 g

36 1 kg 400 g

37 두부, 참치 캔 / 1 kg 400 g
또는 참치 캔, 콩나물 / 1 kg 250 g

38 4 kg 950 g

1 주스병에 가득 채운 물을 꽃병에 옮겨 담았을 때 물이 넘쳤으므로 꽃병의 들이가 주스병의 들이보다 더 적습니다.

2 모양과 크기가 같은 그릇에 모두 옮겨 담았으므로 물의 높이가 높을수록 들이가 많습니다.
따라서 그릇의 들이가 많은 것부터 차례로 기호를 쓰면 ⓒ, ⓔ, ㉠입니다.

서술형
3 예 가 그릇과 나 그릇의 물을 컵에 모두 옮겨 담으면 가 그릇은 컵 5개, 나 그릇은 컵 3개입니다.
따라서 가 그릇이 나 그릇보다 컵 5－3＝2(개)만큼 들이가 더 많습니다.

단계	문제 해결 과정
①	가 그릇과 나 그릇의 들이는 각각 컵 몇 개인지 구했나요?
②	어느 그릇이 컵 몇 개만큼 들이가 더 많은지 구했나요?

4 주전자와 보온병의 물을 컵에 모두 옮겨 담으면 주전자는 컵 6개, 보온병은 컵 2개입니다.
따라서 주전자의 들이는 보온병의 들이의 $6 \div 2 = 3$(배)입니다.

😊 내가 만드는 문제
5 들이가 적은 그릇으로 부을수록 물을 부은 횟수가 많습니다.
예 물을 부은 횟수를 비교하면 $9 > 7$이므로 들이가 더 적은 그릇은 가 그릇입니다.

6 들이가 많은 물건에는 L를, 들이가 적은 물건에는 mL를 사용합니다.

7 물이 채워진 수조의 눈금을 읽으면 2L 300mL입니다.
➡ $2 \text{ L } 300 \text{ mL} = 2300 \text{ mL}$

8 $7 \text{ L } 600 \text{ mL} = 7600 \text{ mL}$
➡ $7060 \text{ mL} < 7600 \text{ mL}$

9 250 mL의 4배가 1000 mL = 1 L이므로 컵으로 적어도 4번 부어야 합니다.

서술형
10

단계	문제 해결 과정
①	단위를 잘못 사용한 사람의 이름을 썼나요?
②	바르게 고쳤나요?

11 간장병의 들이는 500 mL 우유갑으로 4번쯤 들어갈 것 같으므로 약 2000 mL = 2 L입니다.

12 종이컵의 들이는 약 200 mL, 양동이의 들이는 약 3 L, 그릇의 들이는 약 500 mL가 알맞습니다.

13 (1) mL 단위의 수끼리의 합이 1000이거나 1000보다 크면 1000 mL를 1 L로 받아올림합니다.
(2) mL 단위의 수끼리 뺄 수 없으면 1 L를 1000 mL로 받아내림합니다.

14 $2 \text{ L } 800 \text{ mL} + 1 \text{ L } 300 \text{ mL} = 4 \text{ L } 100 \text{ mL}$

15 $8400 \text{ mL} = 8 \text{ L } 400 \text{ mL}$이므로 들이가 가장 많은 것은 8400 mL, 가장 적은 것은 4 L 800 mL입니다.
➡ $8400 \text{ mL} - 4 \text{ L } 800 \text{ mL}$
$= 8 \text{ L } 400 \text{ mL} - 4 \text{ L } 800 \text{ mL}$
$= 3 \text{ L } 600 \text{ mL}$

16 자격루의 종이 3번 울린 것은 700 mL의 물이 3번 흘러 들어간 것이므로 원통에 흘러 들어간 물은 모두
$700 \text{ mL} + 700 \text{ mL} + 700 \text{ mL}$
$= 2100 \text{ mL} = 2 \text{ L } 100 \text{ mL}$입니다.

17 ㉠ $3 \text{ L } 640 \text{ mL} + 2540 \text{ mL}$
$= 3 \text{ L } 640 \text{ mL} + 2 \text{ L } 540 \text{ mL} = 6 \text{ L } 180 \text{ mL}$
㉡ $8370 \text{ mL} - 1 \text{ L } 920 \text{ mL}$
$= 8 \text{ L } 370 \text{ mL} - 1 \text{ L } 920 \text{ mL} = 6 \text{ L } 450 \text{ mL}$
➡ $6 \text{ L } 180 \text{ mL} < 6 \text{ L } 450 \text{ mL}$

😊 내가 만드는 문제
18 예 $7 \text{ L } 500 \text{ mL} - 1200 \text{ mL}$
$= 7 \text{ L } 500 \text{ mL} - 1 \text{ L } 200 \text{ mL} = 6 \text{ L } 300 \text{ mL}$

19 6000원으로 살 수 있는 사과주스는
$1 \text{ L } 400 \text{ mL} + 1 \text{ L } 400 \text{ mL} = 2 \text{ L } 800 \text{ mL}$이고,
오렌지주스는
$900 \text{ mL} + 900 \text{ mL} + 900 \text{ mL} = 2 \text{ L } 700 \text{ mL}$입니다.
$2 \text{ L } 800 \text{ mL} > 2 \text{ L } 700 \text{ mL}$이므로 6000원으로 더 많은 양을 살 수 있는 주스는 사과주스입니다.

20 수첩은 쌓기나무 4개의 무게와 같고, 필통은 쌓기나무 7개의 무게와 같습니다.
따라서 필통이 수첩보다 쌓기나무 $7 - 4 = 3$(개)만큼 더 무겁습니다.

😊 내가 만드는 문제
21 저울을 이용하여 무게를 비교할 때에는 저울이 내려간 쪽의 물건이 더 무겁습니다.
따라서 큐브보다 무거운 물건을 씁니다.

서술형
22

단계	문제 해결 과정
①	잘못 설명한 까닭을 썼나요?

23 배는 복숭아보다 무겁고, 복숭아는 사과보다 무겁습니다.
따라서 가장 무거운 과일은 배입니다.

24 같은 물건의 무게를 재는 데 더 적게 사용한 것이 한 개의 무게가 더 무겁습니다.
(파란색 구슬 10개의 무게) = (빨간색 구슬 13개의 무게)이므로 한 개의 무게가 더 무거운 것은 파란색 구슬입니다.

25 $1 \text{ kg} = 1000 \text{ g}$, $1 \text{ t} = 1000 \text{ kg}$임을 이용합니다.

26 무의 무게는 1500 g에서 작은 눈금 한 칸 더 간 곳을 가리키므로 1600 g = 1 kg 600 g입니다.

28 저울이 내려간 쪽의 물건이 더 무거우므로 빈칸에는 500 g보다 무거운 물건을 놓아야 합니다.
500 g보다 무거운 물건은 멜론 1통입니다.

29 © 2200 g＝2 kg 200 g이므로
2 kg 200 g＞1 kg 500 g＞1 kg 200 g입니다.
따라서 무게가 무거운 것부터 차례로 기호를 쓰면 ©, ©, ㉠입니다.

30 2000 kg＝2 t이므로 엘리베이터에 탈 수 있는 무게는 2 t까지입니다.

31 (1) 2 kg＝2000 g이므로 2.2 kg＝2200 g입니다.
(2) 1 t＝1000 kg이므로 1.7 t＝1700 kg입니다.

32 (1) g 단위의 수끼리의 합이 1000이거나 1000보다 크면 1000 g을 1 kg으로 받아올림합니다.
(2) g 단위의 수끼리 뺄 수 없을 때에는 1 kg을 1000 g 으로 받아내림합니다.

33 설탕 한 봉지의 무게는 1200 g이므로 2봉지의 무게는 1200 g＋1200 g＝2400 g＝2 kg 400 g입니다.

34 7 kg 200 g－2 kg 500 g＝4 kg 700 g

😊 내가 만드는 문제
35 ㉠ 물안경, 보트, 구명조끼를 골랐다면 세 물건의 무게의 합은 145g＋5kg 680g＋550g＝6kg 375g입니다.

36 (상자의 무게의 합)
＝5 kg 800 g＋2 kg 500 g＋300 g＝8 kg 600 g
➡ (수레에 더 실을 수 있는 무게)
＝10 kg－8 kg 600 g＝1 kg 400 g

37 (두부와 참치 캔의 무게의 합)
＝450 g＋950 g＝1400 g＝1 kg 400 g
또는 (참치 캔과 콩나물의 무게의 합)
＝950 g＋300 g＝1250 g＝1 kg 250 g

서술형
38 ㉠ (소고기 2근의 무게)
＝600 g＋600 g＝1200 g＝1 kg 200 g
➡ (소고기 2근과 양파 1관의 무게의 합)
＝1 kg 200 g＋3 kg 750 g＝4 kg 950 g

단계	문제 해결 과정
①	소고기 2근의 무게를 구했나요?
②	소고기 2근과 양파 1관의 무게의 합을 구했나요?

1 (1) 4300   (2) 4030   (3) 4003
2 (1) 7, 500   (2) 7, 50   (3) 7, 5
3
4 (1) ＞   (2) ＜
5 ㉠
6 ©, ㉠, ②, ©
7 (○) ( )
8 ©
9 진호
10 영진
11 오이
12 민주
13 1 kg 300 g
14 1 kg 400 g
15 1 kg 800 g
16 500 mL
17 350 mL
18 900 mL

1 (1) 4 L 300 mL＝4 L＋300 mL
＝4000 mL＋300 mL
＝4300 mL
(2) 4 L 30 mL＝4 L＋30 mL
＝4000 mL＋30 mL
＝4030 mL
(3) 4 L 3 mL＝4 L＋3 mL
＝4000 mL＋3 mL
＝4003 mL

2 (1) 7500 mL＝7000 mL＋500 mL
＝7 L 500 mL
(2) 7050 mL＝7000 mL＋50 mL
＝7 L 50 mL
(3) 7005 mL＝7000 mL＋5 mL
＝7 L 5 mL

3 6 L 48 mL＝6 L＋48 mL
＝6000 mL＋48 mL
＝6048 mL
6 L 40 mL＝6 L＋40 mL
＝6000 mL＋40 mL
＝6040 mL
6 L 4 mL＝6 L＋4 mL
＝6000 mL＋4 mL
＝6004 mL

4 (1) 5 kg 400 g=5400 g ➡ 5400 g>4500 g
(2) 3 t=3000 kg ➡ 3000 kg<3300 kg

5 ㉢ 8 t=8000 kg
8900 kg>8000 kg>9 kg 800 g이므로 무게가 가장 무거운 것은 ㉠ 8900 kg입니다.

6 ㉠ 5 kg 300 g=5300 g ㉢ 5 kg 500 g=5500 g
5030 g<5300 g<5350 g<5500 g이므로 무게가 가벼운 것부터 차례로 기호를 쓰면 ㉡, ㉠, ㉣, ㉢입니다.

7 볼링공의 무게는 kg, 솜사탕의 무게는 g을 사용하는 것이 알맞습니다.

8 ㉠ 코끼리 1마리: 3 t ㉡ 쌀 1가마: 80 kg

9 진호: 방에 있는 의자의 무게는 4 kg이 알맞습니다.

10 실제 무게와 어림한 무게의 차를 구하면 준서는 300 g, 영진이는 150 g입니다.
따라서 실제 멜론의 무게에 더 가깝게 어림한 사람은 영진입니다.

11 저울로 잰 무게와 어림한 무게의 차를 구하면 호박은 150 g, 오이는 50 g입니다.
따라서 실제 무게에 더 가깝게 어림한 것은 오이입니다.

12 실제 무게와 어림한 무게의 차를 구하면 지아는 200 g, 민주는 150 g, 은미는 300 g입니다.
따라서 실제 상자의 무게에 가장 가깝게 어림한 사람은 민주입니다.

13 (바나나의 무게)+(그릇의 무게)=2 kg 500 g
(그릇의 무게)=1 kg 200 g
➡ (바나나의 무게)=2 kg 500 g−1 kg 200 g
=1 kg 300 g

14 (수박의 무게)+(쟁반의 무게)=6 kg 200 g
(수박의 무게)=4 kg 800 g
➡ (빈 쟁반의 무게)=6 kg 200 g−4 kg 800 g
=1 kg 400 g

15 (상자의 무게)+(책의 무게)=4 kg 100 g
(책의 무게)=2 kg 300 g
➡ (빈 상자의 무게)=4 kg 100 g−2 kg 300 g
=1 kg 800 g

16 (떡볶이 2인분을 만드는 데 사용한 물의 양)
=200 mL+200 mL=400 mL
(어묵탕 2인분을 만드는 데 사용한 물의 양)
=550 mL+550 mL=1100 mL=1 L 100 mL
➡ (남은 물의 양)=2 L−400 mL−1 L 100 mL
=500 mL

17 (된장찌개 3인분을 만드는 데 사용한 물의 양)
=400 mL+400 mL+400 mL
=1200 mL=1 L 200 mL
(달걀찜 3인분을 만드는 데 사용한 물의 양)
=150 mL+150 mL+150 mL=450 mL
➡ (남은 물의 양)=2 L−1 L 200 mL−450 mL
=350 mL

18 미역국 4인분을 만드는 데 사용한 물의 양은
300×4=1200 (mL) → 1 L 200 mL이고,
김치전 5인분을 만드는 데 사용한 물의 양은
180×5=900 (mL)입니다.
➡ (남은 물의 양)=3 L−1 L 200 mL−900 mL
=900 mL

STEP 4 상위권 도전 유형　145~148쪽

1 나	**2** 나, 가, 다, 라
3 다현, 현주, 소진, 지윤	**4** 100 g
5 240 g	**6** 200 g
7 24배	**8** 20배
9 15배	**10** 4대
11 5대	**12** 4대
13 5 kg	**14** 8 kg
15 7 kg	**16** 5번
17 3번	**18** 4번
19 100 g	**20** 900 g
21 500 g	**22** 20초
23 30초	**24** 8분

1 들이가 많은 컵으로 부을수록 물을 부은 횟수가 적습니다. 물을 부은 횟수를 비교하면 $3<4<6<8$이므로 들이가 가장 많은 것은 나 컵입니다.

2 들이가 많은 컵으로 부을수록 물을 부은 횟수가 적습니다. 물을 부은 횟수를 비교하면 $4<5<7<9$이므로 들이가 많은 컵부터 차례로 기호를 쓰면 나, 가, 다, 라입니다.

3 들이가 적은 컵으로 덜어 낼수록 물을 덜어 낸 횟수가 많습니다. 덜어 낸 횟수를 비교하면 $10>8>7>5$이므로 들이가 적은 컵을 가진 사람부터 차례로 이름을 쓰면 다현, 현주, 소진, 지윤입니다.

4 (배 1개의 무게)=(사과 2개의 무게)이므로
(사과 1개의 무게)=$600÷2=300$ (g)입니다.
(귤 3개의 무게)=(사과 1개의 무게)이므로
(귤 1개의 무게)=$300÷3=100$ (g)입니다.

5 (가지 1개의 무게)=(피망 2개의 무게)이므로
(피망 1개의 무게)=$160÷2=80$ (g)입니다.
➡ (양파 1개의 무게)=(피망 3개의 무게)
$$=80×3$$
$$=240 \text{ (g)}$$

6 (호박 1개의 무게)=(당근 3개의 무게)이므로
(당근 1개의 무게)=$900÷3=300$ (g)입니다.
(오이 3개의 무게)=(당근 2개의 무게)이고
(당근 2개의 무게)=$300+300=600$ (g)이므로
(오이 1개의 무게)=$600÷3=200$ (g)입니다.

7 (수조의 들이)=(물병의 들이)$×6$
(물탱크의 들이)=(수조의 들이)$×4$
$$=(물병의 들이)×6×4$$
$$=(물병의 들이)×24$$
따라서 물탱크의 들이는 물병의 들이의 24배입니다.

8 (주전자의 들이)=(컵의 들이)$×4$
(항아리의 들이)=(주전자의 들이)$×5$
$$=(컵의 들이)×4×5$$
$$=(컵의 들이)×20$$
따라서 항아리의 들이는 컵의 들이의 20배입니다.

9 (가 그릇의 들이)=(나 그릇의 들이)$×3$
(다 그릇의 들이)=(가 그릇의 들이)$×5$
$$=(나 그릇의 들이)×3×5$$
$$=(나 그릇의 들이)×15$$
따라서 다 그릇의 들이는 나 그릇의 들이의 15배입니다.

10 (옥수수 350상자의 무게)
$$=20×350=7000 \text{ (kg)} ➡ 7 \text{ t}$$
$7÷2=3…1$이므로 트럭은 적어도 4대 필요합니다.

11 (사과 600상자의 무게)
$$=15×600=9000 \text{ (kg)} ➡ 9 \text{ t}$$
$9÷2=4…1$이므로 트럭은 적어도 5대 필요합니다.

12 (밀가루 500포대의 무게)
$$=10×500=5000 \text{ (kg)} ➡ 5 \text{ t}$$
(쌀 300포대의 무게)
$$=20×300=6000 \text{ (kg)} ➡ 6 \text{ t}$$
밀가루와 쌀의 무게는 모두 $5+6=11$ (t)이고
$11÷3=3…2$이므로 트럭은 적어도 4대 필요합니다.

13 민아가 주운 밤의 무게를 $\square$kg이라고 하면 소희가 주운 밤의 무게는 ($\square-2$) kg입니다.
$\square+\square-2=8$, $\square+\square=10$, $\square=5$
따라서 민아가 주운 밤의 무게는 5 kg입니다.

14 예진이가 딴 딸기의 무게를 $\square$kg이라고 하면 진영이가 딴 딸기의 무게는 ($\square+4$) kg입니다.
$\square+4+\square=20$, $\square+\square=16$, $\square=8$
따라서 예진이가 딴 딸기의 무게는 8 kg입니다.

15 소고기의 무게를 $\square$kg이라고 하면 돼지고기의 무게는 ($\square-2$) kg입니다.
$\square-2+\square=12$,
$\square+\square=14$, $\square=7$
따라서 소고기의 무게는 7 kg입니다.

16 (들이가 500 mL인 그릇으로 3번 부은 물의 양)
$$=500×3=1500 \text{ (mL)}$$
(더 부어야 하는 물의 양)
$$=3 \text{ L}-1500 \text{ mL}=1500 \text{ mL}$$
1500 mL는 300 mL의 5배이므로 들이가 300 mL인 그릇으로 적어도 5번 더 부어야 합니다.

17 (들이가 800 mL인 그릇으로 4번 부은 물의 양)
$=800 \times 4 = 3200 \, (\text{mL})$
(더 부어야 하는 물의 양)
$=5 \, \text{L} - 3200 \, \text{mL} = 1800 \, \text{mL}$
1800 mL는 600 mL의 3배이므로 들이가 600 mL인 그릇으로 적어도 3번 더 부어야 합니다.

18 (들이가 300 mL인 컵으로 4번 부은 물의 양)
$=300 \times 4 = 1200 \, (\text{mL})$
(주전자에 들어 있는 물의 양)
$=1 \, \text{L} \, 600 \, \text{mL} + 1200 \, \text{mL} = 2800 \, \text{mL}$
(더 부어야 하는 물의 양)
$=4 \, \text{L} - 2800 \, \text{mL} = 1200 \, \text{mL}$
1200 mL는 300 mL의 4배이므로 들이가 300 mL인 컵으로 적어도 4번 더 부어야 합니다.

19 (복숭아 3개의 무게)
$=2 \, \text{kg} \, 500 \, \text{g} - 1 \, \text{kg} \, 600 \, \text{g} = 900 \, \text{g}$
(복숭아 1개의 무게)
$=900 \div 3 = 300 \, (\text{g})$
(복숭아 5개의 무게)
$=300 \times 5$
$=1500 \, (\text{g}) \Rightarrow 1 \, \text{kg} \, 500 \, \text{g}$
(빈 바구니의 무게)
$=1 \, \text{kg} \, 600 \, \text{g} - 1 \, \text{kg} \, 500 \, \text{g} = 100 \, \text{g}$

20 (자몽 5개의 무게)
$=2 \, \text{kg} \, 500 \, \text{g} - 1 \, \text{kg} \, 500 \, \text{g} = 1 \, \text{kg}$
$1 \, \text{kg} = 1000 \, \text{g}$이므로
자몽 1개의 무게는 $1000 \div 5 = 200 \, (\text{g})$입니다.
(자몽 8개의 무게)
$=200 \times 8 = 1600 \, (\text{g}) \Rightarrow 1 \, \text{kg} \, 600 \, \text{g}$
(빈 바구니의 무게)
$=2 \, \text{kg} \, 500 \, \text{g} - 1 \, \text{kg} \, 600 \, \text{g} = 900 \, \text{g}$

21 (참외 3개의 무게)$=3 \, \text{kg} \, 300 \, \text{g} - 2100 \, \text{g}$
$=3300 \, \text{g} - 2100 \, \text{g} = 1200 \, \text{g}$
(참외 1개의 무게)$=1200 \div 3 = 400 \, (\text{g})$
(참외 7개의 무게)$=400 \times 7 = 2800 \, (\text{g})$
(빈 그릇의 무게)$=3 \, \text{kg} \, 300 \, \text{g} - 2800 \, \text{g}$
$=3300 \, \text{g} - 2800 \, \text{g} = 500 \, \text{g}$

22 (1초 동안 받는 물의 양)
$=400 \, \text{mL} - 50 \, \text{mL} = 350 \, \text{mL}$

$350 \, \text{mL} + 350 \, \text{mL} = 700 \, \text{mL}$이므로 2초 동안 받는 물의 양은 700 mL이고, 7 L는 700 mL의 10배이므로 7 L를 받는 데 20초가 걸립니다.
따라서 양동이에 물을 가득 채우는 데 걸리는 시간은 20초입니다.

23 (1초 동안 받는 물의 양)
$=500 \, \text{mL} - 50 \, \text{mL} = 450 \, \text{mL}$
$450 \, \text{mL} + 450 \, \text{mL} + 450 \, \text{mL}$
$=1350 \, \text{mL} = 1 \, \text{L} \, 350 \, \text{mL}$이므로 3초 동안 받는 물의 양은 1 L 350 mL이고, 13 L 500 mL는 1 L 350 mL의 10배이므로 13 L 500 mL를 받는 데 30초가 걸립니다.
따라서 통에 물을 가득 채우는 데 걸리는 시간은 30초입니다.

24 (1분 동안 받는 물의 양)
$=9 \, \text{L} - 1 \, \text{L} \, 500 \, \text{mL} = 7 \, \text{L} \, 500 \, \text{mL}$
$7 \, \text{L} \, 500 \, \text{mL} + 7 \, \text{L} \, 500 \, \text{mL} = 15 \, \text{L}$이므로 2분 동안 받는 물의 양은 15 L이고, 60 L는 15 L의 4배이므로 60 L를 받는 데 $2 \times 4 = 8$(분)이 걸립니다.
따라서 수조에 물을 가득 채우는 데 걸리는 시간은 8분입니다.

수시 평가 대비 Level ❶
149~151쪽

1 적습니다에 ○표 **2** 가위

3 ②, ④

4 (1) 3700 (2) 5, 200 (3) 5000

5 2, 400 / 2, 40 / 2, 4 **6** 2 kg 300 g

7 (1) g (2) t (3) kg **8** 4 kg

9 > **10** 5015 mL

11 ⓒ **12** 가, 라, 나, 다

13 윤지

14 3 L 700 mL, 1 L 300 mL

15 1 kg 500 g, 3 kg 100 g

16 (위에서부터) 250, 4 **17** 1 L 700 mL

18 3개 **19** 1 kg 800 g

20 900 mL

1 컵의 수가 많을수록 들이가 더 많습니다.

2 공깃돌의 수를 비교하면 $6 < 9$이므로 가위가 더 무겁습니다.

3 들이가 많은 것은 L로, 들이가 적은 것은 mL로 나타내기에 알맞습니다.

4 (1) $3 \text{ kg } 700 \text{ g} = 3000 \text{ g} + 700 \text{ g} = 3700 \text{ g}$
(2) $5200 \text{ g} = 5000 \text{ g} + 200 \text{ g} = 5 \text{ kg } 200 \text{ g}$
(3) $1 \text{ t} = 1000 \text{ kg}$이므로 $5 \text{ t} = 5000 \text{ kg}$

5 $1000 \text{ mL} = 1 \text{ L}$임을 이용합니다.

6 국어사전의 무게는 2 kg에서 작은 눈금 3칸 더 간 곳을 가리키므로 $2300 \text{ g} = 2 \text{ kg } 300 \text{ g}$입니다.

7 $1 \text{ t} = 1000 \text{ kg}$, $1 \text{ kg} = 1000 \text{ g}$임을 생각하며 알맞은 단위를 써넣습니다.

8 400 g짜리 상자 10개의 무게는 4000 g입니다.
➡ $4000 \text{ g} = 4 \text{ kg}$

9 $3 \text{ kg } 77 \text{ g} = 3077 \text{ g}$
➡ $3700 \text{ g} > 3077 \text{ g}$

10 $5 \text{ L } 15 \text{ mL} = 5 \text{ L} + 15 \text{ mL}$
$= 5000 \text{ mL} + 15 \text{ mL}$
$= 5015 \text{ mL}$

11 ㉠ $5 \text{ L } 600 \text{ mL} + 2 \text{ L } 500 \text{ mL} = 8 \text{ L } 100 \text{ mL}$
㉡ $10 \text{ L } 200 \text{ mL} - 1 \text{ L } 700 \text{ mL} = 8 \text{ L } 500 \text{ mL}$
➡ $8 \text{ L } 100 \text{ mL} < 8 \text{ L } 500 \text{ mL}$

12 부은 횟수가 적을수록 들이가 많습니다.
부은 횟수를 비교하면 $3 < 6 < 8 < 10$이므로 들이가 많은 컵부터 차례로 기호를 쓰면 가, 라, 나, 다입니다.

13 세 사람이 어림한 들이를 구해 봅니다.
윤지: $200 \times 7 = 1400 \text{ (mL)}$,
민우: $400 \times 3 = 1200 \text{ (mL)}$,
효주: $500 \times 4 = 2000 \text{ (mL)}$
물병의 실제 들이는 $1 \text{ L } 500 \text{ mL} = 1500 \text{ mL}$이므로 가장 가깝게 어림한 사람은 윤지입니다.

14 합: $2 \text{ L } 500 \text{ mL} + 1 \text{ L } 200 \text{ mL} = 3 \text{ L } 700 \text{ mL}$
차: $2 \text{ L } 500 \text{ mL} - 1 \text{ L } 200 \text{ mL} = 1 \text{ L } 300 \text{ mL}$

15 • $2 \text{ kg } 300 \text{ g} - 800 \text{ g} = 1 \text{ kg } 500 \text{ g}$
• $2 \text{ kg } 300 \text{ g} + 800 \text{ g} = 3 \text{ kg } 100 \text{ g}$

16
$$\begin{array}{r} 7 \text{ kg } \quad ㉠ \text{ g} \\ - ㉡ \text{ kg } 450 \text{g} \\ \hline 2 \text{ kg } 800 \text{g} \end{array}$$
g 단위의 계산: $1000 + ㉠ - 450 = 800$,
$550 + ㉠ = 800$,
$㉠ = 800 - 550 = 250$
kg 단위의 계산: $7 - 1 - ㉡ = 2$, $6 - ㉡ = 2$, $㉡ = 4$

17 $3300 \text{ mL} = 3 \text{ L } 300 \text{ mL}$
(더 부어야 할 물의 양) $= 5 \text{ L} - 3 \text{ L } 300 \text{ mL}$
$= 1 \text{ L } 700 \text{ mL}$

18 (300 g짜리 추 5개의 무게) $= 300 \times 5 = 1500 \text{ (g)}$
$2 \text{ kg } 700 \text{ g} = 2700 \text{ g}$이므로 400 g짜리 추 몇 개의 무게는 $2700 \text{ g} - 1500 \text{ g} = 1200 \text{ g}$입니다.
$400 \text{ g} + 400 \text{ g} + 400 \text{ g} = 1200 \text{ g}$이므로 400 g짜리 추를 3개 올렸습니다.

서술형
19 예 지호 가방의 무게는 $1600 \text{ g} = 1 \text{ kg } 600 \text{ g}$입니다.
따라서 현서 가방의 무게는
$3 \text{ kg } 400 \text{ g} - 1 \text{ kg } 600 \text{ g} = 1 \text{ kg } 800 \text{ g}$입니다.

평가 기준	배점
현서 가방의 무게를 구하는 식을 세웠나요?	2점
현서 가방의 무게를 구했나요?	3점

서술형
20 예 마신 오렌지주스의 양은 300 mL씩 7컵이므로
$300 \times 7 = 2100 \text{ (mL)}$입니다.
따라서 남은 오렌지주스는
$3 \text{ L} - 2100 \text{ mL} = 3 \text{ L} - 2 \text{ L } 100 \text{ mL} = 900 \text{ mL}$입니다.

평가 기준	배점
마신 오렌지주스의 양을 구했나요?	2점
남은 오렌지주스의 양을 구했나요?	3점

수시 평가 대비 Level ❷
152~154쪽

1 물병
2 (1) 2700 (2) 4, 500
3 (1) mL (2) L
4 1 kg 400 g
5 (1) 5 L 800 mL (2) 3 L 600 mL
6 레몬, 10개
7 세희

정답과 풀이

8 (1) < (2) > **9** 예 3 L

10 나, 다, 가 **11** 100배

12 3 kg 500 g **13** 1 kg 970 g

14 2 L 800 mL

15 (위에서부터) (1) 300, 2 (2) 2, 400

16 예 가 그릇에 물을 가득 채워 물통에 1번 붓고, 나 그릇에 물을 가득 채워 물통에 2번 붓습니다.

17 200 g **18** 800 g

19 2배 **20** 11 kg

1 물병에 물이 가득 차지 않았으므로 들이가 더 많은 것은 물병입니다.

2 (1) 2 kg 700 g = 2 kg + 700 g
= 2000 g + 700 g
= 2700 g
(2) 4500 g = 4000 g + 500 g
= 4 kg + 500 g
= 4 kg 500 g

3 들이가 적은 것은 mL, 들이가 많은 것은 L를 사용합니다.

4 배추의 무게는 1 kg에서 작은 눈금 4칸 더 간 곳을 가리키므로 1400 g = 1 kg 400 g입니다.

5 L 단위의 수끼리, mL 단위의 수끼리 계산합니다.

6 레몬은 바둑돌 25개의 무게와 같고, 귤은 바둑돌 15개의 무게와 같습니다.
따라서 레몬이 귤보다 바둑돌 25 − 15 = 10(개)만큼 더 무겁습니다.

7 버스 한 대의 무게는 약 10 t입니다.

8 (2) 5900 mL = 5 L 900 mL
➡ 5900 mL > 5 L 90 mL

9 들이가 2 L인 그릇의 절반은 약 1 L입니다.
따라서 주전자의 들이는 약 3 L입니다.

10 들이가 많은 컵으로 부을수록 물을 부은 횟수가 적습니다. 물을 부은 횟수를 비교하면 7 < 8 < 13이므로 들이가 많은 컵부터 차례로 기호를 쓰면 나, 다, 가입니다.

11 4 t = 4000 kg이고 40 × 100 = 4000이므로 코끼리의 무게는 민석이 몸무게의 약 100배입니다.

12 (강아지의 무게) = 38 kg − 34 kg 500 g
= 3 kg 500 g

13 ⓒ 5 kg 800 g = 5800 g ⓔ 5 kg 30 g = 5030 g
7000 g > 5800 g > 5500 g > 5030 g이므로 가장 무거운 무게는 7000 g, 가장 가벼운 무게는 5 kg 30 g입니다.
➡ 7000 g − 5030 g = 1970 g = 1 kg 970 g

14 (들이가 300 mL인 컵으로 4번 부은 물의 양)
= 300 × 4 = 1200 (mL)
(더 부어야 하는 물의 양) = 4 L − 1200 mL
= 4 L − 1 L 200 mL
= 2 L 800 mL

15 (1) 5 L ㉠ mL
     − ㉡ L 400 mL
     ────────────
     2 L 900 mL
mL 단위의 계산: 1000 + ㉠ − 400 = 900,
600 + ㉠ = 900, ㉠ = 300
L 단위의 계산: 5 − 1 − ㉡ = 2, 4 − ㉡ = 2, ㉡ = 2
(2) ㉡ kg 800 g
     + 3 kg ㉠ g
     ────────────
     6 kg 200 g
g 단위의 계산: 800 + ㉠ = 1200, ㉠ = 400
kg 단위의 계산: 1 + ㉡ + 3 = 6, 4 + ㉡ = 6, ㉡ = 2

16 3 L 300 mL + 1 L 500 mL + 1 L 500 mL
= 4 L 800 mL + 1 L 500 mL
= 6 L 300 mL

17 (오이 1개의 무게) = (피망 3개의 무게)이므로
(피망 1개의 무게) = 300 ÷ 3 = 100 (g)입니다.
(당근 2개의 무게) = (피망 4개의 무게)
= 100 × 4 = 400 (g)
➡ (당근 1개의 무게) = 400 ÷ 2 = 200 (g)

18 (사과 5개의 무게)
= 2 kg 200 g − 1 kg 200 g = 1 kg
1 kg = 1000 g이므로 사과 1개의 무게는
1000 ÷ 5 = 200 (g)입니다.

(사과 7개의 무게)=200×7=1400 (g) ➡ 1 kg 400 g
(빈 바구니의 무게)=2 kg 200 g−1 kg 400 g
$\quad\quad\quad\quad\quad\quad\quad$=800 g

^{서술형}
19 예 물병과 양푼의 물을 컵에 모두 옮겨 담으면 물병은 컵 4개, 양푼은 컵 8개입니다.
따라서 양푼의 들이는 물병의 들이의 8÷4=2(배)입니다.

평가 기준	배점
물병과 양푼의 들이는 각각 컵 몇 개인지 구했나요?	2점
양푼의 들이는 물병의 들이의 몇 배인지 구했나요?	3점

^{서술형}
20 예 지혜가 딴 귤의 무게를 □ kg이라고 하면 은호가 딴 귤의 무게는 (□−2) kg입니다.
□+□−2=20, □+□=22, □=11
따라서 지혜가 딴 귤의 무게는 11 kg입니다.

평가 기준	배점
지혜가 딴 귤의 무게를 구하는 식을 세웠나요?	3점
지혜가 딴 귤의 무게를 구했나요?	2점

6 그림그래프

우리가 쉽게 접하는 인터넷, 텔레비전, 신문 등의 매체는 하루도 빠짐없이 통계적 정보를 쏟아내고 있습니다. 일기 예보, 여론 조사, 물가 오름세, 취미, 건강 정보 등 광범위한 주제가 다양한 통계적 과정을 거쳐 우리에게 소개되고 있습니다. 따라서 통계를 바르게 이해하고 합리적으로 사용할 수 있는 힘을 기르는 것은 정보화 사회에 적응하기 위해 대단히 중요하며, 미래 사회를 대비하는 지혜이기도 합니다. 통계는 처리하는 절차나 방법에 따라 결과가 달라지기 때문에 통계의 비전문가라 해도 자료의 수집, 정리, 표현, 해석 등과 같은 통계의 전 과정을 이해하는 것은 합리적 의사 결정을 위해 매우 중요합니다. 따라서 이 단원은 자료 표현의 기본이 되는 표와 그림그래프를 통해 간단한 방법으로 통계가 무엇인지 경험할 수 있도록 합니다.

STEP 1 ^{교과
개념} **1. 그림그래프 알아보기** $\quad$ 157쪽

1 ① 그림그래프 $\quad$ ② 10, 1 $\quad$ ③ 35

2 ① 표 $\quad$ ② 그림그래프

1 ① 조사한 수를 그림으로 나타낸 그래프를 그림그래프라고 합니다.
$\quad$② 그림그래프에서 그림의 크기에 따라 나타내는 값이 달라집니다.
$\quad$③ 큰 그림이 3개, 작은 그림이 5개이므로 스위스에 여행 가고 싶어 하는 학생은 35명입니다.

2 표는 조사한 자료별 수량과 합계를 알아보기 쉽고, 그림그래프는 자료별 수량을 한눈에 비교하기 쉽습니다.

STEP 1 ^{교과
개념} **2. 그림그래프의 내용 알아보기** $\quad$ 159쪽

1 ① 1 $\quad$ ② 3 $\quad$ ③ 25, 16, 41

2 ① 초록 목장, 50마리 $\quad$ ② 햇살 목장, 21마리
$\quad$③ 7마리

1
① 상추를 가장 많이 심은 반은 큰 그림의 수가 3개로 가장 많은 1반입니다.
② 상추를 가장 적게 심은 반은 큰 그림이 없는 3반입니다.
③ 2반: 25포기, 4반: 16포기
➡ 25+16=41(포기)

2
① 양의 수가 가장 많은 목장은 큰 그림의 수가 5개로 가장 많은 초록 목장이고, 50마리입니다.
② 양의 수가 가장 적은 목장은 큰 그림이 2개인 바람 목장과 햇살 목장 중에서 작은 그림이 1개로 더 적은 햇살 목장이고, 21마리입니다.
③ 튼튼 목장: 34마리, 바람 목장: 27마리
➡ 34-27=7(마리)

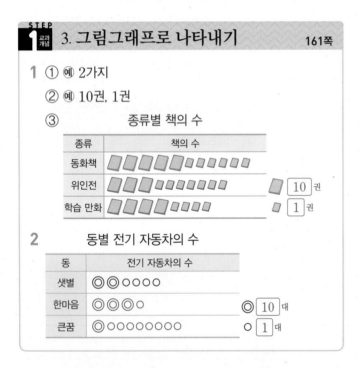

STEP 1 교과개념 3. 그림그래프로 나타내기   161쪽

1
① 예 2가지
② 예 10권, 1권
③
종류별 책의 수

종류	책의 수
동화책	
위인전	
학습 만화	

10권 1권

2
동별 전기 자동차의 수

동	전기 자동차의 수
샛별	◎◎○○○○
한마음	◎◎◎○
큰꿈	◎○○○○○○○○

◎ 10대 ○ 1대

1
② 종류별 책의 수가 두 자리 수이므로 을 10권, 을 1권으로 나타내는 것이 좋을 것 같습니다.
③ 위인전: 책의 수가 37권이므로 을 3개, 을 7개 그립니다.
학습 만화: 책의 수가 44권이므로 을 4개, 을 4개 그립니다.

2 한마음 동: 전기 자동차가 31대이므로 ◎을 3개, ○을 1개 그립니다.
큰꿈 동: 전기 자동차가 18대이므로 ◎을 1개, ○을 8개 그립니다.

STEP 2 꼭 나오는 유형   162~166쪽

1 10장, 1장   **2** 24장

3 그림그래프   준비 오이

4 32명   **5** 장미

6 국화

7 나 지역, 라 지역, 가 지역, 다 지역

8 나 지역   **9** 16개

10 710켤레   **11** 예 다 / 69

12
좋아하는 과일별 학생 수

과일	사과	귤	포도	키위	합계
학생 수(명)	15	22	12	7	56

13 10명, 1명에 ○표

14
좋아하는 과일별 학생 수

과일	학생 수
사과	
귤	
포도	
키위	

10명 1명

15 키위

16 예
모둠별 받은 붙임딱지 수

모둠	붙임딱지 수
가	♥♥♥♡
나	♡♥♡♡♡
다	♥♥♥♥
라	♥♥♥♥♥♥

♥ 10장 ♥ 1장

17 가 모둠

18 예
마을별 전기 자동차 충전기 수

마을	충전기 수
은하	
무지개	
호수	

10대 1대

19
좋아하는 체육 활동별 학생 수

체육 활동	학생 수
피구	◎◎◎◎○○○○
줄넘기	◎◎◎○○○○
수영	◎◎○○○○○○
달리기	◎◎○○

◎ 10명 ○ 1명

20 예

좋아하는 체육 활동별 학생 수

체육 활동	학생 수
피구	◎◎◎◎△○
줄넘기	◎◎◎△
수영	◎◎△○○
달리기	◎◎○○

◎10명
△5명
○1명

21 예 여러 번 그려야 하는 것을 더 간단히 그릴 수 있습니다.

22 105그루

23

마을별 심은 나무 수

마을	나무 수
가	🌰🍐🍐🍐🍐
나	🍐🍐🍐🍐🍐🍐
다	🌰🍐🍐🍐🍐🍐
라	🌰🍐🍐🍐

🌰100그루
🍐10그루
· 1그루

24

과수원별 사과 수확량

과수원	사랑	싱싱	햇빛	산골	합계
수확량(상자)	34	42	50	24	150

과수원별 사과 수확량

과수원	수확량
사랑	🍎🍎🍎··
싱싱	🍎🍎🍎🍎··
햇빛	🍎🍎🍎🍎🍎
산골	🍎🍎····

🍎10상자
·1상자

준비 예 과학책   **25** 17곳

26 예 나 지역   **27** 예 봄

28 불고기, 비빔밥, 냉면, 갈비탕

29 예 가장 많이 팔린 음식인 불고기의 재료를 더 많이 준비하면 좋을 것 같습니다.

2 검은색 티셔츠는 큰 그림이 2개, 작은 그림이 4개이므로 24장입니다.

3 표는 조사한 자료별 수와 합계를 알아보기 편리하고, 그림그래프는 자료의 많고 적음을 한눈에 비교하기 편리합니다.

4 튤립은 큰 그림이 3개, 작은 그림이 2개이므로 32명입니다.

5 큰 그림이 가장 많은 꽃은 장미입니다.

6 큰 그림이 가장 적은 꽃은 국화, 벚꽃입니다.
국화와 벚꽃 중에서 작은 그림이 더 적은 꽃은 국화입니다.

7 큰 그림의 수를 비교하고, 큰 그림의 수가 같으면 작은 그림의 수를 비교합니다.

8 다 지역은 160곳이므로 편의점이 $160 \times 2 = 320$(곳)인 지역을 찾으면 나 지역입니다.

9 야구공은 35개이고, 배구공은 야구공보다 19개 더 적으므로 $35 - 19 = 16$(개)입니다.

서술형
10 예 월별 팔린 양말은 9월 253켤레, 10월 312켤레, 11월 145켤레입니다. 따라서 9월부터 11월까지 팔린 양말은 모두 $253 + 312 + 145 = 710$(켤레)입니다.

단계	문제 해결 과정
①	월별 팔린 양말 수를 각각 구했나요?
②	9월부터 11월까지 팔린 양말은 모두 몇 켤레인지 구했나요?

😊 내가 만드는 문제
11 예 나 과수원의 귤 수확량은 310상자, 다 과수원의 귤 수확량은 241상자이므로 나 과수원의 귤 수확량이 다 과수원의 귤 수확량보다 $310 - 241 = 69$(상자) 더 많습니다.

12 (합계) $= 15 + 22 + 12 + 7$
$\qquad\quad = 56$(명)

13 학생 수를 십의 자리, 일의 자리 2가지로 하는 것이 좋습니다.

15 키위는 큰 그림이 없으므로 가장 적은 학생들이 좋아합니다.

17 나 모둠보다 큰 그림이 더 많은 모둠은 가 모둠입니다.

😊 내가 만드는 문제
20 예 ◎은 10명, △은 5명, ○은 1명으로 하여 그려 봅니다.

서술형
21

단계	문제 해결 과정
①	그림의 단위가 많아졌을 때의 편리한 점을 썼나요?

22 (다 마을의 나무 수) $= 420 - 140 - 62 - 113$
$\qquad\qquad\qquad\qquad\ = 105$(그루)

24 그림그래프에서 🍎은 10상자, ·은 1상자를 나타내므로 사랑 과수원의 사과 수확량은 34상자, 햇빛 과수원의 사과 수확량은 50상자입니다.
(합계) $= 34 + 42 + 50 + 24 = 150$(상자)

표에서 싱싱 과수원의 사과 수확량은 42상자이므로 🍎 4개, 🍎 2개를 그리고, 산골 과수원의 사과 수확량은 24 상자이므로 🍎 2개, 🍎 4개를 그립니다.

준비 책 수가 가장 적은 과학책을 사는 것이 좋을 것 같습니다.

25 놀이터가 가장 많은 지역은 32곳인 라 지역이고, 가장 적은 지역은 15곳인 나 지역입니다.
따라서 라 지역이 나 지역보다 놀이터가
$32-15=17$(곳) 더 많습니다.

26 놀이터가 가장 적은 지역인 나 지역에 만드는 것이 좋을 것 같습니다.

27 강수일수가 가장 적은 계절인 봄에 하는 것이 좋을 것 같습니다.

28 큰 그림이 많은 음식부터 차례로 쓰면 불고기, 비빔밥, 냉면, 갈비탕입니다.

서술형
29 가장 많이 팔린 음식의 재료를 더 많이, 가장 적게 팔린 음식의 재료를 더 적게 준비하는 것이 좋을 것 같습니다.

단계	문제 해결 과정
①	어떤 음식의 재료를 더 많이 또는 더 적게 준비하면 좋을지 썼나요?

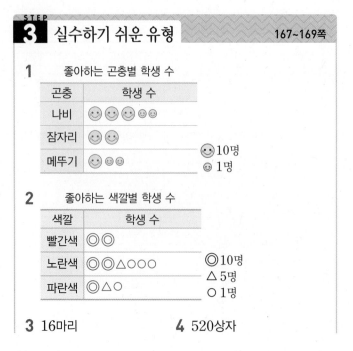

STEP 3 실수하기 쉬운 유형 167~169쪽

1 좋아하는 곤충별 학생 수

곤충	학생 수
나비	😊😊😊😊😊😊
잠자리	😊😊
메뚜기	😊😊😊

😊10명
😊1명

2 좋아하는 색깔별 학생 수

색깔	학생 수
빨간색	◎◎
노란색	◎◎◎△○○○
파란색	◎△○

◎10명
△5명
○1명

3 16마리   **4** 520상자

5 좋아하는 과목별 학생 수

과목	학생 수
수학	◎◎◎△○
국어	◎△
영어	◎◎△○○

◎10명
△5명
○1명

6 반별 모은 빈 병 수

반	빈 병 수
1반	◎◎◎△○○○
2반	◎◎◎△
3반	◎△○

◎10병
△5병
○1병

7 18대   **8** 8팩

9 반별 학급 문고 수

반	1반	2반	3반	합계
책 수(권)	40	25	33	98

반별 학급 문고 수

반	책 수
1반	📗📗📗📗
2반	📗📗📘📘📘📘📘
3반	📗📗📗📘📘📘

📗10권
📘1권

10 밭별 수박 수확량

밭	가	나	다	합계
수확량(통)	160	310	230	700

밭별 수박 수확량

밭	수확량
가	🍉⬤⬤⬤⬤⬤⬤
나	🍉🍉🍉⬤
다	🍉🍉⬤⬤⬤

🍉100통
⬤10통

11 93명   **12** 160개

2 빨간색은 20명이므로 ◎ 2개, 노란색은 28명이므로 ◎ 2개, △ 1개, ○ 3개, 파란색은 16명이므로 ◎ 1개, △ 1개, ○ 1개를 그립니다.

3 큰 그림의 수가 나 농장보다 더 적은 농장은 라 농장이고, 라 농장의 닭은 16마리입니다.

4 큰 그림의 수가 다 농장보다 더 많은 농장은 가 농장이고, 가 농장의 고구마 수확량은 520상자입니다.

5 수학: 36명이므로 ◎◎◎△◦, 국어: 15명이므로
◎△, 영어: 27명이므로 ◎◎△◦◦으로 나타냅니다.

6 1반: 28병이므로 ◎◎△◦◦◦, 2반: 35병이므로
◎◎◎△◦, 3반: 16병이므로 ◎△◦으로 나타냅니다.

7 신호등이 가장 많은 마을은 31대인 산내 마을이고, 가장
적은 마을은 13대인 별빛 마을입니다.
따라서 신호등 수의 차는 $31-13=18$(대)입니다.

8 가장 많이 팔린 만두는 32팩인 고기만두이고, 가장 적게
팔린 만두는 24팩인 김치만두입니다.
따라서 팔린 만두 수의 차는 $32-24=8$(팩)입니다.

9 그림그래프에서 1반의 학급 문고가 40권이므로
(2반의 학급 문고 수)$=98-40-33=25$(권)입니다.

10 그림그래프에서 나 밭의 수확량이 310통이므로
(다 밭의 수확량)$=700-160-310=230$(통)입니다.

11 휴대 전화: 31명, 장난감: 22명, 책: 17명, 옷: 23명
➡ (조사한 학생 수)$=31+22+17+23=93$(명)

12 오이: 62개, 당근: 45개, 호박: 53개
➡ (팔린 채소 수)$=62+45+53=160$(개)

STEP 4 상위권 도전 유형 170~172쪽

1
일주일 동안 팔린 피자 수

종류	피자 수
감자	◎◎◎◦◦◦
불고기	◎◎◎◎◦
고구마	◎◎◦◦◦◦◦
치즈	◎◎◎◦

◎10판
◦ 1판

2
농장별 감자 수확량

농장	수확량
가	🥔 ●●●●●●●
나	🥔🥔🥔 ●
다	🥔🥔🥔 ●●●●
라	🥔🥔🥔🥔 ●

🥔 100 kg
● 10 kg

---

3 210회   **4** 90개

5 258자루   **6** 321장

7 129장   **8** 124 kg

9 5600원   **10** 8100원

11
마을별 쌀 생산량

마을	생산량
풍성	🍚🍚 ●●●●●●●
가득	🍚🍚🍚 ●●●●
알찬	🍚🍚🍚 ●●●●●●
신선	🍚🍚 ●

🍚 10가마
● 1가마

12
동별 소화기 수

동	소화기 수
가	◎◎◎◦◦◦
나	◎◦◦◦◦◦◦
다	◎◎◦
라	◎◦

◎ 10대
◦ 1대

1 (감자, 불고기, 고구마 피자 수의 합)
$=33+41+25=99$(판)
(치즈 피자 수)$=130-99=31$(판)
따라서 ◎ 3개, ◦ 1개를 그립니다.

2 (가, 나, 다 농장의 감자 수확량의 합)
$=260+310+340=910$ (kg)
(라 농장의 감자 수확량)$=1320-910=410$ (kg)
따라서 🥔 4개, ● 1개를 그립니다.

3 수빈이와 영진이의 그림의 수를 더하면 큰 그림이 2개,
작은 그림이 5개이고 250회를 나타내므로 큰 그림은
100회, 작은 그림은 10회를 나타냅니다.
따라서 지아의 줄넘기 횟수는 210회입니다.

4 지윤이와 태연이의 그림의 수를 더하면 큰 그림이 5개,
작은 그림이 3개이고 280개를 나타내므로 큰 그림은 50
개, 작은 그림은 10개를 나타냅니다.
따라서 민아가 접은 종이학은 90개입니다.

5 (전체 학생 수)$=33+34+27+35=129$(명)
따라서 연필을 적어도 $129 \times 2=258$(자루) 준비해야
합니다.

6 (네 학생이 읽은 책 수)
$=24+34+32+17=107$(권)

따라서 붙임딱지를 적어도 $107 \times 3 = 321$(장) 준비해야 합니다.

7 학생별 모은 우표는 지연 42장, 연호 24장, 예은 15장이고 준하 $24 \times 2 = 48$(장)입니다.

(지연이네 모둠 학생들이 모은 우표 수)
$= 42 + 24 + 15 + 48 = 129$(장)

8 농장별 고추 수확량은 가 농장 41 kg, 다 농장 27 kg, 라 농장 14 kg이고 나 농장 $14 \times 3 = 42$ (kg)입니다.

(네 농장의 고추 수확량)
$= 41 + 42 + 27 + 14 = 124$ (kg)

9 초코 아이스크림: 43개, 딸기 아이스크림: 35개
초코 아이스크림의 판매량은 딸기 아이스크림의 판매량보다 $43 - 35 = 8$(개) 더 많습니다.
따라서 초코 아이스크림의 판매액은 딸기 아이스크림의 판매액보다 $700 \times 8 = 5600$(원) 더 많습니다.

10 크림빵: 35개, 팥빵: 26개
크림빵의 판매량은 팥빵의 판매량보다 $35 - 26 = 9$(개) 더 많습니다.
따라서 크림빵의 판매액은 팥빵의 판매액보다 $900 \times 9 = 8100$(원) 더 많습니다.

11 풍성 마을의 쌀 생산량을 □가마라고 하면 알찬 마을의 쌀 생산량은 (□×2)가마입니다.
풍성 마을과 알찬 마을의 쌀 생산량의 합은
$100 - 25 - 21 = 54$(가마)이므로 □+□×2=54,
□×3=54, □=54÷3=18입니다.
➡ (풍성 마을의 쌀 생산량)=18가마
   (알찬 마을의 쌀 생산량)=$18 \times 2 = 36$(가마)

12 나 동의 소화기 수를 □대라고 하면 가 동의 소화기 수는 (□×2)대입니다.
가 동과 나 동의 소화기 수의 합은
$80 - 21 - 11 = 48$(대)이므로 □×2+□=48,
□×3=48, □=48÷3=16입니다.
➡ (나 동의 소화기 수)=16대
   (가 동의 소화기 수)=$16 \times 2 = 32$(대)

수시 평가 대비 Level ❶
173~175쪽

1 100개, 10개   **2** 단팥빵

3
종류별 팔린 빵의 수

종류	단팥빵	도넛	식빵	크림빵	합계
빵의 수(개)	300	150	80	220	750

4 식빵, 80개

5 예 10명, 예 1명

6
좋아하는 계절별 학생 수

계절	학생 수
봄	☺☺☺
여름	☺☺☺☺☺☺☺
가을	☺☺☺☺☺☺
겨울	☺☺☺☺

☺ 10 명 ☺ 1 명

7 겨울

8 그림그래프

9
배우고 싶어 하는 악기별 학생 수

악기	플루트	바이올린	기타	합계
학생 수(명)	25	37	32	94

10
배우고 싶어 하는 악기별 학생 수

악기	학생 수
플루트	◎◎○○○○○
바이올린	◎◎◎○○○○○○○
기타	◎◎◎○○

◎10명
○ 1명

11
배우고 싶어 하는 악기별 학생 수

악기	학생 수
플루트	◎◎△
바이올린	◎◎◎△○○
기타	◎◎◎○○

◎10명
△ 5명
○ 1명

12 예 바이올린

13 예

마을별 자전거 수

마을	자전거 수
가	◎◎◎○○
나	◎◎◎◎○
다	◎○○○○○○
라	◎◎

◎10대
○ 1대

14 가 마을, 나 마을

15 2배

16 다 마을, 4대

17

월별 마신 우유 수

월	9월	10월	11월	12월	합계
우유 수(갑)	18	30	25	13	86

월별 마신 우유 수

월	우유 수
9월	(그림)
10월	(그림)
11월	(그림)
12월	(그림)

🥛10갑
🥛1갑

18 17개　　　　**19** 나 과수원

20 3대

---

2 큰 그림이 3개인 빵은 단팥빵입니다.

3 (합계)=300+150+80+220=750(개)

4 큰 그림이 없는 가장 적은 빵은 식빵이고, 80개 팔렸습니다.

5 학생 수가 두 자리 수이므로 10명과 1명을 나타내는 것이 좋습니다.

6 봄을 좋아하는 학생은 12명이고 큰 그림 1개와 작은 그림 2개로 나타냈으므로 큰 그림은 10명, 작은 그림은 1명을 나타냅니다.

7 큰 그림의 수가 가장 많은 계절은 겨울입니다.

8 표는 조사한 자료별 수와 합계를 알아보기 편리하고, 그림그래프는 자료별 수를 한눈에 비교하기 편리합니다.

9 (합계)=25+37+32=94(명)

11 ○ 5개를 △ 1개로 나타냅니다.

12 바이올린을 배우고 싶어 하는 학생이 가장 많으므로 바이올린 수업을 만드는 것이 좋겠습니다.

14 큰 그림의 수가 3개이거나 3개보다 많은 마을은 가 마을, 나 마을입니다.

15 가 마을: 32대, 다 마을: 16대
16×2=32이므로 가 마을의 자전거 수는 다 마을의 자전거 수의 2배입니다.

---

16 다 마을: 16대, 라 마을: 20대
다 마을과 라 마을의 자전거 수의 차가 20-16=4(대)로 가장 적습니다.

17 표에서 9월은 18갑, 11월은 25갑임을 알 수 있습니다. 그림그래프에서 10월은 30갑, 12월은 13갑임을 알 수 있습니다.
(합계)=18+30+25+13=86(갑)

18 우영: 13개, 승주: 26개, 지호: 34개
➡ (예준이가 가지고 있는 구슬 수)
=90-13-26-34=17(개)

19 예 큰 그림이 둘째로 많은 과수원은 나 과수원입니다. 따라서 귤 수확량이 둘째로 많은 과수원은 나 과수원입니다.

평가 기준	배점
큰 그림의 수를 비교했나요?	2점
귤 수확량이 둘째로 많은 과수원은 어느 과수원인지 구했나요?	3점

20 예 가 과수원: 17상자, 나 과수원: 41상자, 다 과수원: 34상자, 라 과수원: 52상자이므로 네 과수원에서 수확한 귤은 모두 17+41+34+52=144(상자)입니다.
144=50+50+44이므로 트럭은 적어도 3대 필요합니다.

평가 기준	배점
네 과수원의 귤 수확량은 모두 몇 상자인지 구했나요?	3점
트럭은 적어도 몇 대 필요한지 구했나요?	2점

수시 평가 대비 Level ❷
176~178쪽

1 10자루, 1자루　　**2** 34자루

3 민호　　**4** 소희

5 설악산　　**6** 27명

7 설악산　　**8** 1360 kg

9 43명

10

혈액형별 학생 수

혈액형	학생 수
A형	◎◎◎○○○○○○○
B형	◎◎○○○○○○
O형	◎◎◎◎○○○
AB형	◎◎○○

◎10명
○1명

11

혈액형별 학생 수

혈액형	학생 수
A형	◎◎◎△○○○
B형	◎◎△○○
O형	◎◎◎◎◎○○○
AB형	◎◎○○

◎10명
△5명
○1명

12 O형, A형, B형, AB형

13 90 kg

14

마을별 음식물 쓰레기양

마을	가	나	다	라	합계
쓰레기양(kg)	150	180	90	130	550

15

농장별 토마토 수확량

농장	가	나	다	라	합계
수확량(상자)	420	330	230	310	1290

농장별 토마토 수확량

농장	수확량
가	🍅🍅🍅🍅🍅
나	🍅🍅🍅🍅🍅
다	🍅🍅🍅🍅
라	🍅🍅🍅🍅

🍅100상자
🍅10상자

16

제조 회사별 우유 판매량

회사	판매량
가	🍾🍾🍾🍾🍾🍾🍾🍾
나	🍾🍾🍾🍾🍾
다	🍾🍾🍾🍾🍾
라	🍾🍾🍾🍾

🍾10 L
🍾1 L

17

반별 학생 수

반	학생 수
1반	😊😊😊😊😊
2반	😊😊😊
3반	😊😊😊😊😊😊
4반	😊😊😊😊😊😊

😊10명
😊1명

18 279개

19 예 참치김밥 / 예 가장 많은 학생들이 좋아하는 김밥인 참치김밥을 가장 많이 준비하는 것이 좋을 것 같습니다.

20 28대

2 큰 그림이 3개, 작은 그림이 4개이므로 34자루입니다.

3 큰 그림의 수가 진아보다 적은 사람은 민호입니다.

4 큰 그림의 수가 가장 많은 사람은 소희, 연우이고, 소희의 작은 그림의 수가 더 많으므로 연필을 가장 많이 가지고 있는 사람은 소희입니다.

5 큰 그림의 수가 둘째로 많은 산은 설악산입니다.

6 한라산: 51명, 지리산: 24명
➡ $51-24=27$(명)

7 남산에 가고 싶어 하는 학생은 21명이므로 학생 수가 $21\times2=42$(명)인 산을 찾으면 설악산입니다.

8 가 어선: 410 kg, 나 어선: 350 kg, 다 어선: 600 kg
➡ (세 어선의 생선 어획량)
$=410+350+600=1360$ (kg)

9 (O형인 학생 수)$=130-38-27-22=43$(명)

12 그림그래프에서 큰 그림의 수부터 비교해 봅니다.

13 음식물 쓰레기양이 가장 많은 마을은 180 kg인 나 마을이고, 가장 적은 마을은 90 kg인 다 마을입니다.
따라서 음식물 쓰레기양의 차는 $180-90=90$ (kg)입니다.

14 (합계)$=150+180+90+130=550$ (kg)

15 그림그래프에서 나 농장의 토마토 수확량이 330상자이므로
(가, 나, 라 농장의 토마토 수확량의 합)
$=420+330+310=1060$(상자)입니다.
➡ (다 농장의 토마토 수확량)$=1290-1060$
$=230$(상자)

16 (가, 나, 다 회사의 우유 판매량의 합)
$=44+32+41=117$ (L)
➡ (라 회사의 우유 판매량)$=140-117=23$ (L)
따라서 라 회사는 큰 그림 2개, 작은 그림 3개를 그립니다.

17 (2반의 학생 수)$=$(1반의 학생 수)-2
$=23-2=21$(명)
(3반의 학생 수)$=$(4반의 학생 수)$+1$
$=24+1=25$(명)

18 (3학년 전체 학생 수)=23+21+25+24=93(명)
따라서 사탕을 적어도 93×3=279(개) 준비해야 합니다.

19

평가 기준	배점
어떤 김밥을 가장 많이 준비하면 좋을지 썼나요?	2점
그 까닭을 썼나요?	3점

20 예 다 마을의 자동차 수를 □대라고 하면 가 마을의 자동
차 수는 (□×2)대입니다. 가와 다 마을의 자동차 수의
합은 76−34=42(대)이므로 □×2+□=42,
□×3=42, □=42÷3=14입니다.
따라서 다 마을의 자동차가 14대이므로 가 마을의 자동
차는 14×2=28(대)입니다.

평가 기준	배점
가 마을의 자동차 수를 구하는 식을 세웠나요?	2점
가 마을의 자동차 수를 구했나요?	3점

사고력이 반짝 179쪽

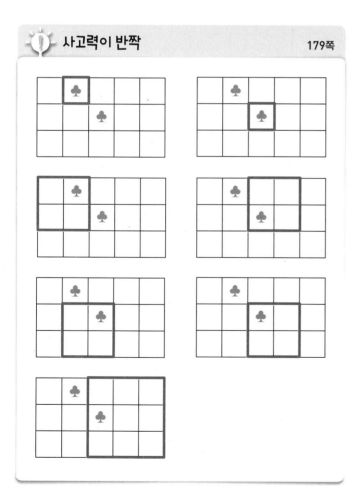

사고력이 반짝 180쪽

12가지

➡ 3가지　➡ 4가지

(지윤이네 집에서 놀이터를 지나 학교까지 가는 가장 짧은 길
의 가짓수)
=(지윤이네 집에서 놀이터까지 가는 가장 짧은 길의 가짓수)
　×(놀이터에서 학교까지 가는 가장 짧은 길의 가짓수)
=3×4=12(가지)

1 곱셈

1 (1) 462   (2) 1480

2 (위에서부터) 12, 3 / 40 / 800, 200 / 972

3 966   **4** 2401

5
```
      3 4
    × 5 6
  ─────────
      2 0 4
    1 7 0 0
  ─────────
    1 9 0 4
```

6 <

7 ✕ (선 잇기)

8 2550

9 940

10 ㉢, ㉣, ㉠, ㉡

11 975   **12** 69

13 720시간   **14** 158명

15 48개   **16** 523 cm

17 1, 4

18 예 7, 2 / 6, 5 / 4680

19 902   **20** 585개

---

1 (2)
```
      2
      3 7
    × 4 0
  ─────────
    1 4 8 0
```

2 243×4는 3×4, 40×4, 200×4의 합이므로 $12 + 160 + 800 = 972$입니다.

3 161을 6번 더하는 것이므로 $161 \times 6 = 966$입니다.

4
```
    3 2
    3 4 3
  ×     7
  ─────────
    2 4 0 1
```

5 34×50의 계산에서 자리를 잘못 맞추어 썼습니다.

6 $541 \times 3 = 1623$, $286 \times 6 = 1716$
➡ $1623 < 1716$

7 $13 \times 72 = 936$
$46 \times 21 = 966$
$28 \times 32 = 896$

8 가장 큰 수는 85, 가장 작은 수는 30입니다.
따라서 가장 큰 수와 가장 작은 수의 곱은
$85 \times 30 = 2550$입니다.

9 $8 \times 32 = 256$, $9 \times 76 = 684$
➡ $256 + 684 = 940$

10 ㉠ 1880   ㉡ 1860   ㉢ 1960   ㉣ 1950
➡ ㉢ > ㉣ > ㉠ > ㉡

11 100이 3개, 10이 2개, 1이 5개인 수는 325입니다.
따라서 $325 \times 3 = 975$입니다.

12 $46 \times 15 = 690$
$690 = \square \times 10$이므로 $\square = 69$입니다.

13 4월은 30일까지 있습니다.
➡ $24 \times 30 = 720$(시간)

14 (3학년 학생 수) $= 4 \times 85 = 340$(명)
➡ (여학생 수) $= 340 - 182 = 158$(명)

15 (배의 수) $= 30 \times 40 = 1200$(개)
(사과의 수) $= 48 \times 24 = 1152$(개)
➡ $1200 - 1152 = 48$(개)

16 (색 테이프 14장의 길이의 합) $= 42 \times 14 = 588$ (cm)
겹쳐진 부분은 $14 - 1 = 13$(군데)이므로
(겹쳐진 부분의 길이의 합) $= 5 \times 13 = 65$ (cm)
➡ (이어 붙인 색 테이프의 전체 길이)
$= 588 - 65 = 523$ (cm)

17
```
    ㉠ 8 ㉡
  ×     3
  ─────────
    5 5 2
```
일의 자리 계산: ㉡ $\times 3$의 일의 자리 수가
2이므로 $4 \times 3 = 12$에서 ㉡ $= 4$입니다.
백의 자리 계산: ㉠ $\times 3$에 십의 자리에서
올림한 수 2를 더한 값이 5이므로
㉠ $\times 3 = 3$, $1 \times 3 = 3$이므로
㉠ $= 1$입니다.

18 높은 자리 수가 클수록 곱이 크므로 곱하는 두 수의 십의 자리에 7, 6을 놓습니다.

$75 \times 62 = 4650$, $72 \times 65 = 4680$이므로 곱이 가장 큰 곱셈식은 $72 \times 65 = 4680$ 또는 $65 \times 72 = 4680$입니다.

19 예 어떤 수를 □라고 하면 □$+41=63$이므로

□$=63-41$, □$=22$입니다.

따라서 바르게 계산하면 $22 \times 41 = 902$입니다.

평가 기준	배점(5점)
어떤 수를 구했나요?	3점
바르게 계산한 값을 구했나요?	2점

20 예 동아리 학생들에게 준 귤의 수는 $36 \times 16 = 576$(개)입니다. 따라서 귤이 9개 남았으므로 처음에 있던 귤은 $576 + 9 = 585$(개)입니다.

평가 기준	배점(5점)
동아리 학생들에게 준 귤의 수를 구했나요?	3점
처음에 있던 귤의 수를 구했나요?	2점

다시 점검하는 수시 평가 대비 Level ❷
5~7쪽

1 600, 210, 9, 819

2 480, 480   **3** ④

4 (1) 3200 (2) 960   **5** ( )(○)

6 >

7 (위에서부터) 168 / 814 / 296, 462

8 ㉢   **9** ㉡, ㉠, ㉢

10 (1) 102, 918 (2) 192, 1344

11 676   **12** 490개

13 140원   **14** 1433

15 4, 8, 9 / 3 / 1467   **16** 1246 cm

17 1008   **18** 1, 2, 3, 4

19 4800 m   **20** 1185개

1 $273 = 200 + 70 + 3$이므로
273×3은 200×3, 70×3, 3×3의 합과 같습니다.

2 곱해지는 수가 작아진 만큼 곱하는 수가 커지면 곱은 같습니다.

3 □ 안에 들어갈 수는 53×80입니다.

4 (1)
```
    8 0
  ×  4 0
  3 2 0 0
```
(2)
```
    4 8
  ×  2 0
    9 6 0
```

5
```
      5 2
    2 8 4
  ×     7
  1 9 8 8
```

6 $8 \times 43 = 344$, $6 \times 56 = 336$
➡ $344 > 336$

7 $8 \times 21 = 168$, $37 \times 22 = 814$,
$8 \times 37 = 296$, $21 \times 22 = 462$

8 ㉠ $276 \times 2 = 552$ ㉡ $138 \times 4 = 552$
㉢ $174 \times 3 = 522$
따라서 곱이 다른 하나는 ㉢입니다.

9 ㉠ 2400 ㉡ 2500 ㉢ 1800
➡ ㉡>㉠>㉢

10 (1) $6 \times 17 = 102$, $102 \times 9 = 918$
(2) $16 \times 12 = 192$, $192 \times 7 = 1344$

11 ㉠이 나타내는 수: 52, ㉡이 나타내는 수: 13
➡ $52 \times 13 = 676$

12 2주일은 14일이므로 아름이가 2주일 동안 외운 영어 단어는 모두 $35 \times 14 = 490$(개)입니다.

13 (연필 9자루의 값)$=540 \times 9 = 4860$(원)
➡ (거스름돈)$=5000 - 4860 = 140$(원)

14 지우: $247 \times 4 = 988$
유미: $5 \times 89 = 445$
➡ $988 + 445 = 1433$

15 곱이 가장 작으려면 한 자리 수에 가장 작은 수를 놓고, 남은 세 수로 가장 작은 세 자리 수를 만들어야 합니다.
따라서 곱이 가장 작은 곱셈식은 $489 \times 3 = 1467$입니다.

16 삼각형의 세 변과 사각형의 네 변의 길이가 모두 같습니다. 삼각형의 변은 3개, 사각형의 변은 4개이므로 변은 모두 7개입니다.
➡ $178 \times 7 = 1246 \, (cm)$

17 어떤 수를 □라고 하면
□$+49=85$, □$=85-49$, □$=36$입니다.
➡ $36 \times 28 = 1008$

18 $44 \times 25 = 1100$이므로 $1100 > 263 \times$ □입니다.
$263 \times 1 = 263$, $263 \times 2 = 526$, $263 \times 3 = 789$,
$263 \times 4 = 1052$, $263 \times 5 = 1315$, ...
따라서 □ 안에 들어갈 수 있는 수는 1, 2, 3, 4입니다.

서술형
19 예 1시간은 60분이므로 1시간 동안 갈 수 있는 거리는 (1분에 갈 수 있는 거리)$\times 60$입니다.
따라서 1시간 동안 갈 수 있는 거리는
$80 \times 60 = 4800 \, (m)$입니다.

평가 기준	배점(5점)
1시간 동안 갈 수 있는 거리를 구하는 식을 세웠나요?	3점
1시간 동안 갈 수 있는 거리를 구했나요?	2점

서술형
20 예 (11일 동안 푼 수학 문제 수)
$= 35 \times 11 = 385$(개)
(20일 동안 푼 수학 문제 수)$= 40 \times 20 = 800$(개)
따라서 지용이가 31일 동안 푼 수학 문제는 모두
$385 + 800 = 1185$(개)입니다.

평가 기준	배점(5점)
11일 동안과 20일 동안에 푼 수학 문제 수를 각각 구했나요?	3점
31일 동안 푼 수학 문제 수를 모두 구했나요?	2점

2 나눗셈

다시 점검하는 수시 평가 대비 Level ❶
8~10쪽

1 (1) 20 (2) 10　　**2** 200, 60, 260

3 56, 5 / 8, 56, 448 / 448, 5, 453

4 26　　　　　　**5** >

6

7
```
      2 0 6
  4 ) 8 2 4
      8
      2 4
      2 4
          0
```

8 ⑤

9 (위에서부터) 15, 2 / 23, 3

10 ④　　　　　**11** 14자루

12 3　　　　　　**13** 1, 2, 3

14 12　　　　　**15** 11개

16 70칸

17 (위에서부터) 2 / 7, 9 / 7 / 1, 4 / 5

18 6, 5, 3, 21, 2　　**19** 14모둠, 2개

20 165

1 (1) $4 \div 2 = 2$이므로 $40 \div 2 = 20$입니다.
(2) $6 \div 6 = 1$이므로 $60 \div 6 = 10$입니다.

2 $780 = 600 + 180$이므로 $780 \div 3$의 몫은 $600 \div 3$, $180 \div 3$의 몫의 합과 같습니다.

3 $453 \div 8 = 56 \cdots 5$이므로 몫은 56이고 나머지는 5입니다.
확인 나누는 수와 몫의 곱에 나머지를 더하면 나누어지는 수가 되어야 합니다.

4
```
      2 6
  2 ) 5 2
      4
      1 2
      1 2
          0
```

5 $68 \div 4 = 17$, $75 \div 5 = 15$

➡ $17 > 15$

6 $80 \div 4 = 20$, $39 \div 3 = 13$, $66 \div 6 = 11$

$99 \div 9 = 11$, $26 \div 2 = 13$, $60 \div 3 = 20$

7 십의 자리 수 2를 나눌 수 없으므로 몫의 십의 자리에 0을 써야 합니다.

8 ① $45 \div 4 = 11 \cdots 1$ ② $76 \div 6 = 12 \cdots 4$

③ $58 \div 5 = 11 \cdots 3$ ④ $94 \div 7 = 13 \cdots 3$

⑤ $96 \div 8 = 12$

9 (1)
```
    1 5
5) 7 7
   5
   2 7
   2 5
     2
```
(2)
```
    2 3
4) 9 5
   8
   1 5
   1 2
     3
```

10 ① $35 \div 3 = 11 \cdots 2$ ② $46 \div 4 = 11 \cdots 2$

③ $50 \div 3 = 16 \cdots 2$ ④ $71 \div 6 = 11 \cdots 5$

⑤ $88 \div 7 = 12 \cdots 4$

11 $70 \div 5 = 14$(자루)

12 $225 \div 5 = 45$ ➡ ㉠ $= 45$

$168 \div 4 = 42$ ➡ ㉡ $= 42$

따라서 ㉠ $-$ ㉡ $= 45 - 42 = 3$입니다.

13 나머지는 항상 나누는 수보다 작아야 합니다.

따라서 나머지가 될 수 있는 수는 나누는 수 4보다 작은 수인 1, 2, 3입니다.

14 $117 \div 9 = 13$이므로 $13 > \square$입니다.

따라서 $\square$ 안에 들어갈 수 있는 가장 큰 자연수는 12입니다.

15 $90 \div 8 = 11 \cdots 2$

남은 2 cm로는 고리를 만들 수 없으므로 색 테이프 90 cm로는 고리를 11개까지 만들 수 있습니다.

16 $486 \div 7 = 69 \cdots 3$

남은 동화책 3권도 책꽂이에 꽂아야 하므로 책꽂이는 적어도 $69 + 1 = 70$(칸) 필요합니다.

17
```
      1 ㉠
㉡) 8 ㉢
    ㉣
    1 9
    ㉤㉥
      ㉦
```
㉢ $= 9$, $8 - ㉣ = 1$이므로 ㉣ $= 7$

㉡ $\times 1 = 7$이므로 ㉡ $= 7$

19를 7로 나눈 몫이 ㉠이므로 ㉠ $= 2$

$7 \times 2 = ㉤㉥$이므로 ㉤ $= 1$, ㉥ $= 4$

㉦ $= 19 - 14 = 5$

18 몫이 가장 크려면 가장 큰 수를 가장 작은 수로 나누어야 합니다.

가장 큰 두 자리 수: 65, 가장 작은 한 자리 수: 3

➡ $65 \div 3 = 21 \cdots 2$

서술형
19 ⓔ (전체 탁구공의 수) $= 8 \times 9 = 72$(개)

$72 \div 5 = 14 \cdots 2$이므로 14모둠까지 나누어 줄 수 있고, 남은 탁구공은 2개입니다.

평가 기준	배점(5점)
전체 탁구공의 수를 구했나요?	2점
몇 모둠까지 나누어 줄 수 있고, 남은 탁구공은 몇 개인지 구했나요?	3점

서술형
20 ⓔ 어떤 수를 $\square$라고 하면 $\square \div 6 = 27 \cdots 3$입니다.

$6 \times 27 = 162$, $162 + 3 = 165$이므로 $\square = 165$입니다.

평가 기준	배점(5점)
어떤 수를 $\square$라 하고 식을 세웠나요?	2점
어떤 수를 구했나요?	3점

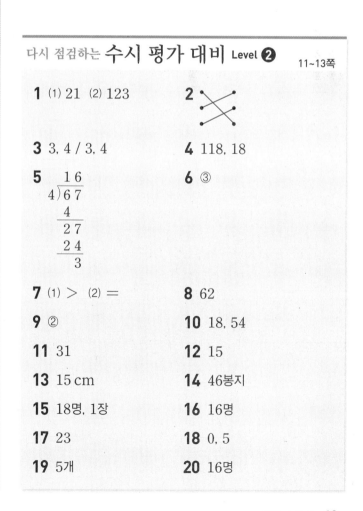

다시 점검하는 **수시 평가 대비** Level ➋ 11~13쪽

1 (1) 21 (2) 123

2 (교차 연결)

3 3, 4 / 3, 4

4 118, 18

5
```
    1 6
4) 6 7
   4
   2 7
   2 4
     3
```

6 ③

7 (1) $>$ (2) $=$

8 62

9 ②

10 18, 54

11 31

12 15

13 15 cm

14 46봉지

15 18명, 1장

16 16명

17 23

18 0, 5

19 5개

20 16명

1 (1)
```
      2 1
   3) 6 3
      6
      ─
      3
      3
      ─
      0
```
(2)
```
      1 2 3
   6) 7 3 8
      6
      ──
      1 3
      1 2
      ──
        1 8
        1 8
        ──
         0
```

2 $90 \div 9 = 10$
$80 \div 4 = 20$
$60 \div 2 = 30$

4 $472 \div 4 = 118$
$90 \div 5 = 18$

5 나머지는 항상 나누는 수보다 작아야 합니다.

6 나누어지는 수의 백의 자리 수가 나누는 수보다 작으면 몫은 두 자리 수입니다.

7 (1) $38 \div 2 = 19$, $51 \div 3 = 17$
  ➡ $19 > 17$
(2) $80 \div 5 = 16$, $96 \div 6 = 16$

8 $298 \div 5 = 59 \cdots 3$
따라서 몫과 나머지의 합은 $59 + 3 = 62$입니다.

9 ① $44 \div 3 = 14 \cdots 2$ ② $45 \div 4 = 11 \cdots 1$
③ $82 \div 6 = 13 \cdots 4$ ④ $83 \div 3 = 27 \cdots 2$
⑤ $71 \div 4 = 17 \cdots 3$

10

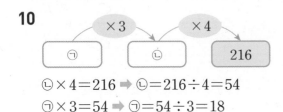

$ⓒ \times 4 = 216$ ➡ $ⓒ = 216 \div 4 = 54$
$㉠ \times 3 = 54$ ➡ $㉠ = 54 \div 3 = 18$

11 $\square \div 8 = 3 \cdots 7$에서
$8 \times 3 = 24$, $24 + 7 = 31$이므로 $\square = 31$입니다.

12 6으로 나눌 때 나올 수 있는 나머지는 6보다 작은 수입니다. 따라서 나올 수 있는 자연수인 나머지는 1, 2, 3, 4, 5이므로 합은 $1 + 2 + 3 + 4 + 5 = 15$입니다.

13 (삼각형의 한 변의 길이)
$= 90 \div 6 = 15$ (cm)

14 $375 \div 8 = 46 \cdots 7$
남은 토마토 7개는 팔 수 없으므로 팔 수 있는 토마토는 46봉지입니다.

15 색종이는 모두 $34 + 39 = 73$(장) 있습니다.
$73 \div 4 = 18 \cdots 1$이므로 18명까지 나누어 줄 수 있고, 남은 색종이는 1장입니다.

16 (나누어 준 볼펜 수) $= 84 - 4 = 80$(자루)
➡ (나누어 준 사람 수) $= 80 \div 5 = 16$(명)

17 어떤 수를 $\square$라고 하면 $\square \div 7 = 16 \cdots 3$입니다.
$7 \times 16 = 112$, $112 + 3 = 115$이므로 $\square = 115$입니다.
따라서 어떤 수를 5로 나눈 몫은 $115 \div 5 = 23$입니다.

18
```
      1 ▲
   5) 8 □
      5
      ─
      3 □
      3 □
      ──
       0
```
나머지가 0인 나눗셈이 되려면
$5 \times ▲ = 3\square$입니다.
따라서 $5 \times 6 = 3\boxed{0}$, $5 \times 7 = 3\boxed{5}$이므로 $\square$ 안에 들어갈 수 있는 수는 0, 5입니다.

서술형
19 예 $68 \div 9 = 7 \cdots 5$이므로 9명의 친구들에게 풍선을 7개씩 나누어 주고 5개가 남았습니다.
따라서 정훈이가 가진 풍선은 5개입니다.

평가 기준	배점(5점)
문제에 알맞은 나눗셈식을 세웠나요?	2점
정훈이가 가진 풍선의 수를 구했나요?	3점

서술형
20 예 연필 한 타는 12자루이므로 4타는
$12 \times 4 = 48$(자루)입니다.
따라서 연필을 한 사람에게 3자루씩 나누어 주면
$48 \div 3 = 16$(명)에게 나누어 줄 수 있습니다.

평가 기준	배점(5점)
나누어 줄 연필의 수를 구했나요?	2점
나누어 줄 수 있는 사람 수를 구했나요?	3점

3 원

1

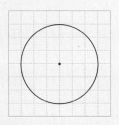

2 선분 ㄹㅇ (또는 선분 ㅇㄹ)

3 ⑤

4 5 cm

5 9 cm

6 ②

7 ㉡, ㉣

8

9 3 cm

10 3 cm

11 5군데

12

13 8 cm

14 20 cm

15 24 cm

16 12 cm

17 11 cm

18 24 cm

19 15 cm

20 예 원의 중심은 오른쪽으로 모눈 2칸, 3칸, ...씩 옮겨
가고 원의 반지름은 모눈 1칸씩 늘어나는 규칙입니다.

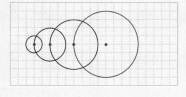

1 원의 중심은 원을 그릴 때 누름 못을 꽂았던 점으로 원의
한가운데 있는 점입니다.

2 원의 반지름은 원의 중심과 원 위의 한 점을 이은 선분입
니다.

3 한 원에서 지름은 셀 수 없이 많이 그을 수 있습니다.

4 한 원에서 지름은 모두 같으므로
(선분 ㄴㄹ)＝(선분 ㄱㄷ)＝5 cm입니다.

5 컴퍼스를 원의 반지름만큼 벌려서 원을 그리므로
18÷2＝9 (cm)만큼 벌려야 합니다.

6 ② 지름은 반지름의 2배입니다.

7 ㉡ 지름: 4 cm   ㉣ 지름: 14 cm
따라서 크기가 같은 두 원은 ㉡, ㉣입니다.

8 컴퍼스를 주어진 선분만큼 벌린 다음 컴퍼스의 침을 원의
중심이 되는 점에 꽂아 원을 그립니다.

9 (반지름)＝6÷2＝3 (cm)

10 선분 ㄱㄴ의 길이는 큰 원의 지름과 같습니다. 큰 원의 지
름은 작은 원 3개의 지름의 합과 같으므로
(작은 원의 지름)＝9÷3＝3 (cm)입니다.

11

 ➡ 5군데

13 작은 원의 반지름은 6÷2＝3 (cm)이고 큰 원의 반지름
은 10÷2＝5 (cm)입니다.
따라서 선분 ㄱㄴ의 길이는 3＋5＝8 (cm)입니다.

14 가장 큰 원의 지름은 큰 원 안에 있는 두 원의 지름의 합
과 같습니다.
➡ 6＋6＋4＋4＝20 (cm)

15 사각형 ㄱㄴㄷㄹ의 한 변의 길이는 각 원의 지름과 같으
므로 6 cm이고 네 변의 길이는 모두 같습니다.
따라서 (사각형 ㄱㄴㄷㄹ의 네 변의 길이의 합)
＝6×4＝24 (cm)입니다.

16 100원짜리 동전의 지름은 12×2＝24 (mm)입니다.
100원짜리 동전 5개가 맞닿아 있으므로
(선분 ㄱㄴ)＝24×5＝120 (mm)입니다.
따라서 선분 ㄱㄴ의 길이는 12 cm입니다.

17 (선분 ㄱㄴ)
＝(가장 큰 원의 반지름)＋(가장 작은 원의 지름)
＋(중간 크기의 원의 반지름)
＝6＋2＋3＝11 (cm)

18 원의 반지름을 □ cm라고 하면 □＋□＋7＝31,
□＋□＝24, □＝12입니다.
따라서 원의 지름은 12×2＝24 (cm)입니다.

서술형

19 ㉮ 원의 지름은 정사각형의 한 변의 길이와 같습니다.
따라서 원의 지름은 15 cm입니다.

평가 기준	배점(5점)
원의 지름이 정사각형의 한 변의 길이와 같음을 알았나요?	3점
원의 지름은 몇 cm인지 구했나요?	2점

서술형

20

평가 기준	배점(5점)
규칙을 찾아 설명했나요?	3점
규칙에 따라 원을 1개 더 그렸나요?	2점

다시 점검하는 **수시 평가 대비** Level ❷   17~19쪽

1 점 ㄹ

2 ㉡

3 5 cm

4 2, 2

5 18 cm

6 14 cm

7

8 7

9 ㉢, ㉡, ㉠

10 16 cm

11 12 cm

12 ③

13 5군데

14

15

16 22 cm

17 36 cm

18 30 cm

19 7 cm

20 23 cm

1 원의 중심은 원의 한가운데 있는 점입니다.

2 원의 지름은 원 위의 두 점을 이은 선분 중 원의 중심을 지나는 선분입니다.

3 컴퍼스로 원을 그릴 때 컴퍼스를 벌린 길이가 원의 반지름이 되므로 원의 반지름은 5 cm입니다.

4 한 원에서 반지름은 모두 같습니다.

5 한 원에서 원의 지름은 반지름의 2배입니다.
(지름)=9×2=18 (cm)

6 한 원에서 원의 반지름은 지름의 반입니다.
(반지름)=28÷2=14 (cm)

7 컴퍼스를 원의 반지름만큼 벌린 다음 컴퍼스의 침을 원의 중심에 꽂아 원을 그립니다.

8 (반지름)=(지름)÷2=14÷2=7 (cm)

9 원의 지름을 각각 구해 봅니다.
㉡ 3×2=6 (cm)
㉢ 반지름: 4 cm ➡ 지름: 4×2=8 (cm)
지름이 길수록 큰 원이므로 크기가 큰 원부터 차례로 기호를 쓰면 ㉢, ㉡, ㉠입니다.

10 (큰 원의 반지름)=3+5=8 (cm)
➡ (큰 원의 지름)=8×2=16 (cm)

11 정사각형의 한 변의 길이는 원의 지름과 같으므로
6×2=12 (cm)입니다.

12 원의 중심을 옮기지 않고 반지름만 다르게 하여 그린 것은 ③입니다.

13

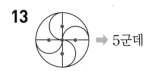

➡ 5군데

14 먼저 원의 중심을 찾아 점을 찍고 원 또는 원의 일부분을 이용하여 그립니다.

15 원의 중심은 아래쪽으로 모눈 1칸씩 옮겨 가고 원의 반지름은 모눈 1칸씩 늘어나는 규칙입니다.

16 (큰 원의 지름)=7×2=14 (cm)
(작은 원의 지름)=4×2=8 (cm)
➡ (선분 ㄱㄴ)=14+8=22 (cm)

17 (직사각형의 가로의 길이)=(원의 지름)×2
=6×2=12 (cm)
(직사각형의 세로의 길이)=(원의 지름)=6 cm
➡ (직사각형의 네 변의 길이의 합)
=12+6+12+6=36 (cm)

18 정사각형의 한 변의 길이는 작은 원 3개의 지름의 합과 같습니다.

(작은 원의 지름)$=5\times2=10$ (cm)

(정사각형의 한 변의 길이)$=10\times3=30$ (cm)

서술형

19 예 삼각형 ㄱㄴㄷ의 세 변의 길이는 각각 원의 반지름이므로 길이가 모두 같습니다.

따라서 원의 반지름은 삼각형의 한 변의 길이와 같으므로 $21\div3=7$ (cm)입니다.

평가 기준	배점(5점)
삼각형 ㄱㄴㄷ의 세 변의 길이가 모두 같음을 알았나요?	3점
한 원의 반지름을 구했나요?	2점

서술형

20 예 (선분 ㄱㄴ)$=8$ cm, (선분 ㄱㄷ)$=5$ cm,

(선분 ㄴㄷ)$=8+5-3=10$ (cm)

따라서 삼각형 ㄱㄴㄷ의 세 변의 길이의 합은

$8+10+5=23$ (cm)입니다.

평가 기준	배점(5점)
선분 ㄱㄴ, 선분 ㄱㄷ, 선분 ㄴㄷ의 길이를 각각 구했나요?	3점
삼각형 ㄱㄴㄷ의 세 변의 길이의 합을 구했나요?	2점

서술형 50% 단원 평가
20~23쪽

1 (1) 1380 (2) 1620   **2** 12 cm

3 (위에서부터) 9, 1 / 10, 5 / 12, 3

4 (1) > (2) <   **5** (그림)

6 ㉢   **7** 2480번

8 11 cm   **9** ③

10 24일   **11** 3군데

12 (위에서부터) 4 / 6 / 9

13 사탕, 2개   **14** 2, 6

15 19 cm   **16** 4개

17 53, 3   **18** 25개

19 886 cm   **20** 29

---

1 (1)
```
      1 2
    3 4 5
  ×     4
  1 3 8 0
```
(2)
```
      4
      2 7
  ×   6 0
  1 6 2 0
```

2 컴퍼스를 벌린 길이가 원의 반지름이므로 반지름은 6 cm입니다.

따라서 원의 지름은 $6\times2=12$ (cm)입니다.

4 (1) $40\times20=800$, $9\times83=747$이므로 $800>747$입니다.

(2) $166\times5=830$, $56\times17=952$이므로 $830<952$입니다.

5 $75\div5=15$, $46\div2=23$, $57\div3=19$

$69\div3=23$, $76\div4=19$, $90\div6=15$

6 ㉢ 원의 반지름은 원의 중심과 원 위의 한 점을 이은 선분입니다.

7 예 10월은 31일까지 있으므로 수빈이가 10월 한 달 동안 줄넘기를 한 횟수는 $80\times31=2480$(번)입니다.

평가 기준	배점(5점)
10월은 며칠까지 있는지 알았나요?	2점
수빈이가 10월 한 달 동안 줄넘기를 한 횟수를 구했나요?	3점

8 예 원의 반지름을 알아보면

㉠ 6 cm, ㉡ 7 cm, ㉢ 4 cm, ㉣ 5 cm

이므로 가장 큰 원은 ㉡이고 가장 작은 원은 ㉢입니다.

따라서 가장 큰 원과 가장 작은 원의 반지름의 합은 $7+4=11$ (cm)입니다.

평가 기준	배점(5점)
가장 큰 원과 가장 작은 원을 각각 구했나요?	3점
가장 큰 원과 가장 작은 원의 반지름의 합을 구했나요?	2점

9 ① $54\div5=10\cdots4$ ② $26\div3=8\cdots2$

③ $48\div7=6\cdots6$ ④ $93\div8=11\cdots5$

⑤ $94\div6=15\cdots4$

따라서 나머지가 가장 큰 나눗셈은 ③입니다.

10 예 $211\div9=23\cdots4$이므로 하루에 9쪽씩 23일을 읽으면 4쪽이 남습니다.

따라서 과학책을 모두 읽는 데 $23+1=24$(일)이 걸립니다.

평가 기준	배점(5점)
과학책을 모두 읽는 데 며칠이 걸리는지 구하는 식을 세웠나요?	2점
과학책을 모두 읽는 데 며칠이 걸리는지 구했나요?	3점

11

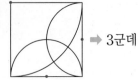

➡ 3군데

12
$$\begin{array}{r} 2\,\bigcirc \\ \times\ 4\ 7 \\ \hline 1\,\bigcirc\,8 \\ \bigcirc\,6\,0 \\ \hline 1\ 1\ 2\ 8 \end{array}$$

$\bigcirc \times 7$의 일의 자리 수가 8이므로
$\bigcirc =4$입니다.
$\bigcirc =4$이므로 $24 \times 7 =168$,
$24 \times 40 =960$입니다.
따라서 $\bigcirc =6$, $\bigcirc =9$입니다.

13 예 (초콜릿 수)$=6 \times 33 =198$(개)
(사탕 수)$=8 \times 25 =200$(개)
따라서 $198 < 200$이므로 사탕이 $200-198=2$(개)
더 많습니다.

평가 기준	배점(5점)
초콜릿과 사탕의 수를 각각 구했나요?	3점
초콜릿과 사탕 중 어느 것이 몇 개 더 많은지 구했나요?	2점

14
$$\begin{array}{r} 1\,\blacktriangle \\ 4\,\overline{)\,5\,\square} \\ \underline{4} \\ 1\,\square \\ \underline{1\,\square} \\ 0 \end{array}$$

나머지가 0인 나눗셈이 되려면
$4 \times \blacktriangle =1\square$입니다.
따라서 $4 \times 3 =1\boxed{2}$, $4 \times 4 =1\boxed{6}$이므로
$\square$ 안에 들어갈 수 있는 수는 2, 6입니다.

15 예 가장 큰 원의 지름은 가장 큰 원 안에 있는 세 원의 지름의 합과 같습니다.
가장 큰 원의 지름은 $9+9+8+12=38$ (cm)이므로 반지름은 $38 \div 2 =19$ (cm)입니다.

평가 기준	배점(5점)
가장 큰 원의 지름을 구했나요?	3점
가장 큰 원의 반지름을 구했나요?	2점

16 예 $52 \times 29 =1508$이므로 $309 \times \square <1508$입니다.
$309 \times 1 =309$, $309 \times 2 =618$, $309 \times 3 =927$,
$309 \times 4 =1236$, $309 \times 5 =1545$, …
따라서 $\square$ 안에 들어갈 수 있는 수는 1, 2, 3, 4로 모두 4개입니다.

평가 기준	배점(5점)
$\square$ 안에 들어갈 수 있는 수를 모두 구했나요?	4점
$\square$ 안에 들어갈 수 있는 수는 모두 몇 개인지 구했나요?	1점

17 예 어떤 수를 $\square$라고 하면 $\square \div 9 =35 \cdots 6$이므로
$9 \times 35 =315$, $315+6=321$에서 $\square =321$입니다.
따라서 바르게 계산하면 $321 \div 6 =53 \cdots 3$이므로 바르게 계산한 몫은 53, 나머지는 3입니다.

평가 기준	배점(5점)
어떤 수를 구했나요?	3점
바르게 계산한 몫과 나머지를 각각 구했나요?	2점

18 예 원을 겹치지 않게 그릴 때 $78 \div 6 =13$(개) 그릴 수 있습니다.
원 2개 위에 원 1개가 겹쳐진 것과 같으므로
$13-1=12$(개) 더 그릴 수 있습니다.
따라서 원을 모두 $13+12=25$(개)까지 그릴 수 있습니다.

평가 기준	배점(5점)
직사각형 안에 그릴 수 있는 원의 수를 구하는 식을 세웠나요?	2점
직사각형 안에 원을 몇 개까지 그릴 수 있는지 구했나요?	3점

19 예 색 테이프 40장을 이어 붙이면 겹친 부분은 39군데입니다.
색 테이프 40장의 길이는 $28 \times 40 =1120$ (cm)이고 겹쳐진 부분의 길이는 $6 \times 39 =234$ (cm)입니다.
따라서 이어 붙인 색 테이프의 전체 길이는
$1120-234=886$ (cm)입니다.

평가 기준	배점(5점)
이어 붙인 색 테이프의 전체 길이를 구하는 식을 세웠나요?	3점
이어 붙인 색 테이프의 전체 길이를 구했나요?	2점

20 예 몫이 가장 작으려면 가장 작은 수를 가장 큰 수로 나누어야 합니다.
가장 작은 세 자리 수는 236이고 가장 큰 한 자리 수는 8이므로 $236 \div 8 =29 \cdots 4$입니다.
따라서 만든 나눗셈식의 몫은 29입니다.

평가 기준	배점(5점)
몫이 가장 작은 나눗셈식을 만들었나요?	3점
만든 나눗셈식을 계산한 몫을 구했나요?	2점

4 분수

1 $\dfrac{1}{4}$

2 예

  / 9

3 $\dfrac{23}{6}$ / $3\dfrac{5}{6}$ **4** 2개

5 $\dfrac{33}{7}$ **6** $\dfrac{24}{6}$

7 20   **8** 6

9 (1) $<$ (2) $>$ **10** $\dfrac{4}{7}$

11 16 cm   **12** 30개

13 $9\dfrac{3}{4}$ kg   **14** 윤아

15 40   **16** $\dfrac{18}{7}$

17 $1\dfrac{5}{7}$, $1\dfrac{6}{7}$ **18** $2\dfrac{1}{3}$

19 34   **20** 10살

---

1 잠자리 8마리를 2마리씩 묶으면 2는 전체 4묶음 중의 1 묶음이므로 $\dfrac{1}{4}$입니다.

2 15의 $\dfrac{3}{5}$은 15를 똑같이 5묶음으로 나눈 것 중의 3묶음 이므로 9입니다.

3 $\dfrac{1}{6}$이 23개이므로 가분수로 나타내면 $\dfrac{23}{6}$입니다.

3과 $\dfrac{5}{6}$만큼이므로 대분수로 나타내면 $3\dfrac{5}{6}$입니다.

4 진분수는 분자가 분모보다 작은 분수이므로 $\dfrac{4}{9}$, $\dfrac{5}{12}$로 모두 2개입니다.

5 $4\dfrac{5}{7}$는 $4\left(=\dfrac{28}{7}\right)$와 $\dfrac{5}{7}$이므로 $\dfrac{33}{7}$입니다.

6 자연수 1을 분모가 6인 분수로 나타내면 $\dfrac{6}{6}$입니다.

따라서 자연수 4를 분모가 6인 분수로 나타내면 분자가 6의 4배인 $\dfrac{24}{6}$입니다.

7 1시간=60분이므로 60분을 똑같이 6부분으로 나눈 것 중의 2부분은 20분입니다.

8 가분수는 분자가 분모와 같거나 분모보다 큰 분수입니다. 따라서 □ 안에는 6과 같거나 6보다 큰 수가 들어갈 수 있으므로 □ 안에 들어갈 수 있는 가장 작은 수는 6입니다.

9 (1) $\dfrac{7}{9}<\dfrac{8}{9}$이므로 $1\dfrac{7}{9}<1\dfrac{8}{9}$입니다.

(2) $3\dfrac{2}{5}=\dfrac{17}{5}$이므로 $\dfrac{17}{5}>\dfrac{13}{5}$입니다.

10 35명을 5명씩 묶으면 20명은 전체 7묶음 중의 4묶음이 므로 $\dfrac{4}{7}$입니다.

11 20 cm를 똑같이 5부분으로 나눈 것 중의 한 부분은 4 cm입니다.

따라서 20 cm의 $\dfrac{4}{5}$는 $4\times4=16$ (cm)입니다.

12 54의 $\dfrac{1}{9}$이 6이므로 54의 $\dfrac{5}{9}$는 $6\times5=30$입니다.

따라서 먹은 자두는 30개입니다.

13 $\dfrac{39}{4}$는 $\dfrac{36}{4}(=9)$과 $\dfrac{3}{4}$이므로 $9\dfrac{3}{4}$입니다.

따라서 영주가 캔 감자는 $9\dfrac{3}{4}$ kg입니다.

14 $\dfrac{12}{7}=1\dfrac{5}{7}$이므로 $1\dfrac{5}{7}>1\dfrac{3}{7}$입니다.

따라서 $\dfrac{12}{7}>1\dfrac{3}{7}$이므로 블루베리를 더 많이 딴 사람은 윤아입니다.

15 □의 $\dfrac{3}{8}$이 15이므로 □의 $\dfrac{1}{8}$은 5입니다.

따라서 □$=5\times8=40$입니다.

16 만들 수 있는 대분수 중에서 자연수 부분이 2인 대분수는 $2\dfrac{4}{7}$입니다. $2\dfrac{4}{7}$는 $2\left(=\dfrac{14}{7}\right)$와 $\dfrac{4}{7}$이므로 $\dfrac{18}{7}$입니다.

17 $\dfrac{15}{7}=2\dfrac{1}{7}$이므로 $1\dfrac{4}{7}$보다 크고 $2\dfrac{1}{7}$보다 작은 대분수는 $1\dfrac{5}{7}$, $1\dfrac{6}{7}$입니다.

18 합이 10인 두 수는 (1, 9), (2, 8), (3, 7), (4, 6), (5, 5)이고 이 중 차가 4인 두 수는 (3, 7)입니다. 따라서 조건을 만족시키는 가분수는 $\frac{7}{3}$이고 $\frac{7}{3}=2\frac{1}{3}$입니다.

서술형
19 ㉔ $4\frac{3}{8}=\frac{35}{8}$이므로 $\frac{□}{8}<\frac{35}{8}$에서 □<35입니다.

따라서 □ 안에 들어갈 수 있는 자연수 중에서 가장 큰 수는 34입니다.

평가 기준	배점(5점)
□ 안에 들어갈 수 있는 자연수의 범위를 구했나요?	3점
□ 안에 들어갈 수 있는 자연수 중에서 가장 큰 수를 구했나요?	2점

서술형
20 ㉔ 형의 나이는 40살의 $\frac{3}{8}$이므로 15살입니다.

따라서 현호의 나이는 15살의 $\frac{2}{3}$이므로 10살입니다.

평가 기준	배점(5점)
형의 나이를 구했나요?	2점
현호의 나이를 구했나요?	3점

다시 점검하는 수시 평가 대비 Level ❷ 27~29쪽

1 ㉔ (물고기 그림) / $\frac{5}{6}$

2 12 **3** $3\frac{1}{4}$

4 $\frac{15}{9}$, $\frac{9}{9}$ **5** (선 연결)

6 < **7** ②

8 8개 **9** 30자루

10 $2\frac{4}{9}$, $2\frac{5}{9}$, $2\frac{6}{9}$ **11** $\frac{17}{5}$, $2\frac{2}{5}$, $\frac{8}{5}$, 1

12 원석 **13** 6개

14 75 cm **15** 20명

16 $\frac{3}{8}$ **17** 3개

18 $5\frac{4}{8}$ / $\frac{44}{8}$ **19** 21

20 3개

1 물고기를 2마리씩 묶으면 10은 전체 6묶음 중의 5묶음이므로 $\frac{5}{6}$입니다.

2 21 cm의 $\frac{4}{7}$는 21 cm를 똑같이 7부분으로 나눈 것 중의 4부분이므로 3×4=12 (cm)입니다.

3 3과 $\frac{1}{4}$만큼이므로 $3\frac{1}{4}$입니다.

4 분모가 9인 분수 중에서 분자가 9이거나 9보다 큰 분수는 $\frac{15}{9}$, $\frac{9}{9}$입니다.

5 $5\frac{1}{6}$은 $5\left(=\frac{30}{6}\right)$와 $\frac{1}{6}$이므로 $\frac{31}{6}$입니다. $4\frac{5}{6}$는 $4\left(=\frac{24}{6}\right)$와 $\frac{5}{6}$이므로 $\frac{29}{6}$입니다.

6 $\frac{40}{11}=3\frac{7}{11}$이므로 $3\frac{7}{11}<3\frac{8}{11}$입니다.

7 ① 3 ② 7 ③ 6 ④ 5 ⑤ 4
따라서 나타내는 수가 가장 큰 것은 ② 7입니다.

8 진분수는 분자가 분모보다 작은 분수이므로 □ 안에는 9보다 작은 수가 들어갈 수 있습니다.
따라서 □ 안에 들어갈 수 있는 자연수는 1, 2, 3, 4, 5, 6, 7, 8로 모두 8개입니다.

9 (진욱이가 가지고 있던 연필 수)=12×3=36(자루)
친구에게 준 연필 수는 36자루의 $\frac{5}{6}$이므로 30자루입니다.

10 $\frac{25}{9}=2\frac{7}{9}$
$2\frac{3}{9}$과 $2\frac{7}{9}$ 사이에 있는 대분수는 $2\frac{4}{9}$, $2\frac{5}{9}$, $2\frac{6}{9}$입니다.

11 $2\frac{2}{5}=\frac{12}{5}$, $1=\frac{5}{5}$이므로 $\frac{17}{5}>2\frac{2}{5}>\frac{8}{5}>1$입니다.

12 $\frac{13}{7}=1\frac{6}{7}$이므로 $1\frac{6}{7}>1\frac{5}{7}>1\frac{3}{7}$입니다.
따라서 가장 멀리 뛴 사람은 원석입니다.

13
- 분모가 2인 경우: $\frac{6}{2}$, $\frac{8}{2}$, $\frac{9}{2}$
- 분모가 6인 경우: $\frac{8}{6}$, $\frac{9}{6}$
- 분모가 8인 경우: $\frac{9}{8}$
➡ 6개

14 2 m＝200 cm입니다.
200 cm의 $\frac{1}{8}$이 25 cm이므로 200 cm의 $\frac{3}{8}$은
$25 \times 3 = 75$ (cm)입니다.

15 35의 $\frac{3}{7}$은 35를 똑같이 7묶음으로 나눈 것 중의 3묶음
이므로 15입니다.
따라서 안경을 쓴 학생이 15명이므로 안경을 쓰지 않은
학생은 $35-15=20$(명)입니다.

16 (남은 색종이의 수)＝$24-6-9=9$(장)
24를 3씩 묶으면 9는 전체 8묶음 중의 3묶음이므로 남
은 색종이는 처음에 있던 색종이의 $\frac{3}{8}$입니다.

17 분모가 13인 가분수는 $\frac{13}{13}$, $\frac{14}{13}$, $\frac{15}{13}$, $\frac{16}{13}$, …이고, 이
중에서 분자가 16보다 작은 분수는 $\frac{13}{13}$, $\frac{14}{13}$, $\frac{15}{13}$이므
로 모두 3개입니다.

18 대분수의 자연수 부분에 8을 제외한 가장 큰 수인 5를 놓
으면 $5\frac{4}{8}$입니다.
$5\frac{4}{8}$는 $5\left(=\frac{40}{8}\right)$와 $\frac{4}{8}$이므로 $\frac{44}{8}$입니다.

서술형
19 예 어떤 수의 $\frac{2}{7}$가 16이므로 어떤 수의 $\frac{1}{7}$은 8입니다.
따라서 어떤 수는 $8 \times 7 = 56$이므로 56의 $\frac{3}{8}$은 21입
니다.

평가 기준	배점(5점)
어떤 수를 구했나요?	3점
어떤 수의 $\frac{3}{8}$은 얼마인지 구했나요?	2점

서술형
20 예 $4\frac{1}{4}=\frac{17}{4}$이므로 $\frac{17}{4}<\frac{\square}{4}<\frac{21}{4}$입니다.
따라서 $17<\square<21$이므로 $\square$ 안에 들어갈 수 있는
자연수는 18, 19, 20으로 모두 3개입니다.

평가 기준	배점(5점)
$\square$ 안에 들어갈 수 있는 자연수의 범위를 구했나요?	2점
$\square$ 안에 들어갈 수 있는 자연수는 모두 몇 개인지 구했나요?	3점

5 들이와 무게

다시 점검하는 수시 평가 대비 Level ❶
30~32쪽

1 물병
2 4
3 1 kg 300 g
4 ②, ④
5 물감
6 >
7 (1) 8 L 100 mL (2) 6 L 500 mL
8 6 L 20 mL
9 영어책
10 예 1 L 500 mL
11 ㉣
12 태희
13 ㉑, ㉮, ㉯
14 35 kg 150 g
15 풀, 지우개, 테이프
16 6 L 300 mL
17 1 L 200 mL
18 7 kg 200 g
19 4 kg 850 g
20 500 mL

1 물병에 물이 가득 차지 않았으므로 물병의 들이가 더 많
습니다.

2 1000 kg＝1 t이므로 4000 kg＝4 t입니다.

3 큰 눈금 한 칸은 100 g을 나타냅니다.
$1300\ g = 1000\ g + 300\ g$
$\qquad = 1\ kg + 300\ g$
$\qquad = 1\ kg\ 300\ g$

4 들이가 많은 것은 L로, 적은 것은 mL로 나타내는 것이
알맞습니다.

5 클립의 수를 비교하면 $29<37$이므로 물감이 더 무겁습
니다.

6 $8\ kg\ 10\ g = 8010\ g$ ➡ $8100\ g > 8010\ g$

7 (1)　　　　1
　　　　　3 L　400 mL
　　　＋ 4 L　700 mL
　　　　　8 L　100 mL
(2)　　　8　　1000
　　　　9 L　300 mL
　　　－ 2 L　800 mL
　　　　6 L　500 mL

8 $6020\ mL = 6000\ mL + 20\ mL$
$\qquad\quad = 6\ L + 20\ mL = 6\ L\ 20\ mL$

정답과 풀이

9 $1 \text{ kg } 870 \text{ g} = 1870 \text{ g}$이므로
$1870 \text{ g} > 1530 \text{ g}$입니다.
따라서 영어책이 더 무겁습니다.

10 들이가 1 L인 수조의 절반은 약 500 mL입니다.
따라서 주전자의 들이는 약 $1 \text{ L } 500 \text{ mL}$입니다.

11 mL 단위로 나타내면
㉠ 9040 mL, ㉡ 940 mL,
㉢ 9004 mL, ㉣ 9400 mL입니다.
$9400 \text{ mL} > 9040 \text{ mL} > 9004 \text{ mL} > 940 \text{ mL}$이므로 들이가 가장 많은 것은 ㉣입니다.

12 실제 무게와 어림한 무게의 차가 작을수록 가깝게 어림한 것입니다.
찬우: $12 \text{ kg} - 11 \text{ kg} = 1 \text{ kg}$
태희: $12 \text{ kg } 200 \text{ g} - 12 \text{ kg} = 200 \text{ g}$
지선: $12 \text{ kg} - 11 \text{ kg } 700 \text{ g} = 300 \text{ g}$
따라서 12 kg에 가장 가깝게 어림한 사람은 태희입니다.

13 부은 횟수가 적을수록 컵의 들이가 많습니다.
$10 < 13 < 18$이므로 들이가 많은 컵부터 차례로 기호를 쓰면 ㉰, ㉮, ㉯입니다.

14 $31 \text{ kg } 650 \text{ g} + 3 \text{ kg } 500 \text{ g} = 35 \text{ kg } 150 \text{ g}$

15 풀 1개의 무게는 테이프 2개의 무게와 같으므로 풀 2개의 무게는 테이프 4개의 무게와 같습니다.
따라서 풀 2개의 무게, 테이프 4개의 무게, 지우개 3개의 무게가 모두 같으므로 1개의 무게가 무거운 것부터 차례로 쓰면 풀, 지우개, 테이프입니다.

16 (보라색 페인트의 양) $= 2 \text{ L } 400 \text{ mL} + 3900 \text{ mL}$
$= 2 \text{ L } 400 \text{ mL} + 3 \text{ L } 900 \text{ mL}$
$= 6 \text{ L } 300 \text{ mL}$

17 (더 부어야 할 물의 양) $= 4 \text{ L} - 2800 \text{ mL}$
$= 4 \text{ L} - 2 \text{ L } 800 \text{ mL}$
$= 1 \text{ L } 200 \text{ mL}$

18 (소금의 무게) $= 5 \text{ kg } 350 \text{ g} - 3 \text{ kg } 500 \text{ g}$
$= 1 \text{ kg } 850 \text{ g}$
(설탕과 소금의 무게) $= 5 \text{ kg } 350 \text{ g} + 1 \text{ kg } 850 \text{ g}$
$= 7 \text{ kg } 200 \text{ g}$

19 예 (수박의 무게) $= 7 \text{ kg } 750 \text{ g} - 2900 \text{ g}$
$= 7 \text{ kg } 750 \text{ g} - 2 \text{ kg } 900 \text{ g}$
$= 4 \text{ kg } 850 \text{ g}$

평가 기준	배점(5점)
수박의 무게를 구하는 식을 세웠나요?	2점
수박의 무게를 구했나요?	3점

20 예 은정이가 마신 포도주스의 양은 300 mL씩 5컵이므로
$300 \text{ mL} + 300 \text{ mL} + 300 \text{ mL} + 300 \text{ mL} + 300 \text{ mL} = 1500 \text{ mL} = 1 \text{ L } 500 \text{ mL}$입니다.
따라서 남은 포도주스의 양은
$2 \text{ L} - 1 \text{ L } 500 \text{ mL} = 500 \text{ mL}$입니다.

평가 기준	배점(5점)
은정이가 마신 포도주스의 양을 구했나요?	3점
남은 포도주스의 양을 구했나요?	2점

다시 점검하는 수시 평가 대비 Level ❷

1 용준
2 생수병
3 당근
4 ①, ⑤
5 (1) 3700 (2) 8, 20
6
7 (1) 물약병 (2) 냄비 (3) 컵
8 (1) $9 \text{ kg } 200 \text{ g}$ (2) $4 \text{ kg } 600 \text{ g}$
9 유정, 예 고구마 한 개의 무게는 약 80 g이야.
10 $1 \text{ L } 900 \text{ mL}$
11 ㉠, ㉡, ㉣, ㉢
12 수진
13 3번
14 $3 \text{ L } 150 \text{ mL}$
15 600 g
16 $5 \text{ L } 500 \text{ mL}$
17 $70 \text{ kg } 750 \text{ g}$
18 $8 \text{ kg } 700 \text{ g}$
19 $12 \text{ L } 400 \text{ mL}$
20 $33 \text{ kg } 600 \text{ g}$

1 용준이의 물통에 가득 들어 있던 물이 현우의 물통을 가득 채우고 흘러 넘쳤으므로 용준이가 가지고 있는 물통의 들이가 더 많습니다.

수학 3-2

2 우유병에 가득 채운 물은 5컵이고 생수병에 가득 채운 물은 7컵입니다. 5<7이므로 생수병의 들이가 더 많습니다.

3 당근은 오이보다 무겁고, 오이는 가지보다 무겁습니다. 따라서 가장 무거운 채소는 당근입니다.

5 (1) $3 L 700 mL = 3000 mL + 700 mL$
$= 3700 mL$
(2) $8020 mL = 8000 mL + 20 mL$
$= 8 L 20 mL$

6 · $1 t = 1000 kg$이므로 $7 t = 7000 kg$입니다.
· $1000 g = 1 kg$이므로 $70000 g = 70 kg$입니다.

8 (1)
```
      1
  5 kg  800 g
+ 3 kg  400 g
─────────────
  9 kg  200 g
```
(2)
```
   7    1000
  8 kg  200 g
- 3 kg  600 g
─────────────
  4 kg  600 g
```

9 고구마 한 개의 무게는 약 $80 g$이 알맞습니다.

10 $4 L 600 mL - 2 L 700 mL = 1 L 900 mL$

11 ㉠ $4500 mL$ ㉡ $4450 mL$
㉢ $4015 mL$ ㉣ $4050 mL$
➡ $\underset{㉠}{4500 mL} > \underset{㉡}{4450 mL} > \underset{㉣}{4050 mL} > \underset{㉢}{4015 mL}$

12 $3 kg 300 g = 3300 g$이므로
$3300 g > 3090 g$입니다.
따라서 수진이가 더 많이 모았습니다.

13 $450 mL$에서 $150 mL$만 남기려면 $300 mL$를 덜어 내야 합니다.
$450 mL - 100 mL - 100 mL - 100 mL$
$= 150 mL$
따라서 들이가 $100 mL$인 그릇으로 3번 덜어 내야 합니다.

14 $1 L 750 mL + 1400 mL$
$= 1 L 750 mL + 1 L 400 mL$
$= 3 L 150 mL$

15 배 3개의 무게는 $1100 g$이고 배 3개를 담은 바구니의 무게는 $1700 g$입니다.
따라서 빈 바구니의 무게는 $1700 g - 1100 g = 600 g$입니다.

16 (찬물의 양)
$=$ (전체 물의 양) $-$ (뜨거운 물의 양)
$= 15 L 400 mL - 9 L 900 mL$
$= 5 L 500 mL$

17 (효린이의 몸무게)
$= 35 kg 500 g - 250 g$
$= 35 kg 250 g$
(도현이와 효린이의 몸무게의 합)
$= 35 kg 500 g + 35 kg 250 g$
$= 70 kg 750 g$

18 혜지가 캔 고구마의 무게를 □라고 하면
상진이가 캔 고구마의 무게는 □$+ 2 kg 400 g$입니다.
□$+ 2 kg 400 g +$□$= 15 kg$,
□$+$□$= 12 kg 600 g$
$6 kg 300 g + 6 kg 300 g = 12 kg 600 g$이므로
□$= 6 kg 300 g$입니다.
➡ (상진이가 캔 고구마의 무게)
$= 6 kg 300 g + 2 kg 400 g = 8 kg 700 g$

서술형
19 예 (경은이와 승현이가 마신 수정과의 양)
$= 1 L 300 mL + 1 L 300 mL$
$= 2 L 600 mL$
➡ (남아 있는 수정과의 양)
$= 15 L - 2 L 600 mL$
$= 12 L 400 mL$

평가 기준	배점(5점)
경은이와 승현이가 마신 수정과의 양을 구했나요?	2점
남은 수정과의 양을 구했나요?	3점

서술형
20 예 (지영이의 몸무게) $= 32 kg 900 g - 1 kg 500 g$
$= 31 kg 400 g$
(민석이의 몸무게) $= 31 kg 400 g + 2 kg 200 g$
$= 33 kg 600 g$

평가 기준	배점(5점)
지영이의 몸무게를 구했나요?	2점
민석이의 몸무게를 구했나요?	3점

6 그림그래프

1 10개, 1개　　　　　　**2** 27개

3 매화 마을　　　　　　**4** 2배

5 가 공원, 나 공원, 라 공원, 다 공원

6 80그루　　　　　　　**7** 가 공원

8 810그루　　　　　　　**9** 16, 21, 14, 27, 78

10 예

좋아하는 과목별 학생 수

과목	학생 수
국어	☺☺☺☺☺☺
수학	☺☺☺
사회	☺☺☺☺
과학	☺☺☺☺☺☺☺ ☺

☺ 10명　☺ 1명

11 ©　　　　　　　　　**12** 28, 46

13

동별 자전거 수

동	자전거 수
1동	◎◎◎ ○○○○○
2동	◎◎○ ○○○○○○○○
3동	◎◎◎◎◎ ○○○○○○
4동	◎◎◎◎ ○○○○○○

◎ 10대　○ 1대

14

동별 자전거 수

동	자전거 수
1동	◎◎◎△
2동	◎◎△ ○○○
3동	◎◎◎◎◎ △○
4동	◎◎◎◎ △○

◎ 10대　△ 5대　○ 1대

15 48장

16 예

음료수별 판매량

음료수	판매량
콜라	◎○○
사이다	○○○○○○○○○
주스	◎◎○○○○
우유	◎○○○○○○○○

◎ 10개　○ 1개

17 주스, 우유, 콜라, 사이다

18 예 주스　　　　　　**19** 12마리

20 서쪽, 14마리

2 큰 그림이 2개, 작은 그림이 7개이므로 27개입니다.

3 큰 그림이 가장 많은 마을은 매화 마을입니다.

4 하얀 마을: 32개, 은하 마을: 16개
$16 \times 2 = 32$이므로 하얀 마을의 약국 수는 은하 마을의 약국 수의 2배입니다.

5 큰 그림의 수가 적은 공원부터 찾고, 큰 그림의 수가 같으면 작은 그림의 수를 비교합니다.

6 나 공원: 170그루, 라 공원: 250그루
따라서 두 공원의 나무 수를 같게 하려면 나 공원에 나무를 $250 - 170 = 80$(그루) 더 심어야 합니다.

7 다 공원의 나무 수는 260그루입니다.
$130 + 130 = 260$이므로 나무 수가 130그루인 가 공원이 다 공원의 나무 수의 반입니다.

8 가 공원: 130그루, 나 공원: 170그루,
다 공원: 260그루, 라 공원: 250그루
➡ (네 공원의 나무 수)
　$= 130 + 170 + 260 + 250$
　$= 810$(그루)

9 (합계)$= 16 + 21 + 14 + 27 = 78$(명)

11 © 국어: 16명, 사회: 14명이므로 국어를 좋아하는 학생은 사회를 좋아하는 학생보다 2명 더 많습니다.

12 그래프에서 보면 자전거 수가 2동은 28대, 4동은 46대입니다.

13 1동은 ◎ 3개, ○ 5개,
3동은 ◎ 5개, ○ 6개를 그립니다.

15 민호네 모둠 학생들이 모은 붙임딱지 수를 알아보면
민호: 42장, 연아: 24장입니다.
➡ (준혁이가 모은 붙임딱지 수)
　$= 114 - 42 - 24 = 48$(장)

16 콜라: ◎ 1개, ○ 2개를 그립니다.
사이다: ○ 9개를 그립니다.
주스: ◎ 2개, ○ 4개를 그립니다.
우유: ◎ 1개, ○ 8개를 그립니다.

17 $24 > 18 > 12 > 9$이므로 하루 동안 많이 팔린 음료수부터 차례로 쓰면 주스, 우유, 콜라, 사이다입니다.

18 주스가 가장 많이 팔렸으므로 주스를 가장 많이 준비하면 좋을 것 같습니다.

서술형
19 예 강아지가 가장 많이 태어난 마을은 26마리인 라 마을이고, 가장 적게 태어난 마을은 14마리인 나 마을입니다. 따라서 두 마을에서 태어난 강아지 수의 차는 26−14=12(마리)입니다.

평가 기준	배점(5점)
가장 많이 태어난 마을과 가장 적게 태어난 마을의 강아지 수를 구했나요?	2점
두 마을에서 태어난 강아지의 수의 차를 구했나요?	3점

서술형
20 예 (강의 동쪽)=16+14=30(마리)
(강의 서쪽)=18+26=44(마리)
따라서 강의 서쪽에서 태어난 강아지가
44−30=14(마리) 더 많습니다.

평가 기준	배점(5점)
강의 동쪽과 서쪽에서 태어난 강아지의 수를 각각 구했나요?	3점
어느 쪽에서 태어난 강아지의 수가 몇 마리 더 많은지 구했나요?	2점

다시 점검하는 수시 평가 대비 Level ❷
39~41쪽

1 (선 잇기)

2 역사책

3 과학책, 22권

4 위인전

5 예 10개 / 1개

6
제과점별 팔린 빵의 수

제과점	빵의 수
맛나	
행복	
기쁨	
사랑	

⬭ 10 개 ⬬ 1 개

7 맛나 제과점

8 그림그래프

---

9 예
과수원별 배나무의 수

과수원	배나무의 수
싱싱	
달콤	
초록	
풍년	

◎ 10 그루
○ 1 그루

10 2배

11 풍년 과수원

12 초록 과수원, 3그루

13
좋아하는 운동별 학생 수

운동	학생 수
축구	
농구	
피구	
배구	
야구	

☺ 10명
☺ 1명

14 35명

15 11명

16
공장별 인형 생산량

공장	인형 생산량
가	
나	
다	
라	

🐻 100개
🐻 10개

17
좋아하는 음식별 학생 수

음식	학생 수
짜장면	
김밥	
피자	
떡볶이	

☺ 10명
☺ 1명

18 예 떡볶이

19 구름 목장

20 186마리

---

3 큰 그림이 가장 적은 과학책과 역사책 중에서 작은 그림이 더 적은 것은 과학책입니다.

4 과학책 수가 22권이고 22×2=44이므로 책 수가 44권인 것은 위인전입니다.

7 큰 그림이 가장 많은 제과점은 맛나 제과점입니다.

8 그림그래프는 자료별 수량을 한눈에 비교하기에 편리합니다.

10 풍년 과수원은 34그루이고 달콤 과수원은 17그루이므로 $34 \div 17 = 2$(배)입니다.

11 큰 그림이 가장 많은 과수원은 풍년 과수원입니다.

12 싱싱 과수원과 초록 과수원의 배나무 수의 차가 $26 - 23 = 3$(그루)로 가장 적습니다.

13 농구를 좋아하는 학생은 11명이므로 야구를 좋아하는 학생은 $11 \times 2 = 22$(명)입니다.

14 축구: 19명, 배구: 16명
➡ $19 + 16 = 35$(명)

15 가장 많은 학생들이 좋아하는 운동: 야구(22명)
가장 적은 학생들이 좋아하는 운동: 농구(11명)
➡ $22 - 11 = 11$(명)

16 (나 공장과 다 공장의 인형 생산량의 합)
$= 1140 - 330 - 150 = 660$(개)
다 공장의 인형 생산량을 □개라고 하면 나 공장의 인형 생산량은 (□+120)개이므로
□+120+□=660, □+□=540, □=270입니다.
➡ 다 공장: 270개, 나 공장: $270 + 120 = 390$(개)

17 짜장면: $18 + 13 = 31$(명)
김밥: $10 + 15 = 25$(명)
피자: $12 + 9 = 21$(명)
떡볶이: $15 + 25 = 40$(명)

18 남학생 수와 여학생 수의 합이 가장 많은 떡볶이를 준비하면 좋을 것 같습니다.

서술형
19 ⑩ 큰 그림이 가장 적은 목장을 찾으면 구름 목장입니다.
따라서 양의 수가 가장 적은 목장은 구름 목장입니다.

평가 기준	배점(5점)
큰 그림이 가장 적은 목장을 찾았나요?	3점
양의 수가 가장 적은 목장을 찾았나요?	2점

서술형
20 ⑩ 하늘 목장: 60마리, 구름 목장: 33마리,
별빛 목장: 51마리, 햇살 목장: 42마리
따라서 네 목장에서 기르고 있는 양은 모두
$60 + 33 + 51 + 42 = 186$(마리)입니다.

평가 기준	배점(5점)
각 목장별 기르고 있는 양의 수를 구했나요?	3점
네 목장에서 기르고 있는 양은 모두 몇 마리인지 구했나요?	2점

서술형 50% 단원 평가
42~45쪽

1 (1) 3 (2) 4 **2** 31그루

3 라 학교 **4** ㉡

5 ④ **6** ㉢, ㉡, ㉠

7 340 kg

8 ⑩ 마을별 감자 생산량

마을	생산량
가	◉◉◉◉◉●●●
나	◉◉◉◉●●●
다	◉◉◉●●●●●
라	◉◉●●●●●●

◉ $\boxed{100}$ kg ● $\boxed{10}$ kg

9 6개 **10** 55분

11 1 kg 200 g **12** $3\frac{1}{2}$

13 42 kg 400 g **14** 44

15 서진, 500 mL

16 하루 동안 팔린 종류별 치킨의 수

종류	치킨의 수
양념치킨	🍗🍗🍖🍖🍖🍖🍖
프라이드치킨	🍗🍗🍗🍖🍖🍖🍖🍖
간장치킨	🍗🍖🍖🍖🍖🍖
마늘치킨	🍗🍖🍖🍖

🍗10마리 🍖1마리

17 $\dfrac{18}{5}$ **18** 6 L 800 mL

19 700 g **20** 400 kg

---

1 (1) 25를 5씩 묶으면 15는 전체 5묶음 중의 3묶음이므로 15는 25의 $\dfrac{3}{5}$입니다.

(2) 30을 6씩 묶으면 24는 전체 5묶음 중의 4묶음이므로 24는 30의 $\dfrac{4}{5}$입니다.

2 큰 그림이 3개, 작은 그림이 1개이므로 31그루입니다.

3 큰 그림이 가장 많은 가 학교와 라 학교 중에서 작은 그림이 더 많은 학교는 라 학교입니다.

4 의자의 무게에 가장 가까운 것은 ㉡입니다.

5 ① $\frac{13}{5}=2\frac{3}{5}$ ② $\frac{7}{2}=3\frac{1}{2}$ ③ $\frac{21}{10}=2\frac{1}{10}$

④ $\frac{14}{3}=4\frac{2}{3}$ ⑤ $\frac{25}{7}=3\frac{4}{7}$

6 ㉠ 4 L 50 mL

5 L > 4 L 500 mL > 4 L 50 mL이므로 들이가 많은 것부터 차례로 기호를 쓰면 ㉢, ㉡, ㉠입니다.

7 예 (가, 나, 라 마을의 감자 생산량의 합)

　　$=430+520+250=1200\ (kg)$

따라서 다 마을의 감자 생산량은

$1540-1200=340\ (kg)$입니다.

평가 기준	배점(5점)
가, 나, 라 마을의 감자 생산량의 합을 구했나요?	3점
다 마을의 감자 생산량을 구했나요?	2점

9 자연수 부분이 2이고 분모가 7인 대분수는 $2\frac{1}{7}$, $2\frac{2}{7}$,

$2\frac{3}{7}$, $2\frac{4}{7}$, $2\frac{5}{7}$, $2\frac{6}{7}$으로 모두 6개입니다.

10 예 1시간의 $\frac{1}{4}$은 15분, 1시간의 $\frac{2}{3}$는 40분입니다.

따라서 두 사람이 수학 공부를 한 시간은 모두

$15+40=55$(분)입니다.

평가 기준	배점(5점)
1시간의 $\frac{1}{4}$, 1시간의 $\frac{2}{3}$를 각각 구했나요?	3점
두 사람이 수학 공부를 한 시간을 구했나요?	2점

11 예 (가방 안에 들어 있는 물건의 무게의 합)

　　$=1\ kg\ 300\ g+2\ kg\ 500\ g=3\ kg\ 800\ g$

따라서 더 담을 수 있는 무게는

$5\ kg-3\ kg\ 800\ g=1\ kg\ 200\ g$입니다.

평가 기준	배점(5점)
가방 안에 들어 있는 물건의 무게의 합을 구했나요?	3점
더 담을 수 있는 무게를 구했나요?	2점

12 분모가 2인 가장 큰 가분수는 $\frac{7}{2}$입니다.

$\frac{7}{2}$을 대분수로 나타내면 $3\frac{1}{2}$입니다.

13 예 (오늘 캔 고구마의 무게)

　　$=20\ kg\ 500\ g+1\ kg\ 400\ g=21\ kg\ 900\ g$

(어제와 오늘 캔 고구마의 무게)

　　$=20\ kg\ 500\ g+21\ kg\ 900\ g=42\ kg\ 400\ g$

평가 기준	배점(5점)
오늘 캔 고구마의 무게를 구했나요?	3점
어제와 오늘 캔 고구마의 무게를 구했나요?	2점

14 예 $2\frac{3}{8}=\frac{19}{8}$, $3\frac{1}{8}=\frac{25}{8}$이므로 $\frac{19}{8}<\frac{\square}{8}<\frac{25}{8}$에서

$19<\square<25$입니다. 따라서 $\square$ 안에 들어갈 수 있는

가장 큰 수는 24, 가장 작은 수는 20이므로 두 수의

합은 $24+20=44$입니다.

평가 기준	배점(5점)
$\square$ 안에 들어갈 수 있는 수의 범위를 구했나요?	2점
$\square$ 안에 들어갈 수 있는 가장 큰 수와 가장 작은 수의 합을 구했나요?	3점

15 예 (서진이가 산 주스의 양)

　　$=1\ L\ 300\ mL+1\ L\ 700\ mL=3\ L$

(재희가 산 주스의 양)

　　$=900\ mL+1\ L\ 600\ mL=2\ L\ 500\ mL$

따라서 서진이가 산 주스가

$3\ L-2\ L\ 500\ mL=500\ mL$ 더 많습니다.

평가 기준	배점(5점)
서진이와 재희가 산 주스의 양을 각각 구했나요?	3점
누가 산 주스가 몇 mL 더 많은지 구했나요?	2점

16 (프라이드치킨)＋(간장치킨)$=34+25=59$(마리)

(양념치킨)＋(마늘치킨)$=95-59=36$(마리)

마늘치킨의 수를 $\square$마리라고 하면 양념치킨의 수는

($\square×2$)마리이므로 $\square+\square×2=36$, $\square×3=36$,

$\square=12$입니다.

따라서 마늘치킨의 수는 12마리이고 양념치킨의 수는

$12×2=24$(마리)입니다.

17 예 분자를 $\square$라고 하면 분모는 $\square-13$입니다.

분자와 분모의 합이 23이므로 $\square+\square-13=23$,

$\square+\square=36$, $\square=18$입니다.

따라서 분자가 18이고 분모가 $18-13=5$인 가분수는

$\frac{18}{5}$입니다.

평가 기준	배점(5점)
분모와 분자를 구하는 식을 세웠나요?	2점
조건을 만족시키는 가분수를 구했나요?	3점

18 예 (3분 동안 받은 물의 양)

$= 2\,\text{L}\,500\,\text{mL} + 2\,\text{L}\,500\,\text{mL} + 2\,\text{L}\,500\,\text{mL}$

$= 7\,\text{L}\,500\,\text{mL}$

700 mL의 물이 넘쳤으므로 어항의 들이는

$7\,\text{L}\,500\,\text{mL} - 700\,\text{mL} = 6\,\text{L}\,800\,\text{mL}$입니다.

평가 기준	배점(5점)
3분 동안 받은 물의 양을 구했나요?	3점
어항의 들이를 구했나요?	2점

19 예 (당근 3개의 무게) $= 3\,\text{kg}\,500\,\text{g} - 2300\,\text{g}$

$= 3500\,\text{g} - 2300\,\text{g}$

$= 1200\,\text{g}$

➡ (당근 1개의 무게) $= 400\,\text{g}$

(당근 7개의 무게) $= 400 \times 7 = 2800\,(\text{g})$

(그릇만의 무게) $= 3\,\text{kg}\,500\,\text{g} - 2800\,\text{g}$

$= 3500\,\text{g} - 2800\,\text{g}$

$= 700\,\text{g}$

평가 기준	배점(5점)
당근 7개의 무게를 구했나요?	3점
그릇만의 무게를 구했나요?	2점

20 예 (나와 다 마을의 사과 수확량의 합)

$= 700 - 220 - 140 = 340\,(\text{kg})$

다 마을의 수확량을 $\square$ kg이라고 하면 나 마을의 수확량은 ($\square + 20$) kg이므로 $\square + \square + 20 = 340$, $\square + \square = 320$, $\square = 160$입니다.

따라서 나 마을의 수확량은 $160 + 20 = 180\,(\text{kg})$이므로 도로의 위쪽 마을인 가와 나 마을의 사과 수확량은 모두 $220 + 180 = 400\,(\text{kg})$입니다.

평가 기준	배점(5점)
나 마을의 사과 수확량을 구했나요?	3점
도로의 위쪽 마을의 사과 수확량의 합을 구했나요?	2점

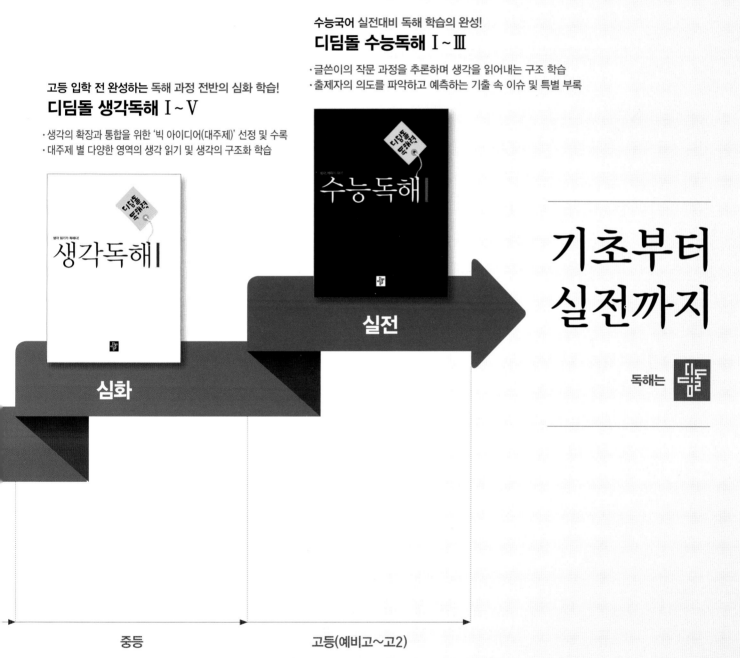

고등 입학 전 완성하는 독해 과정 전반의 심화 학습!
디딤돌 생각독해 I ~ V
· 생각의 확장과 통합을 위한 '빅 아이디어(대주제)' 선정 및 수록
· 대주제 별 다양한 영역의 생각 읽기 및 생각의 구조화 학습

수능국어 실전대비 독해 학습의 완성!
디딤돌 수능독해 I ~ III
· 글쓴이의 작문 과정을 추론하며 생각을 읽어내는 구조 학습
· 출제자의 의도를 파악하고 예측하는 기출 속 이슈 및 특별 부록

기초부터 실전까지
독해는 디딤돌

심화

실전

중등

고등(예비고~고2)

다음에는 뭐 풀지?

최상위로 가는
'맞춤 학습 플랜'

STEP
4
Book

다음에 공부할 책을 고르기 어려우시다면, 현재 성취도를 먼저 체크해 보세요.
최상위로 가는 맞춤 학습 플랜만 있다면 내 실력에 꼭 맞는 교재를 선택할 수 있어요!
단계에 따라 내 실력을 진단해 보고, 다음 학습도 야무지게 준비해 봐요!

첫 번째, 단원평가의 맞힌 문제 수 또는 점수를 모두 더해 보세요.

단원		맞힌 문제 수　OR　점수 (문항당 5점)
1단원	1회	
	2회	
2단원	1회	
	2회	
3단원	1회	
	2회	
4단원	1회	
	2회	
5단원	1회	
	2회	
6단원	1회	
	2회	
합계		

※ 단원평가는 각 단원의 마지막 코너에 있는 20문항 문제지입니다.